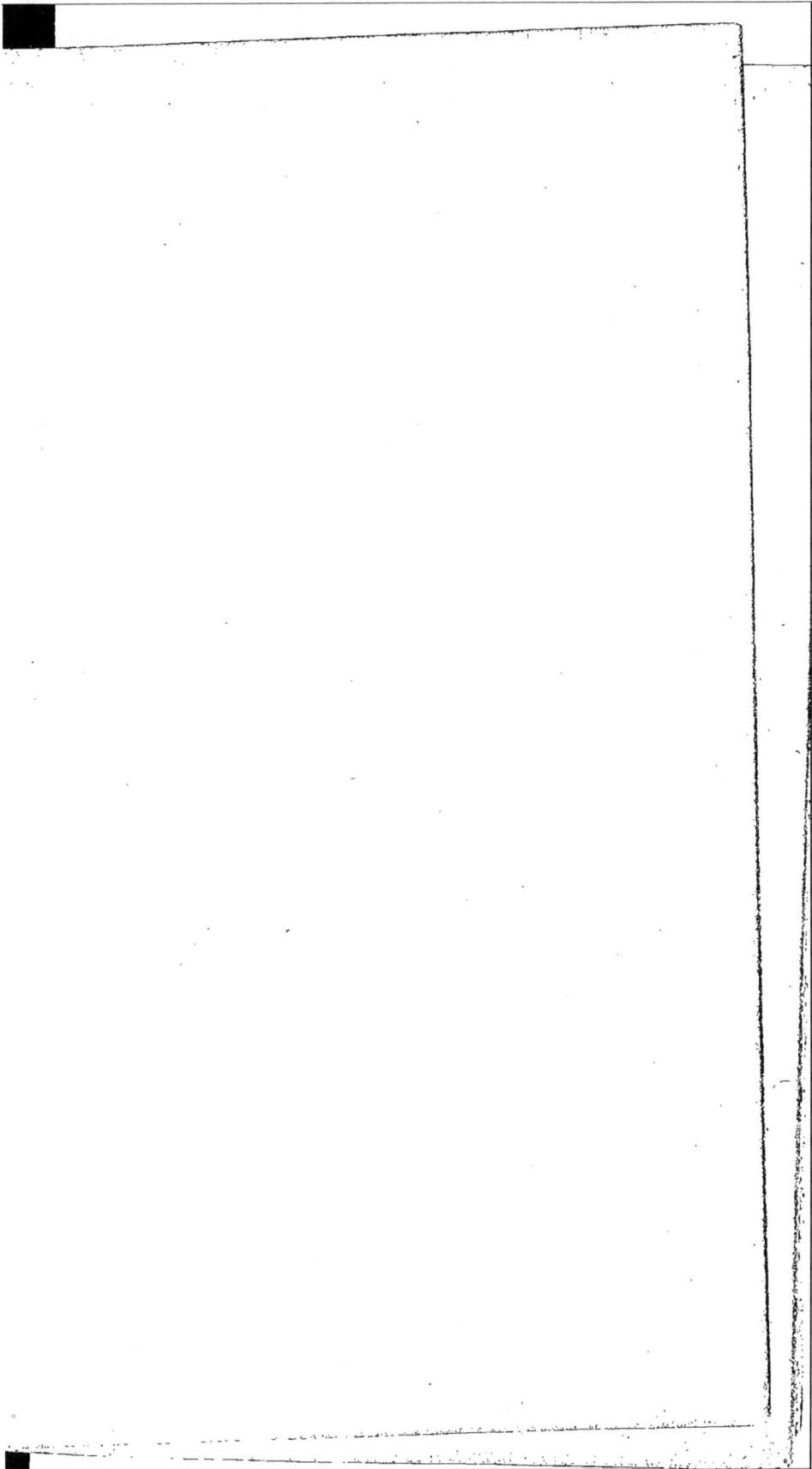

S.

27480

RECUEIL

DE

MÉMOIRES

D'AGRICULTURE

ET

D'ÉCONOMIE RURALE.

═══●○○○ IMPRIMERIE ○○○●═══

DE MADAME HUZARD (NÉE VALLAT LA CHAPELLE),
rue de l'Éperon, n°. 7.

RECUEIL

DE

MÉMOIRES

D'AGRICULTURE

ET

D'ÉCONOMIE RURALE;

Par M. DE GASPARIN,

Correspondant de l'Institut (Académie des Sciences), de la
Société royale et centrale d'Agriculture, de la Société Philoma-
tique, des Sociétés d'Agriculture de Lyon, de Toulouse, de
l'Académie du Gard, de l'Athénée de Vaucluse, de la Société
académique d'Orange.

Tome Premier.

PARIS,

CHEZ MADAME HUZARD (née VALLAT LA CHAPELLE),

LIBRAIRE,

Rue de l'Éperon-Saint-André-des-Arts, n°. 7.

1829.

GUIDE

DU

PROPRIÉTAIRE

DE

BIENS RURAUX AFFERMÉS.

OUVRAGE COURONNÉ

PAR

LA SOCIÉTÉ ROYALE ET CENTRALE D'AGRICULTURE

EN 1828.

AVERTISSEMENT.

Tous nos ouvrages agricoles sont adres-
sés à ceux qui exploitent par eux-mêmes;
ils sont faits pour les fermiers, pour les
propriétaires-cultivateurs, et l'on semblait
regarder jusqu'ici la nombreuse classe des
propriétaires de biens confiés à des fermiers comme inutile à la prospérité de
notre agriculture : on s'était habitué à ne
voir en eux que des capitalistes, qui, une
fois en possession de leurs titres de propriété, pouvaient demeurer étrangers à la
terre; on semblait ne pas supposer qu'il
existât pour eux des devoirs impérieux, et
dont l'accomplissement importait beaucoup à notre richesse territoriale. Mais la
Société centrale d'Agriculture a compris
qu'il était impossible de faire ainsi abstraction de ce premier, de cet important
élément de notre population agricole: elle
s'est convaincue que des intérêts spéciaux,
que des devoirs qui leur étaient propres,
attachaient les propriétaires à ce sol qui

AVERTISSEMENT.

les nourrit ; qu'ils remplissaient aussi une
fonction dans ce grand œuvre de la reproduction agricole; qu'ils étaient appelés
à conserver, à améliorer le capital du fonds
dont ils étaient les possesseurs ; que les
fermiers, n'ayant qu'une jouissance tem-
poraire, ne pouvaient embrasser dans leur
prévoyance que le temps de cette jouissance, mais que les vues des propriétaires
s'étendaient dans un avenir sans bornes
comme la durée de leurs propriétés. Elle a
eu la gloire de sentir cette lacune dans
notre instruction rurale, et elle a cherché
à la remplir. Un prix a été proposé à celui qui rédigerait une Instruction spécialement destinée aux propriétaires de biens
ruraux affermés : prorogé en 1827, ce prix
a été accordé, en 1828, à l'ouvrage que
nous présentons au public

L'auteur parcourt ici une carrière nouvelle, et, à ce titre, il a éprouvé l'indulgence de la Société : puisse ce jugement
favorable être confirmé par ses lecteurs !

GUIDE

DU PROPRIÉTAIRE

DE

BIENS RURAUX AFFERMÉS.

INTRODUCTION.

Une propriété rurale peut être exploi=
tée de plusieurs manières : 1°. par le pro=
priétaire lui - même et les ouvriers dont
il dirige les travaux et paie les salaires,
en se réservant le produit des récoltes ;
2°. par des métayers, qui font les travaux

1

et donnent au propriétaire une portion déterminée de la récolte , qui représente la rente du sol ; 3°. par des fermiers , qui font également les travaux , et paient au propriétaire une valeur fixe, sans rapport avec les variations annuelles de la récolte, valeur qui forme également sa rente.

L'exploitation du propriétaire tient en général à un état peu avancé dans l'industrie, et même dans la civilisation générale et la liberté des peuples ; elle tient à la pauvreté de la classe des cultivateurs, dont on ne peut exiger aucune avance ; quelquefois à leur état de servitude : car, chez les peuples à esclaves , la servitude n'attache pas moins à la glèbe le maître que le serf , elle le force à s'occuper de sa propriété, faute d'hommes en qui il puisse mettre sa confiance, ou qui possèdent un capital. Quand ce mode d'exploitation est généralisé dans un pays, il s'oppose à ce qu'il se forme une classe de cultivateurs riches et indépendans ; les ouvriers prolétaires y sont retenus dans un état de

misère constant, parce qu'ils ne peuvent
compter que sur le salaire de leur travail
manuel, et que leur intelligence ne trouve
point d'emploi : or, c'est par cet emploi
que les ouvriers qui en sont pourvus par-
viennent à s'élever à la fortune. C'est
l'exploitation des propriétaires qui était
généralement répandue en France avant
Richelieu ; mais depuis que la noblesse
eut déserté ses champs paternels et fut
venue se mêler à la bourgeoisie des villes,
ou se mettre à la suite des cours, les fermages devinrent plus communs et formè-
rent peu à peu la classe agricole intermédiaire. On peut encore étudier ce mode
de culture et ses effets dans le Haut-Lan-
guedoc et la Gascogne, où il s'est conservé et où la plupart des propriétaires
ne demanderaient pas mieux que d'en
être déchargés ; ils n'y parviendront qu'en
favorisant l'esprit d'industrie dans la classe
des paysans, en leur donnant de petites
entreprises de fermage proportionnées à
leurs moyens, et, enfin, en créant des

capitaux, qui, avec le temps, créeront cette classe intermédiaire qui leur manque.

Les effets sont très différens quand la propriété est assez petite pour pouvoir être cultivée toute entière par les bras de ses propriétaires ; mais ce n'est pas dè cette circonstance qu'il peut être question ici.

Ce n'est pas toujours la nécessité qui oblige les propriétaires à se charger de leur exploitation ; on en voit aussi le faire de bonne volonté et pour augmenter leur revenu ; enfin, des hommes amis de l'agriculture ont entrepris de diriger leurs exploitations rurales, soit par goût pour une telle occupation, soit par zèle pour les progrès de la science. On en a vu les beaux résultats à Hoffwyl, Möglin, Flottbeck, etc. Ces lieux classiques sont présens au souvenir de tous les amis de l'agriculture.

Quand l'exploitation des propriétaires est nécessitée par l'organisation sociale, elle a pour effet de diminuer la valeur

vénale des terres, parce qu'elle nécessite
le sacrifice de la vie entière de celui qui
achète une telle propriété, qu'il n'est aucun
moyen possible d'éviter la charge qu'elle
impose, et qu'ainsi de telles acquisitions
ne peuvent convenir qu'à un petit nombre de concurrens voisins de la propriété.

Ceux qui ont entrepris l'exploitation
dans le but de se procurer un accroissement de revenu ont réussi dans certains
cas que je ne puis indiquer ici que rapidement. D'abord, quand l'agriculture du
pays était radicalement mauvaise et établie sur des bases erronées; quand les
terres étaient négligées, inondées ou laissées en friches par défaut du capital nécessaire; quand le propriétaire avait à un
très haut degré l'esprit de détail et de
suite, uni aux connaissances agricoles, et
qu'il était doué de ce genre de caractère
qui sait conduire les ouvriers avec fermeté et justice, et enfin quand il possédait
un capital considérable en rapport avec
son entreprise.

Dans un grand nombre de cas, au contraire, on les a vus échouer, et c'était quand l'agriculture du pays était assez avancée pour laisser peu de marge aux améliorations ; que l'état des terres ne pouvait pas changer rapidement par l'application judicieuse d'un capital suffisant, mais qu'elles n'étaient susceptibles que d'améliorations lentes ; quand le propriétaire était indolent sur les détails, peu affermi dans ses principes, appliquant sans discernement les pratiques d'un pays éloigné à un climat différent, plein de facilité envers ses subalternes, et enfin quand il ne consacrait pas à son exploitation un capital supérieur à celui des fermiers qui l'environnaient.

Quant aux entreprises faites pour l'avancement de l'art, elles sont ou des fermes-modèles ou des fermes expérimentales. Dans le premier cas, il faut être attentif à ne pas effrayer les imitateurs par le déploiement d'un luxe agricole ou par

l'emploi d'un capital trop considérable.
Cependant, les pratiques les plus appli-
cables ne manquent pas d'être saisies par
les voisins, et il résulte toujours un bien
marqué de ces établissemens, même
quand ils n'atteignent pas complétement
leur but.

Quant aux fermes expérimentales, elles
pourraient être d'une utilité infinie pour
la science. Essayer comparativement les
cultures, les espèces animales et végé-
tales, les méthodes diverses d'exploitation, ce sont des actes de dévouement
qui ne reçoivent pas une récompense pécuniaire proportionnée à leur mérite, mais
qui fondent une réputation dans l'histoire de la science. *Arthur Young,* le plus
malheureux des cultivateurs, n'en restera
pas moins le plus célèbre des expérimen-
tateurs.

L'exploitation par métayers est une véritable transition de la culture servile à la
culture des fermiers. Le propriétaire,
lassé de nourrir et d'entretenir des ou-

vriers qui font leur tâche avec nonchalance et désaffection, préfère les intéresser à la culture, et leur assigner en paiement une part proportionnelle de la récolte ; cette part varie en raison inverse des produits du terrain : ici , la moitié de la récolte ne suffirait pas à la subsistance des cultivateurs, et ils en perçoivent une plus forte portion ; plus loin , cette moitié serait excessive, et alors le métayer fournit les semences et souvent une somme en argent, stipulée pour des jouissances particulières qui n'entrent pas dans le partage. Dans ce dernier cas , il faut qu'il possède un capital accumulé en sus de ses forces physiques , et il y a disposition à passer au système de fermage à prix fixe.

Le genre d'exploitation dont il est ici question se retrouve dans les pays de mauvais sol , où toutes les cultures demandent à être faites avec économie ; dans ceux où les cultures sont très-variées et difficiles à soigner sans exposer à des pertes de temps qui tomberaient à la charge du maître ; dans ceux où les récoltes sont casuelles, incertaines, et exigeraient qu'un fermier à prix d'argent fût nanti d'un très fort capital pour pouvoir faire l'avance de plusieurs fermages ; dans ceux où les cultivateurs sont pauvres et sans avances, et où, par conséquent, après avoir profité avec imprévoyance des bonnes années, ils ne pourraient offrir aucune garantie du paiement d'un fermage dans les mauvaises ; enfin, dans ceux où les mœurs portent les propriétaires à habiter les villes, et à s'adonner au commerce, de préférence à l'agriculture et au séjour des champs.

Quoique le métayage soit sans doute la manière la moins imparfaite de résoudre le problème si difficile d'obtenir un produit net dans de telles circonstances, on ne doit pas s'en dissimuler les inconvéniens. La pauvreté des métayers s'oppose à la perfection de la culture : leur ignorance met obstacle aux améliorations ; leur intérêt n'est stimulé qu'imparfaite-

ment par la perspective d'une récolte par-
tagée ; la fraude se glisse facilement dans
la division des fruits de la terre, et, enfin,
un manque total de récolte oblige le propriétaire à des avances inévitables et à des
abandons onéreux, pour ne pas voir déser-
ter son domaine.

De plus, ce genre d'exploitation exige
une surveillance assez active, et la présence très fréquente du propriétaire, non
seulement pour le partage des récoltes,
mais pour surveiller la manière dont elles
se font. Il faut qu'il ait l'œil à ce que la
culture ne se porte pas en plus grande
partie sur les genres de produits dont le
métayer a nécessairement la plus forte
part, le jardinage et les légumes consommés frais ; à ce qu'il emploie tout son
temps sur la ferme, et que pour entreprendre un travail plus lucratif, il ne néglige pas le terrain qui lui est confié. En
un mot, il n'est guère possible d'avoir
une terre en métayage, sans la voir de ses
yeux et sans s'assujettir à une résidence

rapprochée : c'est ainsi que la pauvreté du cultivateur réagit toujours sur le sort du propriétaire.

Enfin, l'exploitation par les fermiers qui paient une rente fixe, sans égard aux variations annuelles des récoltes, mais en prenant pour base leur valeur moyenne, sépare presque entièrement le propriétaire de sa propriété : celle-ci ne semble plus être pour lui qu'un capital dont on lui paie l'intérêt ; mais, d'un autre côté, elle lui laisse la disposition de son temps, de ses facultés, qu'il peut employer dans les carrières civiles ou scientifiques ; elle rend la culture d'autant plus active et perfectionnée, qu'elle la met dans les mains d'hommes qui doivent être pourvus d'avances considérables, suffisantes pour faire face aux accidens imprévus qui menacent les récoltes et leur valeur, et que c'est de leurs travaux que dépendent la conservation et l'augmentation de ce capital.

Il ne faut pas cependant comparer en tout une propriété rurale affermée à une somme d'argent placée à intérêt, qui ue demande d'autre soin que de s'assurer de la solvabilité de celui à qui on l'a confiée. La comparaison manquerait de justesse en beaucoup de choses. La terre est une fabrique de produits agricoles, et, semblable aux autres fabriques, elle veut être exploitée, conservée, améliorée; de plus que les autres fabriques, elle fournit la matière première à mettre en œuvre; cette matière première consiste dans les substances organiques que contient le sol, substances qui se renouvellent dans une proportion fixe, et dont il faut prévenir la dilapidation par des bornes posées à l'avidité de celui qui exploite.

Le contrat qui engage le propriétaire au fermier serait donc celui du possesseur d'une manufacture, qui livrerait le local en s'engageant à fournir au preneur les matériaux de la fabrication dans une mesure donnée; et cependant ces matériaux seraient entassés dans des magasins dont ce dernier aurait la clef.

Que l'on se mette dans une telle position, et l'on verra que l'on doit veiller,
1°. à la conservation de la propriété; 2°. à
ce que la consommation des matières premières du magasin soit proportionnée à
ce qu'il en rentre chaque année, sans quoi
il y aurait diminution dans la valeur du
capital. Cette position est réellement celle
du propriétaire. Le contrat de ferme est
donc un contrat très compliqué, beaucoup plus compliqué que tous les autres
genres de transaction. Dans les autres
contrats de louage, il suffit de constater
l'état de la chose louée, au moment de la
livraison et au moment de la reddition.
Ici, les valeurs ne peuvent être appréciées.
La science ne nous offre encore aucun
moyen d'estimer la valeur comparative
d'un même terrain à deux époques différentes. La prévoyance de l'auteur du bail
et la surveillance du propriétaire pour
assurer son exécution sont donc éminemment nécessaires pour prévenir les dégradations.

Mais, en outre, il existe tel mode de culture timide, qui laissera la terre dans un état d'épuisement plus grand, tout en consommant une quantité moindre de matières organiques du sol qu'une culture habile et hardie, parce que la première reproduit moins de ces matériaux que la seconde : ainsi, dans le premier cas, le fermier, enchaîné à ce mode de culture peu libéral, ne pourra donner qu'une rente moindre que le second, tout en laissant la terre dans un état réel de dépérissement.

C'est à combiner tous ces intérêts et toutes ces chances que la science agricole doit pourvoir; c'est faute d'en connaître les ressources que l'on tombe dans l'inconvénient ou de détériorer le capital du fonds ou de ne pas en tirer toute sa valeur. On voit donc combien l'application d'une saine théorie aux baux à ferme offre à la fois de difficultés et d'intérêt, et combien il importe d'initier la jeunesse à ces connaissances, qui doivent un jour servir à ré-

gler sa conduite dans les opérations les plus
délicates, d'où dépend souvent la bonne ou
mauvaise fortune. Réunissons donc nos
voix à celle que M. le Baron *de Silvestre*
a fait entendre si souvent, et avec tant de
persévérance, pour demander que l'en-
seignement académique ne soit pas privé
plus long-temps de ces chaires d'agrono-
mie, qui, en répandant une instruction
salutaire, contribueront aussi à faire marcher la science.

L'exploitation par fermiers ne peut avoir
lieu que dans les pays où il existe déjà des
capitaux accumulés dans la classe agricole; dans ceux où les récoltes offrent des
chances positives d'une réussite moyenne
dans un temps donné; dans ceux où la
vente des denrées se fait avec facilité, et
où par conséquent il existe à la fois des
consommations, des débouchés et un commerce organisé. C'est ce genre d'exploitation qui est le plus propre à porter à la
perfection la culture des vastes domaines,
parce qu'il unit la richesse numéraire du

fermier à la richesse territoriale du propriétaire, et que cette association double les ressources de tous deux. De même que dans les contrées où la terre est assez divisée pour n'exiger de capitaux que la force d'une famille, c'est dans la culture du petit propriétaire que se trouve la perfection : ainsi, dans les grandes propriétés, il faut aussi que le capital employé se proportionne à son étendue. Vouloir introduire le fermage à prix d'argent dans les pays pauvres et sans capitaux, c'est s'exposer à ne pas être payé et à avoir des terres d'autant plus mal cultivées qu'elles sont plus étendues. La nature des choses a force de loi, et on n'y résiste jamais sans en être puni.

Mais partout où il existe de l'aisance dans la classe agricole, on obtiendra la plus haute rente possible du fermage à prix fixe, en proportionnant l'étendue des fermes au capital moyen des fermiers. Nous développerons ces propositions dans le courant de cet ouvrage.

Le fermage, en laissant au cultivateur la liberté de ses allures, en le constituant l'arbitre unique de son système d'exploitation, en l'affranchissant de la surveillance incommode du propriétaire hors des limites fixées par le bail, rend l'unité aux vues directrices de l'entreprise agricole, trop souvent contrariée dans le métayage, qui est d'autant plus imparfait qu'il y existe deux mobiles d'action ; il laisse aux propriétaires la disposition de leurs loisirs, et les délivre de l'esclavage de la glèbe. La société a des besoins divers ; elle demande des guerriers, des magistrats, des savans, des philosophes, des littérateurs, tout comme des laboureurs et des fermiers, et tous ces emplois exigent le libre exercice de toutes les facultés de l'homme. Une grande partie de la classe riche peut donc, au moyen de cet heureux accord, tendre sans obstacle vers son perfectionnement intellectuel sans renoncer à l'avantage des placemens sur les biens-fonds ; et si elle entend ses

intérêts et ses véritables devoirs, comme
propriétaire, intérêts et devoirs que nous
allons essayer de lui retracer, elle ne se
détachera pas de la propriété au point de
lui devenir étrangère ; elle acquerra dans
sa fréquentation les connaissances nécessaires pour conserver et augmenter sa valeur et lui faire suivre de près tous les
progrès de la science agricole.

Les soins du propriétaire doivent se
porter sur trois points principaux : 1°. retirer de la propriété une rente proportionnée à sa valeur ; 2°. la conserver sans dé-
térioration ; 3°. augmenter cette valeur par
des améliorations bien entendues. Nous
devons donc nous attacher d'abord à donner les moyens d'évaluer la rente dont
un domaine est susceptible, ce sera l'objet de notre *Première Partie ;* en second
lieu, avant de contracter un nouveau bail,
le propriétaire doit s'être fait une idée
claire des améliorations et des réparations
qu'exige sa terre, pour qu'il puisse, en le
concluant, préparer leur exécution au

moyen de stipulations et de réserves spéciales, ce sera l'objet de notre *Seconde Partie;* enfin, il doit connaître à fond ce qui concerne le bail en lui-même, la valeur de ses stipulations et leurs effets réciproques ; il doit considérer les moyens de confondre, pour ainsi dire, ses intérêts avec ceux de son fermier, de sorte qu'ils soient si intimement liés qu'ils cessent d'être distincts et hostiles. En envisageant le contrat de fermage sous ce point de vue, le propriétaire et le fermier cesseront de se regarder comme des rivaux travaillant chacun de leur côté, et dans deux directions opposées, pour leur ruine réciproque ; ils se regarderont comme des associés, comme des coopérateurs. C'est sous ce rapport que nous considérons le bail à ferme dans la *Troisième Partie.* Les règles légales et les formes de ce contrat important feront l'objet d'une *Quatrième Partie;* enfin, dans la *Cinquième* et dernière *Partie,* nous donnerons les moyens d'en

2.

assurer et d'en surveiller l'exécution, et nous indiquerons la conduite que doit tenir le propriétaire pendant sa durée.

J'ai besoin de réclamer ici d'autant plus d'indulgence, que la matière est aussi neuve qu'elle est importante, et que les auteurs les plus célèbres d'agriculture ne l'ont jamais traitée dans toute son étendue. Je désire ne pas rester trop au dessous de la tâche que je me suis imposée, surtout dans l'espoir de mériter quelque estime de la part de la Société célèbre qui préside à ce concours, s'il ne m'est pas donné d'atteindre à la palme qu'elle tend aux concurrens (1).

---

(1) M. *de Gasparin* a remporté le prix que la Société avait proposé pour la rédaction d'un travail de ce genre. (Voyez le Rapport fait par M. *Huerne de Pommeuse* sur le concours pour la rédaction d'un *Manuel* ou Guide des Propriétaires de domaines ruraux affermés. *Mémoires de la Société royale et centrale d'Agriculture*, année 1828, tome Ier., page LXXXXI.)

GUIDE

DU PROPRIÉTAIRE

DE

BIENS RURAUX AFFERMÉS.

PREMIÈRE PARTIE.

ESTIMATION DU FERMAGE.

CHAPITRE PREMIER.

DU FERMAGE EN GÉNÉRAL.

Si l'on avait voulu parler de fermage il y a quelques années, on aurait commencé par rechercher sa valeur et ses variations, sans admettre un doute sur sa nature et sur son origine. De nouvelles études, et surtout les ouvrages de *Ricardo*, ne nous permettent plus aujourd'hui d'aborder ce sujet avec autant de légèreté. Il nous faut examiner avec soin ce que nous regardions auparavant comme admis sans contestation; il faut remonter à la source de ce produit, qui devient la base des contrats qui

font la matière de cet ouvrage. En travaillant
pour des propriétaires éclairés, qu'une éducation soignée rend de plus en plus familiers avec
la science de l'économie sociale, nous devons
procéder tout autrement que s'il s'agissait de
composer une instruction pratique pour des
ouvriers. Ainsi, nous allons commencer par
exposer les trois doctrines principales qui règnent dans la science, et ensuite nous les sou-
mettrons à un examen détaillé, où nous tâche-
rons d'ajouter quelques lumières à celles qu'une
discussion éclairée a déjà fait jaillir de ce sujet.

Adam Smith, *Say* et *Ricardo* présentent trois
explications différentes du fermage, et en trouvent l'origine dans des causes qui, bien qu'identiques si l'on y regarde de près, portent cependant à considérer le sujet sous des points de
vue assez divers : c'est à leurs déductions que
nous devons maintenant apporter notre attention.

ARTICLE PREMIER.

DE LA NATURE DU FERMAGE.

§ 1er. *Système d'*ADAM SMITH.

La rente, selon cet auteur, est cette portion
du produit d'une terre qui reste après avoir
payé les semences, le travail, l'achat et l'entretien du bétail et des instrumens d'agriculture, en y joignant les profits ordinaires des
fonds d'une ferme, tels qu'ils sont dans le voisinage. Elle est nécessairement le taux le plus
haut que le tenancier puisse donner de la terre,
parce que le propriétaire dresse les clauses
du bail de manière à ne lui laisser que la
moindre partie possible du produit. Ce qui
suppose, comme l'on voit, que la concurrence
des preneurs est la plus grande possible.

Cette rente n'est pas nécessairement le profit
qui résulte des dépenses de mise en valeur et
d'améliorations faites par le propriétaire sur ses
biens, une partie de la rente peut représenter
cette dépense, mais une partie représente aussi
bien certainement le prix de ce qui n'est susceptible d'aucune amélioration de la part des
hommes, les facultés productives inhérentes
au terroir; car on paie la rente des rochers

qu'arrose la haute marée , et où il ne croît que des algues, que l'on emploie à l'engrais des terres. La rente payée pour l'usage du terrain est donc le prix du monopole, et n'est pas proportionnée à la dépense que le propriétaire peut avoir faite pour l'améliorer, mais à ce que le fermier en peut donner.

Comme on ne peut mener au marché que les produits dont le prix surpasse les frais, la partie de leur prix excédant ces frais ira à la rente de la terre ; si elle ne passe pas ce taux, quoique la marchandise puisse être menée au marché, elle ne peut rapporter de rente. Mais il y a certaines productions, comme les subsistances, dont la demande est telle que le prix excède toujours les frais d'exploitation ; elles rapportent donc toujours une rente au propriétaire. Il y en a d'autres dont la demande varie au point que quelquefois le prix qu'elles ont coûté à produire excède le taux de leur cours vénal, comme les habillemens, les matériaux de construction, de chauffage ; elles ne rapportent pas alors toujours une rente.

L'auteur établit ainsi une division arbitraire des propriétés : dans l'une se trouvent les terres arables, qui rapportent toujours une rente; dans l'autre , les pâturages, les carrières et les mines, qui rapportent ou ne rapportent pas de rente, selon les circonstances sociales.

Ne nous occupons pas en ce moment de sa seconde division, voyons comme il établit le taux de la rente dans la première.

La rente des terres les plus ingrates n'est pas diminuée par le voisinage des plus fertiles ; au contraire, elle en est considérablement augmentée, les cultivateurs des dernières, ouvrant, par leur grand nombre, un marché avantageux au produit de terres moins fertiles.

Toute terre produit une rente ; les pacages les plus déserts de la Norwège et de l'Écosse produisent quelque pâturage pour le bétail, la rente croît en proportion de la bonté du pacage.

La rente varie avec la fertilité de la terre, quel que soit le genre de ses produits, et avec la situation, quelle que soit sa fertilité.

La culture du blé, comme la plus générale, règle la rente des autres terres cultivées par d'autres produits.

Quant aux produits de la seconde espèce, qui comprennent les articles qui n'entrent pas dans la subsistance et les denrées dites de première nécessité, la plupart de ces choses sont produites surabondamment dans l'état de nature, et elles sont requises dans l'état de société : leur valeur doit donc augmenter, et elles finissent par pouvoir produire une rente. La distance où elles se trouvent des lieux habités produit les mêmes effets : ainsi, une carrière de pierres, dans un district éloigné, est sans valeur ; elle en aurait une grande auprès d'une grande ville.

En résumé, on voit, dans cet exposé, 1°. qu'*Adam Smith* regarde la rente comme ce qui, dans les produits du sol, excède les frais de production ; 2°. qu'il admet que toute terre produit une rente quand elle est consacrée à produire des subsistances ; 3°. que la rente varie en proportion de la fertilité du sol ; 4°. que le voisinage des terres fertiles augmente la valeur des terres ingrates, mais qu'il est une espèce de produits qui ne sont pas de première nécessité, dont la rente est réglée par d'autres principes ; 5°. enfin que, dans tous les cas, la rente est en grande partie le prix du monopole.

§ 2. *Système de* SAY (1).

La terre possède en elle-même la faculté de combiner les sucs nutritifs qu'elle contient ou ceux qu'on lui fournit, de manière à les transformer en fruits, en grains, en bois et en mille produits divers nécessaires à la société, et qui ont une valeur réelle. Cette action chimique ne peut être obtenue que par son moyen : c'est donc un instrument de la grande fabrique agricole comme c'en est l'atelier. Cette utilité productive doit donc être payée par l'entrepreneur de culture à celui qui la possède, comme, dans une autre industrie, il paierait les outils et le local qui lui seraient nécessaires. Tel est, selon ce système, le véritable fondement du droit de fermage, qui n'est que le prix d'une utilité que l'on veut acquérir.

Mais la terre n'est pas le seul agent de la nature qui soit productif : le vent qui enfle les voiles de nos vaisseaux et les fait marcher; la chaleur du soleil, l'eau des rivières et de la mer travaillent aussi pour nous, et cependant on

_____

(1) SAY, *Traité d'économie politique*, T. II, p. 345 et suiv., 5ᵉ. édition, 1826.

n'exige pas le prix de leur utilité. Mais ces agens ne peuvent pas devenir aussi facilement que la terre une propriété personnelle et exclusive, et, quand on peut se les approprier, ils entrent aussi dans les mêmes conditions : ainsi , un site favorable à un moulin à vent, une chute d'eau, une mare fermée, un abri avantageux acquièrent aussitôt une valeur, par la raison que leur circonscription définie les met à même de pouvoir devenir une propriété.

C'est donc l'appropriation du sol qui est la véritable cause du fermage : dès que ses facultés productives sont devenues la propriété d'une classe de la société , aussitôt ceux qui ont voulu y prendre part sans être propriétaires ont été obligés de payer cette utilité. Or, cette appropriation n'est pas un privilége arbitraire et non motivé ; sans elle il ne peut y avoir d'agriculture. Ceux qui possèdent comme ceux qui ne possèdent pas sont intéressés à l'appropriation du terrain, sans laquelle il n'y aurait pas de produit ; c'est la condition qui met l'instrument en état de servir.

Il est clair ensuite que les différens degrés de force productive que possèdent les terrains divers doivent avoir un prix proportionné à leur intensité. Ce qui peut seulement changer

ce prix, c'est une plus grande quantité de terres
mises sur le marché par des défrichemens ; car,
ici comme ailleurs, cette école d'économie admet pour règle du prix des choses la proportion de l'offre à la demande.

Si un terrain ne peut donner de produit
qu'exactement ce qu'il faut pour dédommager
l'ouvrier de ses peines sans laisser aucun reste,
il n'est susceptible d'aucun fermage, et par conséquent il reste inculte, à moins que le propriétaire lui-même ne le cultive.

Les terres diffèrent cependant des autres capitaux, en ce que, dans un pays donné, leur
quantité est nécessairement limitée, et que la
culture étant, de toutes les industries, celle qui
exige le moins d'avances, le nombre de ceux qui
veulent s'y livrer est plus grand : ainsi la demande des terres est toujours supérieure à l'offre
dans les pays bien peuplés, et la quantité n'en
peut pas être augmentée par la demande comme
celle des autres capitaux ; ainsi le marché qui
se conclut entre le propriétaire et le fermier est
toujours aussi avantageux qu'il peut l'être pour
le premier.

Ce système est très simple, d'accord avec les
faits; mais les économistes anglais ont trouvé
qu'il n'atteignait pas le fond des questions, qu'il

était stérile en conséquences, et ils ont cru devoir en proposer un autre, que nous allons exposer dans le paragraphe suivant.

§ 3. *Système de* RICARDO.

Ricardo part de plus haut : chez lui, la théorie du fermage n'est pas une conséquence des autres principes économiques, elle n'en est, pour ainsi dire, qu'un appendice.

La terre a différens degrés de fertilité. Dans un pays nouvellement habité, on commence par occuper les terrains de première qualité, et l'on ne passe à ceux de qualité inférieure que quand les premiers sont tous appropriés : jusqu'à ce qu'ils le soient, il ne peut y avoir aucun fermage; car il n'y a pas de raison pour payer un prix de la culture d'une terre quand on peut s'en procurer gratuitement d'autres de même qualité. Mais dès que les terres de première qualité, que nous supposerons produire douze hectolitres de blé, se trouvent toutes occupées, les nouveaux arrivans sont obligés de se livrer à la culture de celles de seconde qualité, qui, avec le même travail, n'en produisent que six hectolitres, et alors il leur est égal de cultiver cette seconde espèce, ou de payer six hectoli-

tres à un de ceux qui possèdent les terres de première qualité, pour obtenir de prendre sa place;
plus tard, le même raisonnement s'appliquera
aux terres de troisième qualité, qui ne produisent que trois hectolitres, et alors on pourra
donner neuf hectolitres de fermage des premières. Telle est, selon *Ricardo*, l'origine réelle
du fermage, et sa mesure, *la différence qui se
trouve entre le produit d'un terrain et celui de
la qualité la plus inférieure des terrains cultivés.*

Dans les pays très-peuplés, la culture s'arrête
aux terrains dont l'ouvrier ne peut tirer que la
valeur de son travail, qui alors n'excède pas
celle de sa subsistance et de celle de sa famille.
S'il y a des portions de terre d'un degré encore
inférieur qui soient soumises à la culture, il
est évident que c'est ou par erreur, et alors elle
n'est pas durable, ou par convenance, quand il
s'agit de terres encloses dans un corps de domaine et liées à la culture de terres supérieures,
ou bien quand on y trouve l'emploi d'un temps
qui serait perdu sans cette circonstance. Quand
l'accroissement de la population exige de mettre
en culture des terres inférieures encore à celles
où l'ouvrier ne trouve que sa subsistance, il
est évident que cela ne peut avoir lieu que
par une réduction sur le taux de cette subsis-

tance, et alors il devient possible de cultiver des terres inférieures à celle-ci, qui commence à porter un fermage, et celui de toutes les terres supérieures hausse dans la même proportion.

Dans le prix du fermage il ne faut pas confondre le profit payé pour les améliorations et les travaux faits sur un terrain. Il est évident, par exemple, qu'il n'est pas indifférent d'entreprendre la culture d'une terre défrichée, ou d'une terre en friche : à qualité égale, la première se louera plus cher; mais cet excédant de prix n'est que l'intérêt ou le profit du capital employé au défrichement, et ne peut nullement être attribué au fermage.

Après avoir donné une idée aussi claire qu'il nous a été possible des trois systèmes généralement admis sur la théorie du fermage, nous allons nous livrer à leur examen dans les paragraphes suivans.

§ 4. *Examen du Système d'*ADAM SMITH.

Le fondateur de la vraie science économique, qui a porté dans toutes ses branches la lucidité et la logique qui le distinguent si éminemment, semble n'avoir abordé le sujet du fermage qu'avec des données imparfaites, et si la jus-

tesse de son esprit lui a fait souvent toucher le
but, les circonstances qui l'entouraient, et dont
il n'a pas toujours démêlé la portée, l'ont quelquefois fasciné au point de le faire tomber dans
d'étranges contradictions.

Il est certain, en effet, qu'il n'a eu que l'état
de l'Angleterre sous les yeux dans ses recherches sur cet objet, et qu'il ne connaissait pas
assez les faits agricoles pour amener ses déductions à un haut point de généralisation.

Sa définition de la rente est fort exacte : « C'est,
dit-il, ce qui reste au fermier après avoir payé
ses frais de culture, son entretien, et avoir pré-
levé les intérêts de ses capitaux tels qu'ils sont
fixés dans le voisinage. » Mais les taux de ces
frais, de cette subsistance, de ces intérêts sont
très variables, et peuvent se porter fort haut dans
les pays peu habités encore et où il n'y a pas de
concurrence dans l'occupation des terres : aussi
n'est-il pas exact de dire que, dans tous les cas,
c'est le prix le plus haut que le fermier puisse
donner de ses terres ; car il est des circonstances où le fermier dicte la loi, quoique dans
les pays très-peuplés ce soit le contraire qui arrive : or *Smith* n'a, ici, évidemment considéré
que ces derniers. Ainsi, par l'effet de ces variétés infinies dans la proportion de la demande

3

des terres à l'offre, cette définition ne laisse aucune idée nette dans l'esprit, et ne peut offrir
de base que dans un cas particulier dont toutes
les circonstances sont connues, mais ne peut
jamais servir de formule générale applicable à
tous les cas, sans y faire entrer un tel nombre
de termes variables, qu'elle forme une idée trop
complexe et trop indéterminée.

Il est ensuite fort difficile d'accorder deux
assertions de l'auteur : selon lui, tout terrain produit une rente ; et, d'un autre côté, si la rente
des produits d'un terrain ne surpasse pas les frais,
il ne peut pas porter de rente. Il a été visible-
ment déterminé ici par deux idées différentes :
dans la première assertion, il avait en vue les
pâturages et autres terrains qui donnent un produit sans culture ; dans la seconde, les terres cultivées. Or, il est facile de voir que la vérité de la
seconde proposition ne change pas dans le
premier cas. Les rochers couverts d'algues, destinées à l'engrais, produisent une rente, parce
que la valeur de cet engrais excède les frais
qu'il faut faire pour l'extraire ; mais un rocher
nu, un terrain aride ne produisant point
d'herbe, ou en produisant trop peu pour la
dépaissance ; un pâturage qui, dans certains
pays, pourrait avoir quelque valeur, mais qui

est placé auprès de pâturages plus gras et suffisans aux besoins du pays : tous ces terrains,
dis-je, ne peuvent produire de rente, et rentrent dans le second cas, soit par impossibilité
d'en tirer aucune substance propre à avoir une
valeur, soit parce que la bonté des pâturages
voisins réduit le prix des animaux à un taux
tel, que le produit de ceux qui seraient nourris sur les pâturages maigres ne paierait pas
l'intérêt d'un capital d'achat et de garde. Si ces
circonstances ne se rencontrent pas en Angleterre, ce dont je doute fort, au moins ne sont-
elles pas rares ailleurs, et elles prouvent que
tout terrain n'est pas propre à produire une
rente, et que l'auteur avait été bien mieux ins-
piré par son bon sens, quand il avait affirmé
que, lorsque les produits ne surpassent pas les
frais de production, ils peuvent encore être menés au marché, mais que la terre sur laquelle ils
ont été récoltés ne peut produire une rente ; et il
aurait évité de tomber plus tard dans l'erreur,
s'il eût achevé son raisonnement, et s'il eût
ajouté : *Et si le prix des produits était infé-*
rieur au prix de production, non seulement
ils ne pourraient être menés au marché, mais
on cesserait de cultiver le sol dont ils provien-
nent. Cette réflexion eût été un trait de lu-

3.

mière qui l'eût peut-être conduit à la découverte de la vraie théorie du fermage.

Ce qui me fait penser qu'il ne fallait à *Smith*
qu'un pas de plus et un plus grand nombre
de connaissances positives en agriculture pour
arriver à la vérité, c'est la proposition qu'il
émet, sans en déduire les conséquences, que
la rente varie avec la fertilité de la terre, quel
que soit le genre du produit, et avec la situation, quelle que soit la fertilité. S'il s'était attaché à la développer, certes un esprit tel que
le sien n'eût rien laissé à dire à ses successeurs : en la combinant avec les précédentes, il
eût montré que la limite de la culture est la
terre qui ne paie pas actuellement, dans l'é-
tat de l'art agricole, de la population et de la
richesse du pays, les frais de production, et il
fût parti de ce point, comme l'ont depuis fait
Malthus et *Ricardo*, pour conclure que, dès
lors, la rente des terres plus fertiles étant en
raison de leur fertilité, elle n'était autre chose
que l'excédant de produit d'une qualité de
terre sur celui de la dernière qualité de terre
qu'il était possible de mettre en culture. Toute
la vérité se trouve donc en germe dans *Smith*;
mais elle y est mêlée à beaucoup d'erreurs.

Par exemple, c'en est une, au moins dans
les termes dont l'auteur s'est servi, de croire

que le voisinage d'une terre fertile augmente la valeur d'une terre stérile. Il est évident que cette proposition n'est pas faite en termes assez positifs pour avoir une application générale. *Smith* n'a vu ici que des pâturages placés près des terres fertiles, et il a conclu que la valeur de ces pâturages était augmentée par ce voisinage; mais à prendre ses expressions au pied de la lettre, la proposition est fausse. Si le pays n'a pas une nombreuse population, les terres stériles seront sans valeur, jusqu'à ce que toutes les terres fertiles soient occupées. Son passage est donc relatif à la population qu'il suppose sur les terres fertiles, bien plus qu'à leur fertilité même; mais il aurait eu raison en disant : la valeur des terres stériles augmente en proportion de l'accroissement de la population.

C'est encore une erreur grave que sa division des produits du travail en deux classes, les subsistances et les choses qui, provenant de la terre, ne peuvent pas servir à la nourriture; l'une et l'autre de ces classes sont régies par les mêmes lois générales.

Une mine de charbon, située dans un pays où le bois surabonde, ne peut être exploitée, comme une terre très propre à porter du blé ne serait pas cultivée dans celui où le sol offrirait une nourriture suffisante et sans aucun travail. Mais dès qu'il devient nécessaire d'exploiter des mines de charbon, on commence par les plus riches, de même que pour la culture de la terre : on passe ensuite à celles qui produisent moins et avec plus de frais, et alors le prix du charbon doit s'élever, et les mines les plus productives payer une rente; on s'arrête enfin à celles qui ne peuvent produire que les frais de l'exploitation sans aucune rente, et il est clair que la rente des qualités supérieures est exprimée par la différence de leur produit avec celui de la qualité la plus inférieure qui est exploitée. Au contraire, *Smith* prétend que c'est la mine de la qualité supérieure qui règle le prix de toutes les autres, parce qu'elle peut baisser ses prix, et, par conséquent, forcer tous ses voisins, moins favorisés, à suivre son cours; mais en supposant deux mines, l'une très riche, et l'autre qui ne payât que les frais d'exploitation, il est clair que, dès que la plus riche baisserait son cours, la seconde cesserait de pouvoir payer les frais d'exploitation : dès lors la première fournirait tout le charbon, et pourrait, à volonté, hausser son cours; mais elle ne le pourrait faire que la seconde ne reprît son travail, d'où s'ensuivrait une nouvelle baisse. On ne voit donc pas ce que la première gagnerait à maintenir sa houille au dessus de ses frais de production, pour atteindre à une hausse momentanée et éphémère; et si elle se tient au prix naturel de ses produits, il est clair que le fermier pourra payer au propriétaire tout ce qui excède ses frais, c'est à dire la différence qu'il y a entre les produits de la mine inférieure à la supérieure.

On voit bien qu'ici *Smith* a cru devoir mettre une différence entre les mines et les terres, en ce que le nombre des mines est borné, et qu'il est plus facile à un ou deux propriétaires des mines riches de faire la loi qu'il ne le serait aux propriétaires des bons terrains : en effet, si le nombre des mines est très petit, elles peuvent facilement devenir un monopole, et sortir ainsi des règles communes; mais pour peu que le nombre des propriétaires de mines soit grand, aucun caractère particulier ne peut distinguer cette propriété de celle des terres.

On conçoit que les forêts et les pâturages rentrent aussi sous la loi commune toutes les fois qu'ils ne seront pas sous l'empire du monopole resserré : car ce dernier a ses règles à part, auxquelles la question du fermage ne participe que faiblement dans les pays où la propriété est suffisamment divisée. Mais en règle générale, et en supposant une égale liberté légale dans le commerce des différentes sortes de propriétés, elles sont toutes soumises aux mêmes conditions, et c'est sans fondement que *Smith* a prétendu les distinguer,

§ 5. *Examen du Système de M.* SAY.

Pour entrer dans l'examen raisonné des deux derniers systèmes que nous venons d'exposer, il est nécessaire de poser quelques principes fondamentaux, sur lesquels les deux écoles sont également d'accord.

Le *prix réel* des choses, ou la valeur échangeable des produits, consiste dans leurs frais de production; car il est clair qu'une marchandise ne peut continuer à être produite si ses prix ne remboursent pas ses frais.

Mais le *prix courant* des choses n'est presque jamais leur prix réel, il dépend de la proportion de l'offre à la demande. Ainsi, quand une marchandise est plus offerte que demandée, ses détenteurs sont obligés de baisser leurs prix pour pouvoir s'en défaire, même au dessous du prix réel, sauf à la vendre une autre fois au dessus quand l'offre en sera réduite au dessous de la demande; car alors les acheteurs sont obligés de hausser les prix pour obtenir un objet pour lequel il y a plus de demandeurs que de gens qui peuvent l'obtenir. Ce concours, toujours et essentiellement variable, constitue le *prix courant* des marchandises; et il est clair que la moyenne arithmétique d'une longue série de prix courans doit être égale, ou du moins fort approchée du prix réel, dont les prix courans s'éloignent sans cesse en plus ou en moins.

Ces principes fondamentaux et irrécusables une fois posés, il semblait qu'ils étaient suffisans pour établir la vraie théorie du fermage, comme nous le ferons voir plus haut : voyons comment nos auteurs en ont profité.

Il est clair que la notion du prix réel doit précéder celle des prix courans dans toutes les recherches d'économie, comme la pesanteur de l'atmosphère sert de base aux recherches météorologiques, et non ses variations journalières. Or, M. *Say* ne traite que légèrement et en passant, dans toutes ses déductions, la question des prix réels, et ne fonde sa théorie que sur les prix courans. Ayant ainsi subordonné sa théorie toute entière à cette vue, il était naturel qu'arrivant au fermage, et ne considérant la terre que comme un outil, un instrument, il lui appliquât les mêmes principes. Le prix courant du fermage, c'est à dire le prix fixé par la proportion de l'offre à la demande, est le seul dont il s'enquiert ; de là résulte qu'il ne voit la question que superficiellement, et que si ses déductions sont en général exactes, elles manquent cependant de profondeur, et n'arrivent pas à cette analyse bien plus complète qu'a trouvée *Ricardo* en suivant une autre marche.

Ainsi sa théorie ne nous apprend pas quelle est la proportion qui existe dans le fermage des différens terrains ; quelle est la raison de cette proportion ; sous quelle condition cesse la culture, s'élève ou baisse le fermage dans les mêmes terrains donnés. Nous acquérons avec lui une seule idée vague, c'est que, comme les autres marchandises, la valeur du fermage est réglée par le rapport de l'offre à la demande ; mais il est impossible de se former aucune opinion fixe sur ce qui caractérise ce genre particulier de marchandise, et sur ce qui influe sur ce rapport. En refusant d'appliquer la notion plus profonde des prix réels à sa matière, il n'a laissé dans l'esprit de ses lecteurs qu'un principe juste, mais stérile dans sa généralité, parce qu'il n'offre aucun moyen de prévoir et de sentir le terme moyen autour duquel oscillent ses prix courans ; troublés par ces balancemens en sens contraire, entourés de termes extrêmes, nous lui demandons en vain la moyenne de ces termes; il n'aurait pu nous l'offrir qu'en partant des prix réels, qu'il s'est toujours refusé de prendre pour base de ses déductions. Nous verrons, plus tard, quelle lumière cette considération lui aurait fournie.

On pouvait donc désirer, après la publication du Traité de ce savant professeur, une exposition plus satisfaisante de la théorie du fermage. Voyons maintenant jusqu'à quel point *Ricardo* y a réussi.

§ 6. *Examen du Système de* RICARDO.

Quoique *Ricardo* pénètre bien plus profondément dans les racines du sujet, le défaut de son système est d'abord de ne pas être lié, comme le précédent, à l'ensemble de sa théorie économique : chez lui, le fermage est un corps à part, qu'il semble n'avoir pu soumettre au joug des principes généraux ; ce n'est qu'après s'être débarrassé de ce sujet importun qu'il passe à sa théorie des prix, et que le reste de sa doctrine s'enchaîne convenablement. Ainsi, premier défaut du système de l'école anglaise, défaut de liaison avec l'ensemble de la doctrine, de sorte qu'il semble que le fermage soit un fait réfractaire que l'on ne puisse traiter que par exception. Quand on a lu, en effet, l'analyse que nous en avons donnée, on voit que le raisonnement qui s'applique au fermage ne peut convenir qu'à lui, qu'il est à lui-même son point de départ, et qu'également on ne peut rien en conclure pour la valeur et la distribution des autres objets mercantiles.

On a voulu lui objecter que dans un pays anciennement peuplé il n'y avait pas de terre qui ne fût susceptible d'un fermage.

Il faut restreindre cette assertion dans ses justes limites. Dans un pays où toutes les terres sont appropriées, il n'y a pas sans doute de terre occupée par un tenancier sans fermage ; mais aussi personne, si ce n'est le propriétaire, n'y cultive une terre qui soit d'un produit inférieur à la subsistance de l'ouvrier, plus le fermage, si minime soit-il. Il est évident que le contraire serait impossible ; les pâturages les plus maigres dont on paie une rente sont eux-mêmes soumis à cette loi. Quand on en loue une grande étendue, il y en a sans doute une partie qui est d'un trop faible produit pour pouvoir payer un fermage si elle est détachée du corps ; mais alors il y a compensation, et c'est sur l'ensemble du produit que se règle le fermage : tellement que si, en affermant le pâturagè d'une montagne , le propriétaire voulait en détacher le sommet rocailleux ou les glaciers , il n'éprouverait aucune réduction pour cette réserve. Ainsi, quoiqu'il soit vrai que le droit de propriété est un droit jaloux qui préfère qu'il n'y ait pas de jouissance plutôt que de laisser jouir autrui gratuitement, cependant ce droit ne peut faire naître un fermage là où il ne saurait y en avoir par la nature des choses.

Maintenant, au lieu de partir, comme le fait *Ricardo,* de l'état impossible d'une société agricole où les terres ne seraient pas appropriées, supposition qui a élevé contre son système tant d'objections , nous dirons que ses conclusions sont justes , mais avec cette restriction qu'à ce principe : le fermage est la différence qui se trouve entre le produit d'un terrain et celui de la qualité la plus inférieure des terres cultivées, il faut ajouter *cultivées par leurs propriétaires;* ce qui revient à dire : Le fermage est toute cette portion du *revenu d'une terre qui reste au fermier quand il est remboursé de ses avances de travail,* puisque l'auteur suppose que la qualité de terre la plus inférieure doit payer au moins la subsistance de l'ouvrier, c'est à dire ses avances de travail, et que les terres supérieures paient, à titre de fermage, tout ce dont elles surpassent cette qualité inférieure.

Or, cette expression se présente d'une manière bien plus claire que les précédentes ; elle sera admise par le plus grand nombre de ceux qui trouveront l'énoncé de *Ricardo* paradoxal, et cependant on voit qu'elle n'en est que la traduction littérale.

La théorie de *Ricardo* est aussi identiquement la même que celle de M. *Say*. En effet, plus il y a de demandes de terre et plus l'on cultive les qualités inférieures et plus la rente des qualités supérieures croît, *et vice versá;* et ces demandes s'arrêteront toujours, dans l'un comme dans l'autre cas, autour du point où la terre ne rendrait que les frais de production.

Content d'avoir ainsi éclairé et concilié les deux théories, je devrais peut-être m'arrêter à cette limite ; mais le désir de lier la théorie du fermage à l'ensemble de la science économique de manière que, d'un côté, elle se présentât dans toute son étendue, avec toutes ses circonstances et les conséquences qui en résultent, et, d'un autre, qu'elle ne formât plus un simple appendice en dehors de la science, m'a fait entreprendre de proposer ici une nouvelle théorie,

qui m'a paru présenter les caractères que je
cherchais en vain dans les autres.

§ 7. *Nouvelle théorie du fermage.*

Après nous être expliqués franchement sur
les deux théories du fermage qui se par-
tagent le monde savant, il est inutile de déclarer ici que celle de *Ricardo* nous paraît présenter, de la manière la plus complète, les
faits relatifs à ce sujet, et nous avons assez fait
entendre que le seul défaut que nous lui trou-
vions était son manque de liaison à l'ensemble de la théorie économique : c'est ce lien désirable que nous avons cherché à lui donner,
en envisageant le fermage sous le même point
de vue que toutes les autres marchandises et
non pas sous un point de vue particulier et spécial, comme l'a fait *Ricardo*. On trouvera donc
de grandes conformités entre les idées que nous
allons proposer et les siennes ; et peut-il en être
autrement, puisque, reconnaissant la justesse
de ses vues, nous ne faisons que donner une
forme différente à ses principes ?

Avant d'entamer notre sujet, nous devons expliquer complétement un mot que l'on pour-

rait trouver trop vague; il s'agit de ce que nous entendons par la *subsistance de l'ouvrier*. D'abord par l'ouvrier, nous entendons non seulement l'homme qui travaille actuellement, mais une portion de sa famille nécessaire pour le remplacer : ce qui équivaut à dire que nous entendons par une journée de l'ouvrier la moyenne de la subsistance complète d'une journée de sa vie, prise depuis sa naissance jusqu'à sa mort, c'est à dire la totalité de cette subsistance divisée par le nombre de ses journées occupées utilement. Il est évident que c'est à cette seule condition que l'on peut continuer à trouver des ouvriers. La famille de l'ouvrier représente ici l'enfance de celui qui travaille actuellement.

Cette subsistance diffère beaucoup selon les pays : dans les uns, elle se réduit, presque sans reste, à la nourriture, à l'habillement et au logement; mais, dans d'autres pays, la même somme de travail est tout autrement récompensée, et l'ouvrier reçoit une valeur qui excède de beaucoup sa simple subsistance. C'est ce qui se passe, par exemple, aux États-Unis d'Amérique, où le travail est chèrement payé. Dans ce cas encore, c'est cet état d'aisance général qui représente ce que nous appelons ici la subsistance de l'ouvrier, qui ne peut être réduite que quand il sera obligé de cultiver des terres inférieures en qualités à celles qu'il cultive aujourd'hui ; où, en d'autres termes, quand une plus grande concurrence d'ouvriers augmentera l'offre et diminuera la demande de travail.

Il était nécessaire de bien s'expliquer sur ce point, qui s'applique à toutes les théories, avant d'en venir à l'exposition de mes idées.

La base de mon système consiste à appliquer au fermage la notion des prix réels. Il est évident que *Ricardo* n'aurait pas manqué de suivre cette marche, si, pressé par la rigueur de sa définition des prix réels, il ne s'était cru obligé de chercher une théorie particulière du fermage. Mais il n'aura pas manqué de se dire que le prix réel d'une chose étant ce qu'elle a coûté de production, la fertilité de la terre, qui est un produit de la nature, ne peut pas être évaluée de la sorte, et comme la terre est la seule force naturelle qui ait un prix de location, il a pensé qu'il fallait faire une classe à part pour cet objet unique. Mais une analyse exacte va nous montrer d'abord que la terre n'est pas le seul produit naturel que l'on paie, et ensuite qu'on peut lui appliquer une mesure d'évaluation.

4

Quant au premier point, il est évident qu'une mine est absolument dans le même cas que la terre. La houille, par exemple, possède en elle-même une force productive de la chaleur, et l'on n'a pas songé à l'évaluer autrement que par les frais de son extraction. Ainsi, d'abord, la terre n'étant pas la seule force productive de la nature qui serve à nos usages, il n'y avait pas de raison pour chercher une théorie particulière pour expliquer le fermage; tous les principes qui s'appliquent à la valeur du charbon pouvaient s'appliquer à la terre, et, réciproquement, tous les principes du fermage pouvaient s'appliquer aux mines de charbon. Ainsi, les mines présentent des inégalités de produit comme la terre; la qualité du combustible et les frais d'exploitation y varient comme les produits et les travaux relatifs aux différens sols. Ainsi, nous pourrions dire : le loyer ou le prix de vente d'une mine est la différence de produit qu'il y a entre la mine la moins productive qu'il soit possible d'exploiter et celle de qualité supérieure.

En second lieu, il y a une mesure d'évaluation pour la terre comme pour les autres marchandises, qui doit constituer son prix réel; car ce n'est pas seulement la quantité de travail

dépensé pour produire, qui constitue le prix
réel, mais aussi celui qu'il aurait fallu dépenser
pour produire un objet. Supposons, en effet,
que l'on trouve par hasard dans une mine un
morceau de fer façonné par la nature en forme
de fer de hache; mettons de côté la valeur que
la curiosité y attacherait, n'est-il pas évident
que ce fer de hache naturel aurait pour celui
qui le trouverait précisément la valeur d'un fer
de hache travaillé artificiellement, c'est à dire
la quantité de travail dépensé pour produire la
hache artificielle, et que l'on ne pourrait pas
dire que ce ne fût son prix réel? Or, une terre
qui ne produit que la subsistance de l'ouvrier
n'a pas pour lui un prix réel, puisque cette
subsistance il la trouverait dans d'autres emplois; mais si elle produit deux fois cette subsistance, elle a en prix réel la valeur d'une fois
la subsistance, puisque par sa force productive elle ajoute au travail de l'ouvrier une valeur égale à celui qu'il avait; ou autrement, que,
pour produire un égal produit sur une terre
sans valeur, il aurait fallu deux ouvriers. Ici, la
terre produit donc naturellement ce qui exigerait le travail d'un ouvrier pour être produit; son
prix naturel est donc d'une fois la valeur de
la subsistance de l'ouvrier : or, ce prix réel est

4.

justement le taux du fermage, selon le système de *Ricardo*.

Dès que nous avons trouvé la source du prix réel des forces de la nature et leur évaluation, ces forces peuvent être assimilées aux autres marchandises, et nous pouvons poser en principe :

1°. Que la valeur de la terre la plus inférieure, cultivée dans un pays comme l'emploi le moins avantageux qu'un ouvrier fasse de son temps, est toujours égale à la valeur de la subsistance de l'ouvrier dans tous les emplois qui exigent la même force, la même activité, le même capital, la même industrie dans un pays ;

2°. Que le fermage de la terre (abstraction faite du profit des capitaux qui y sont employés et qui doivent être comptés à part) est le prix réel de la valeur du produit de la terre ;

3°. Que ce prix réel consiste dans ce qu'une terre donnée peut produire au delà de la subsistance de l'ouvrier, et par ce qu'ajoute sa force productive à la valeur de ce travail ;

4°. Que, moyennant cette explication, la théorie du fermage rentre complétement dans toutes les théories du loyer des autres objets produits artificiellement, et ne fait plus un corps séparé dans la science de l'économie sociale.

On sent que cette théorie des prix réels ne
nous empêchera pas de nous servir de la notion
des prix courans toutes les fois qu'elle nous
paraîtra plus commode pour l'exposition : c'est
ce que nous allons faire dans l'article suivant.
Ainsi, les théories de *Say* et de *Ricardo* viennent
se réunir sur le terrain de notre système,
comme elles doivent marcher d'accord dans
tout le reste de la science, ayant pour patrons
des esprits aussi justes et aussi élevés que ceux
de ces illustres écrivains.

ARTICLE II.

DES CIRCONSTANCES QUI INFLUENT SUR LE TAUX DU FERMAGE.

D'après les principes que nous avons posés
dans l'article précédent, le fermage doit croître
ou décroître proportionnellement au nombre
des ouvriers qui demandent des terres. C'est
cette concurrence qui en est la règle : quand
toutes les terres sont occupées, le fermier se
contente, pour salaire, de son entretien et de
celui de sa famille, et tout le surplus est donné
pour fermage. Si le nombre des demandes vient
à croître, on met en culture des terres de qualité inférieure à celles qui donnaient seule-

ment l'entretien de l'ouvrier, et alors il s'o-
père une réduction dans la nature et la qualité de cet entretien, réduction qui, par l'effet
de la concurrence, a lieu dans toutes les autres classes, et le fermage augmente; si par
l'effet de la diminution de population, ou par
l'ouverture d'autres carrières et emplois, le
nombre des demandeurs diminue, alors le fermage décroît.

Il semblerait donc, d'après ce principe, que
le prix des denrées ne devrait influer en rien
sur le taux du fermage, et cependant nous savons que quand elles sont en baisse, les fermages diminuent aussi; il est nécessaire d'en
rechercher la raison.

Supposons la population ouvrière croissante
et le prix des denrées en baisse, il y aura alors
demande de terres et augmentation de prix,
selon notre principe; mais ce prix n'est pas
numéraire, c'est une quantité de denrées qui
excède la subsistance du fermier que celui-ci
livre, et il calcule sur les prix moyens pour
établir le taux de son fermage : s'il récolte
vingt hectolitres, et que sa subsistance en exige
dix, il calcule le prix de dix hectolitres et porte
sa ferme à cent quatre-vingts francs, par exemple (l'hectolitre étant à dix-huit francs); le

nombre de ses concurrens augmentant, il réduit sa subsistance et se contente de huit hectolitres ; mais le prix de l'hectolitre est baissé, il n'est plus qu'à quatorze francs, alors le fermier, en augmentant réellement son fermage et le portant à douze hectolitres, ne promet plus cependant que cent soixante-huit francs : voilà donc une diminution dans le prix vénal, qui concorde avec l'augmentation réelle du fermage, et une gêne plus grande dans le fermier.

Supposons que, la demande de terres augmentant encore, les prix viennent à hausser, le fermier se contentant de huit hectolitres et le prix de l'hectolitre étant de vingt francs, le fermage sera de deux cent quarante francs ; tandis que si le prix restant à vingt francs la demande n'augmentait pas, et que le fermier continuât à retenir dix hectolitres, le fermage ne serait que de deux cents francs.

Si, au contraire, la demande venait à diminuer, les fermiers ayant à choisir, et les propriétaires recherchant les fermiers, pourraient leur abandonner douze hectolitres, par exemple, au lieu de dix : alors, le blé étant à dix-huit francs, la ferme serait de cent quarante-quatre francs ; l'hectolitre à quatorze francs, le fermage serait de cent douze francs ; et l'hectolitre montant à vingt francs, la ferme serait à cent soixante.

On voit donc, par ces exemples, qu'il importe, dans le prix du fermage, de distinguer la valeur réelle du fermage, c'est à dire la quantité de travail ou de denrées qui le représentent, que délaisse le fermier au propriétaire, et la valeur vénale de ces denrées, qui dépend des circonstances commerciales. C'est la confusion de ces deux élémens de prix qui produit les erreurs que l'on fait dans cette matière.

Il n'y a donc pas de règle fixe pour évaluer le taux du fermage; il monte et descend dans sa valeur réelle et positive, selon la concurrence des fermiers; il monte ou descend dans sa valeur numéraire, selon les circonstances commerciales. Mais la première de ces causes est lente dans sa marche, et les effets ne s'en ressentent qu'après un temps assez long pour ne pas affecter sensiblement un calcul qui ne s'étend que sur quelques années; la seconde, au contraire, nous présente des oscillations perpétuelles, et, quoique au bout d'une longue période, les valeurs moyennes se rapprochent beaucoup de celles de la période précédente; cependant la durée des hausses et des baisses est quelquefois assez longue, et c'est sur les prix actuels que se basent toujours les calculs de fermage.

Mais deux autres causes, qui augmentent quelquefois aussi très-rapidement les forces disponibles des ouvriers ou le produit de ces forces, contribuent à accroître tout à coup le fermage d'une manière très sensible, ce sont les perfectionnemens dans les procédés mécaniques appliqués à l'agriculture et ceux des pratiques agricoles.

Si l'ouvrier parvient à cultiver une plus grande étendue de terre par de nouveaux procédés mécaniques, cette cause agit comme une augmentation subite de population; les lots devenant plus grands, il y en a un moindre nombre, et la concurrence augmente : il y a ici gain pour le propriétaire et perte pour le fermier. Si, au moyen de perfectionnemens dans les assolemens et dans l'équilibre économique de la ferme, le fermier, tout en ne pouvant cultiver que la même étendue de terrain, lui fait produire davantage, la concurrence restant la même, le fermier est réduit à ne percevoir toujours qu'une même quantité en déduction sur la récolte, et le propriétaire profite de toute l'amélioration; le fermage augmente, et le sort de l'ouvrier n'est pas amélioré, ou du moins il ne l'est que jusqu'à l'expiration de son bail, ou jusqu'à ce que la pratique nouvelle se soit étendue à tout le pays.

Enfin, si les améliorations agricoles sont d'une telle nature que, pour produire davantage, le fermier soit réduit à cultiver moins de terrain, la concurrence des demandeurs diminue, le fermier perçoit davantage, et le propriétaire peut ne rien gagner à une telle amélioration : c'est aussi ce genre de progrès qui est le plus directement recherché par nos fermiers actuels, au moins dans le Midi, et celui qui tourne le plus à leur avantage ; et souvent les augmentations de récolte obtenues par ces procédés de détail sont si considérables, que le fermage lui - même s'en trouve plus augmenté qu'il n'est diminué par la réduction de la concurrence : au contraire, dans le Nord, les améliorations sont presque toutes des deux premières espèces, et tournent plus encore au bénéfice des propriétaires qu'à celui des fermiers.

L'introduction de ces différens progrès dans la culture a lieu avec plus ou moins de rapidité ; mais pourtant il est facile de les prévoir et de suivre leurs gradations : ainsi on peut dire que le taux réel du fermage, celui qui s'estime par la quantité de travail livrée par le fermier, croît ou décroît par une progression lente, et qui d'un bail à l'autre n'est pas très sensible, quoiqu'elle le devienne après une période un peu longue ; tandis que le taux nominal ou numéraire du fermage est très variable et produit des changemens très grands dans la somme d'argent fixée par le bail.

CHAPITRE II.

RÈGLE GÉNÉRALE POUR L'ESTIMATION DE LA VALEUR DU FERMAGE.

D'après ce que nous avons dit dans le chapitre précédent, le prix nominal ou numéraire du fermage se compose de deux choses : 1°. de la quantité de denrées ou de travail que livre le fermier, ce qui est le prix réel du fermage ; 2°. de la valeur vénale de ces denrées, qui servent à établir le montant numéraire du fermage. Ces deux élémens étant confondus dans le prix du fermage, il est facile de se faire illusion sur sa véritable valeur, si l'on ne cherche pas d'abord à se faire une idée nette de chacun d'eux ; si l'on ne fait, en un mot, l'analyse préalable du prix total, pour rendre à chacun d'eux ce qui leur appartient.

Par exemple, j'avais un domaine, qui, dans

les neuf années de 1816 à 1824, s'est loué deux
mille cinq cents francs, le blé étant à vingt-
cinq francs l'hectolitre, prix moyen; je veux le
louer en 1825, mais le blé est descendu à vingt
francs l'hectolitre, et les circonstances font
croire qu'il ne remontera pas : or, c'est toujours
sur les circonstances présentes que raisonnent
les fermiers : ils me proposent deux mille francs;
je trouve le rabais excessif, et cependant c'est
la même quantité de denrées qu'ils vont me
livrer, c'est à dire cent hectolitres, et ce qui
leur restera sera pour eux bien moins important que ce qui restait à l'ancien fermier ; car
ils seront obligés de vendre une partie de ce
grain qu'ils ne consomment pas tout , et les salaires qu'ils paient ne subiront probablement
pas de baisse dans le pays où est le domaine.

Au contraire, dans un pays voisin, où les fermiers se sont ruinés par des baux excessifs, la
population fermière a été en décroissant; les
concurrens qui se présentent pour un domaine
d'une valeur égale au précédent n'en offrent
plus que quinze cents francs. Il est clair que ce
ne sont plus cent hectolitres de grains qu'ils
offrent, mais seulement soixante-quinze. Il y
donc ici réellement une diminution dans le

taux du fermage, qui coïncide avec la diminution dans le prix du blé.

Ainsi, dans l'examen du taux du fermage, il faut d'abord : 1°. connaître le prix numéraire du fermage ; 2°. le prix vénal des denrées que produit le domaine dans les deux années qui ont précédé le bail et dans celle dans laquelle il a lieu ; 3°. faire un prix moyen de ces trois années, diviser le prix total par cette moyenne, et on connaîtra le nombre des mesures de denrées qui a été donné pour prix du bail.

Alors, en multipliant ce nombre de mesures par le prix moyen actuel formé également de trois années, on aura le taux actuel du fermage, en supposant qu'aucune cause ne soit venue affecter la concurrence des demandeurs, et que le domaine ait été loué à son véritable prix dans le précédent bail.

Je parle ici de trois années et non de dix, de douze, de vingt, comme le font les auteurs agronomiques, parce que le passé des fermiers ne s'étend pas plus loin, et que c'est toujours sur le présent qu'ils jugent l'avenir ; témoin les baux excessifs de l'année 1817 et suivantes, qui ont causé la ruine d'un si grand nombre de fermiers.

Une connaissance approfondie de la valeur
réelle du fermage n'est pas, sans doute, toujours indispensable, parce qu'une concurrence
publique établie avant la fin du bail, et les sou-
missions des concurrens, feront toujours connaître approximativement la valeur qu'on peut
retirer d'une terre ; mais on sent que plusieurs
circonstances peuvent rendre ce moyen peu
exact. Ainsi, dans certains pays, les coalitions des
fermiers, quand ils savent que le propriétaire
est peu versé dans l'agriculture ; le bas prix
auquel ses prédécesseurs ont loué leur terre,
ce qui rend difficile de la porter tout à coup
à sa véritable valeur, et éloigne les concurrens
effrayés d'une grande augmentation ; le cas enfin où le fermage a été trop évalué dans le bail
précédent, ce qui rend le propriétaire peu instruit difficile sur les réductions qu'il doit lui
faire subir.

Toutes ces causes exigent donc que l'on
cherche à se faire une idée juste de la valeur de
la terre dans les circonstances agricoles où l'on
se trouve : cette estimation présentera sans
doute des erreurs ; mais si elle est faite selon les
véritables principes, elles ne pourront pas être
considérables, et serviront toujours à juger les

propositions qui seront faites et à les discuter avec les oblateurs.

Il faut bien se figurer cependant que cette estimation ne peut servir que de renseignemens, et qu'il ne faut pas en faire une base immuable; on risquerait de manquer des marchés avantageux, si, comptant trop sur une valeur que l'on regarderait comme positive, on ne mettait pas en ligne de compte la valeur d'opinion, qui influe tant sur toutes les transactions. Il est malheureux d'en subir le joug quelquefois rigoureux, mais au moins il faut en connaître tous les désavantages, et, en prouvant que vous les connaissez, chercher à former une autre opinion moins désavantageuse, et vous préserver des résolutions précipitées, qui pourraient vous porter à fermer trop tôt le marché.

En général, le fermier est placé ici dans une position bien moins avantageuse que le propriétaire : celui-ci connaît ou doit connaître sa terre de longue main; tous ses calculs sont prêts, les renseignemens rassemblés, il part d'une base fixe; l'autre n'a souvent eu que peu de temps pour son examen, et il faut qu'il se décide promptement et souvent sur des données imparfaites. C'est ce qu'*Arthur Young* fait

très bien ressortir. Il n'est pas inutile de mettre son passage tout entier sous les yeux du lecteur ; c'est dans l'avant-propos de son *Guide du Fermier* qu'il dit : « Il n'est point d'opération
» plus importante pour un fermier que la loca-
» tion de sa ferme : pour la bien faire, il lui faut,
» comme à un général d'armée, du courage et
» de la circonspection ; si le premier prédo-
» mine, il est en danger de voir, dans la terre
» qu'il examine, des avantages imaginaires qui
» n'existent point en réalité, et de passer légè-
» rement sur des défauts qui, pris séparément,
» sont peu de chose, mais qui, s'ils sont réu-
» nis, deviennent un objet fort important. S'il
» est prudent, il lui arrivera certainement de
» voir et de rejeter, dans son incertitude, plu-
» sieurs fermes dont la location lui eût été fort
» avantageuse, et peut-être même de louer la
» moins productive de toutes, si, pressé par les
» circonstances, il n'a pas le temps nécessaire
» pour l'examiner.

» Il faut quelquefois se déterminer promp-
» tement : c'est lorsqu'un homme, n'ayant que
» le temps suffisant pour visiter une ferme, voit
» autour de lui plusieurs concurrens prêts à
» accepter le marché à son défaut. Ces sortes
» de fermes sont fréquemment les plus produc-

» tives, et comme elles doivent être louées à
» jour fixe, si celui qui se propose d'en exploi-
» ter une est aussi prompt que prudent, il peut
» y trouver des avantages extraordinaires. C'est
» particulièrement en cette circonstance que
» les fermiers ordinaires manquent presque
» tous de jugement, et que trop de précaution
» leur fait perdre l'occasion d'un excellent
» marché. »

Ainsi, dans cette transaction, si le fermier a
pour lui l'habitude de voir des terres et de les
apprécier, il a contre lui la chaleur de la concurrence, les renseignemens inexacts que ne
manquent pas de répandre ses rivaux, et surtout l'ancien fermier, qui veut conserver sa ferme; et enfin ses connaissances même des
terrains sont très imparfaites, s'il est transpor-
té à quelques lieues des terres qu'il est accoutumé d'exploiter.

On sent combien, dans ces circonstances, la
connaissance précise de la valeur de sa terre
doit servir au propriétaire, et combien il se
donne d'avantage en partant d'une base fixe et
traitant avec des gens qui n'en ont souvent aucune.

Les estimations peuvent être de trois sortes :
1°. Estimation en bloc, d'après le prix ordi-

naire des fermages ; 2°. parcellaire , d'après la valeur de chaque terrain ou de chaque genre de culture en particulier; 3°. ou détaillée, d'après la valeur des récoltes moyennes. Toutes les fois qu'on le pourra, on tentera à la fois ces trois genres d'estimation , parce qu'on peut en composer un prix moyen, où les erreurs se balancent et se détruisent.

Nous allons, dans les chapitres suivans, traiter successivement de ces différentes espèces d'estimations.

CHAPITRE III.

ESTIMATION EN BLOC.

L'estimation en bloc a lieu, ou par la comparaison de la cote d'imposition du domaine à celle des terres voisines, ou par celle du montant de leurs baux.

Dans les pays où le cadastre a été fait passablement, on peut se servir de la première méthode , mais cependant toujours avec quelque défiance. Dans ceux, au contraire, où il n'y a pas de cadastre, ou bien où le cadastre a été fait avec négligence, on ne peut nullement compter sur cette base ; car fort souvent c'est

au moyen du bail que les anciennes matrices
de rôle ont été faites, et les circonstances de culture ayant tout à fait changé les proportions
des terres entre elles, les mêmes rapports n'existent plus.

Je citerai un fait. Avant le cadastre, j'avais
une terre qui était cotisée deux cents francs et
une autre quarante-huit francs ; la seconde, qui
était autrefois humide et de peu de valeur,
ayant été convertie en prairie depuis cinquante
ans, la cotisation était restée immobile. A la
confection du cadastre, la première de ces terres
est restée à deux cents francs; la seconde est
montée à deux cent dix francs, et sans qu'il y
ait dans ce changement une injustice criante.
Quelques années encore, et ces défauts des anciennes matrices deviendront sensibles pour le
cadastre, et il faudra aussi se défier de ses indications. En attendant, on peut s'en servir
comme d'un auxiliaire ; mais c'est un allié d'une
fidélité douteuse.

Voici la manière d'opérer au moyen de la
cote des impositions : on s'informe des terres
qui sont affermées aux conditions les plus équitables, et de la nature la plus approchée de celles
que l'on veut louer; du revenu réel qu'elles
donnent et de leur revenu estimatif dans le ca-

dastre : on établit ainsi le rapport entre le revenu de la matrice de rôle et le revenu réel ; on multiplie le revenu présumé du domaine que l'on possède par ce rapport, et l'on a le revenu réel qu'il doit donner.

Ainsi je prends pour point de comparaison trois domaines :

	Revenu de la matrice de rôle.	Revenu réel.
1°.	. . . . 2,000.	. . . . 2,600.
2°.	. . . . 1,750.	. . . . 2,400.
3°.	. . . . 1,420.	. . . . 2,000.
TOTAL..	5,170.	7,000.

Le rapport entre le revenu cadastral et le revenu réel étant de 5,170 : 7,000, je multiplie le revenu cadastral de mon domaine, qui est de 3,100, par 7,000, et je divise par 5,170 : je trouve $4,197^f,29$ cent. pour le revenu réel que je dois en avoir.

Mais ce revenu représente seulement le fermage au moment où ont été passés les baux à ferme sur lesquels j'ai opéré : il y a donc ici une correction à introduire dans le calcul. Supposons, par exemple, que, dans les trois années qui ont précédé les baux des fermes que nous

avons pris pour point de comparaison, le prix
du blé ait été ainsi qu'il suit :

<pre>
1°. . . . . . 25 fr. l'hectolitre.
2°. 23
3°. 22
          ─────────
TOTAL. . . 70 fr.
</pre>

Prix moyen. . . . . . . 23 fr. 33 c.

Le prix actuel étant de dix-huit francs, le
revenu réel, que je puis prétendre dans un
nouveau fermage, est au revenu donné par la
comparaison ci-dessus comme 18 : 23,33. J'au-
rai, dans la proportion, $23^f,33 : 18 :: 4,197^f,29 :$
$x = 3,238^f,19$, prix du fermage que l'on peut
prétendre dans ce moment.

Si l'on en obtenait davantage, on pourrait
l'attribuer ou au mauvais choix que l'on aurait
fait des points de comparaisons, ou à une erreur
dans le fermier, erreur qui finit toujours par
tomber au préjudice du propriétaire, si elle est
trop considérable, ou à une augmentation dans
la concurrence, qui réduit la portion que le
fermier s'attribue sur les récoltes de la ferme
pour paiement de son travail.

Outre ce premier moyen d'estimation, on
doit aussi employer l'estimation en bloc, en

comparant les baux à ferme des terres de la nature la plus approchée de la nôtre, dont on puisse avoir connaissance ; on évalue alors le prix de location de l'hectare de terre, et l'on multiplie ce prix par le nombre d'hectares de terre de pareille qualité que l'on possède.

Ainsi, 1°. un premier domaine

	hectares.	donne de rente.
de..............	100........	5,000 fr.
2°........	75........	4,000
3°........	50........	2,700
Totaux.....	225 hectares.	11,700 fr.

Ce qui donne cinquante-deux francs par hectare. Mon domaine étant de quatre-vingt-cinq hectares, le prix proportionnel de son bail doit être quatre mille quatre cent vingt francs, et en opérant la réduction proportionnelle relative au prix des grains, que nous supposerons être la même que ci-dessus, nous trouverons que la valeur locative actuelle du domaine est de trois mille quatre cent dix francs.

Mais ces estimations en bloc ne peuvent guère se faire que dans les pays où les terres ont une grande uniformité : si la nature du sol varie beaucoup, ou que les genres de culture soient très différens et exigent des terrains qui aient des qualités spéciales pour chacune d'elles, on ne pourrait se prévaloir de ce genre d'estimation qu'en risquant de commettre de très grandes erreurs. Il vaut mieux alors recourir à l'estimation parcellaire, dont nous traiterons dans le chapitre suivant.

Mais quand cette estimation est possible, c'est celle où l'on se rencontre le plus souvent avec les fermiers, parce qu'alors ils ne font pas autrement leur compte.

Dans les cas où les terres ont le plus d'uniformité, il y a cependant quelques circonstances qui peuvent élever ou abaisser l'appréciation qui résulte de la comparaison dont nous venons de donner des exemples. Ainsi, récolte-t-on des fourrages au delà des besoins, ou est-on réduit à en acheter? Les transports au marché sont-ils plus aisés ou plus difficiles que ceux des terres prises pour point de comparaison? Dans le cas où le fourrage manque à un fermier, tandis qu'il suffit dans les autres fermes, il faut retrancher du prix de location la valeur du fourrage supplémentaire, plus les frais de transport. Les prairies, au contraire, surabondent-elles? Il faut faire entrer en considération la valeur des fourrages qui peuvent être vendus ou consommés en sus de la consommation des fermes de comparaison.

Le mauvais état des communications ou l'éloignement des marchés est aussi une circonstance qui peut diminuer beaucoup la valeur d'une terre, comme une situation contraire peut aussi l'augmenter. Dans son *Guide des Fermiers* (1), *Arthur Young* calculait que quand le marché était éloigné de cinquante kilomètres il en coûtait au fermier vingt-quatre francs pour porter dix quarters de blé au marché, en comprenant un retour de charbon, à porter en déduction, ce qui n'a pas lieu chez nous : c'est à peu près 0f,80c par hectolitre. Il voulait, avec raison, qu'une partie de ces frais fût portée en déduction du prix de ferme.

En France, on peut dire qu'en général un pareil transport, qui exige deux journées de charroi, coûterait trente francs ou un franc dix centimes par hectolitre, soit en loyer ou usé des harnais, chariots et conducteurs, soit en faux frais.

Supposons donc que les autres fermiers, qui servent de point de comparaison, pussent faire

(1) Tome XI de la traduction française de ses œuvres, page 52.

ce trajet en une seule journée, la moitié du prix de ce transport devrait être déduite de l'évaluation première; et si l'on avait à vendre cinq cents hectolitres sur une pareille ferme, ce serait une somme de deux cent vingt-cinq francs qu'il faudrait rabattre du prix total.

Si l'éloignement du marché est si préjudiciable aux intérêts du propriétaire, d'un autre côté son voisinage augmente le fermage dans une proportion plus forte que l'on ne saurait le croire, quand on est fort rapproché d'une ville considérable. C'est qu'alors le fermier peut se livrer à des cultures jardinières qui rapportent un grand profit, et dont on aurait tort de rapprocher le produit de celui des terres à blé. On doit donc se garder de prendre un pareil domaine pour régulateur, si l'on ne possède que des terres à blé; de même que si l'on en possède une de cette nature, on ne doit pas l'évaluer d'après le prix des domaines plus éloignés.

On voit donc que, quoi qu'on fasse, il règne toujours quelque vague dans une estimation fondée sur ces genres de comparaison, parce qu'il est impossible de trouver des objets semblables à comparer; sa justesse dépend beaucoup du jugement et de l'expérience de celui qui l'opère, rien ne supplée, à cet égard, à l'habitude de voir les champs et d'en faire souvent l'objet de ses conversations avec ses fermiers, ses voisins, ses ouvriers. Si tout se cache quand il s'agit d'un marché, tout se dit dans l'épanchement d'un entretien que l'on croit désintéressé, et l'on en retire des lumières précieuses quand on sait les mettre à profit.

CHAPITRE IV.

ESTIMATION PARCELLAIRE.

L'estimation parcellaire, ou celle qui consiste à estimer séparément toutes les différentes portions de terre d'un domaine, est utile surtout quand les cultures et les produits en sont variés. Dans ce cas, une estimation en bloc ne pourrait être qu'erronée.

Un fermier se tire beaucoup mieux d'une estimation parcellaire dans le canton qu'il est accoutumé de cultiver, que le propriétaire lui-même ; mais l'éloigne-t-on de son sol d'habitude, il y sera tout aussi novice. Il paraît, par la lecture des auteurs agronomiques anglais, que l'esprit de détail et d'exactitude de cette nation se retrouve dans l'estimation des terres comme ailleurs. Un fermier anglais, en vous parlant d'une pièce de terre, vous dira : C'est une terre de vingt-cinq schellings de rente ; c'est une terre de deux livres de rente, etc. Cette habitude lui permet de former avec exactitude des estimations parcellaires , et c'est ce genre d'estimation que conseille *Arthur Young* dans son *Guide du Fermier ;* mais cette exacte appréciation tient beaucoup à l'habitude qu'ont ces fermiers d'écrire leurs comptes dans un meilleur système que l'informe brouillard de ceux qui écrivent quelque chose chez nous, et aussi de ce que, contradictoirement à l'opinion générale, les fermiers y changent beaucoup plus souvent que chez nous. Les baux à longs termes y sont rares, les baux à volonté très communs, et le changement de fermier à la fin d'un bail presque habituel : aussi, parviennent-ils à connaître leur marchandise beaucoup mieux que les nôtres, qui, dans la plupart des provinces, sont presque inamovibles , quoique vivant et travaillant sur la foi incertaine d'une tacite reconduction.

On conçoit donc que, dans les pays où l'on n'a pas la coutume d'affermer des terres en détail , où les changemens de fermiers sont rares , et où l'on ne tient pas des notes exactes du produit de chaque terre en particulier, il est très difficile d'acquérir l'habileté propre à une estimation parcellaire. Les notes qui seraient nécessaires pour y parvenir ne peuvent même pas être tenues régulièrement par un propriétaire qui ne réside pas sur sa ferme ou qui n'y fait pas des visites très fréquentes. Ainsi, par exemple, son application exige que pendant de longues années on ait connu la valeur des récoltes de chaque nature de terrain, ce qui suppose que l'on a vu ces différentes récoltes sur les champs; que l'on sait quelle est la quantité moyenne de gerbes, de raisins, de fourrage produite par chacun d'eux. Quand on a long-temps suivi ces détails, on finit par se former une certaine habitude de juger le produit d'une terre, en voyant le blé en herbe, le chaume, la force des souches d'une vigne, etc., mais seulement dans le canton où l'on a observé : c'est ainsi que, dans les Cévennes, on juge, au milieu de l'hiver, la quantité précise de feuille que produira un mûrier.

Si à cette première notion on joint celles des frais de travail pour chaque étendue de terre donnée, on pourra estimer, avec beaucoup de certitude, le véritable produit net des parcelles ; mais, sans ces connaissances indispensables, je ne conseille à personne de s'y hasarder : car ce genre d'estimation, qui est le plus exact de tous quand on sait le faire, risque de devenir le plus fautif quand on n'a pas les connaissances exigées pour s'y livrer.

Dans les pays où l'on loue beaucoup de terres à petites parties, comme dans le Midi, on connaît aussi fort bien la valeur de chaque mesure de terrain ; les paysans ne s'y trompent pas et la voix publique en instruit le propriétaire ; mais s'il partait de ces données, il risquerait encore beaucoup de se tromper quand il voudrait louer un corps de domaine. En voici les raisons : dans les pays où l'amodiation parcellaire est introduite, tous les champs qui en sont susceptibles ont fini par être soumis à cette pratique, qui est, sans contredit, la plus avantageuse de toutes ; ces champs sont ceux qui sont à la proximité des villes ou des noyaux de population : or, si le domaine que l'on veut estimer n'est pas dans cette position, et qu'il ne soit pas réellement susceptible de l'amodiation parcellaire, c'est à tort qu'on croirait pouvoir en retirer le même prix. Une diminution d'un quart n'est quelquefois pas suffisante pour exprimer la différence qui existe entre ces deux positions de terres de même nature.

La culture à la bêche et l'emploi du temps

perdu des ouvriers font cette énorme différence. Ce n'est donc qu'avec la plus grande précaution que l'on emploiera les données fournies par ce genre d'exploitation.

Tout en désirant donc aux propriétaires qui liront ceci, l'instruction nécessaire pour pouvoir pratiquer l'estimation parcellaire, nous les engagerons à s'en abstenir s'ils ne possèdent pas parfaitement tous les élémens que nous avons exigés pour ce genre d'estimation.

CHAPITRE V.

ESTIMATION DÉTAILLÉE PAR LES RÉCOLTES ET LES FRAIS.

L'estimation par le produit des récoltes est la plus sûre et même la plus facile quand on a su se préparer d'avance les matériaux nécessaires.

Les visites d'un propriétaire à sa ferme ne doivent pas être vaines, et il ne doit jamais en revenir sans avoir rempli son cahier de renseignemens : nous verrons plus tard comment il doit conduire ces enquêtes ; muni aujourd'hui de ces données, possédant le tableau de ses récoltes successives, il pourra en déduire le pro-

duit de sa ferme de la manière dont nous l'indiquerons dans les différens articles qui vont
suivre.

ARTICLE PREMIER.

ÉVALUATION DES RÉCOLTES PAR LES SEMENCES.

Quand la masse des terrains d'une ferme consiste en terres en blé, on peut arriver à des résultats assez positifs par la connaissance de la
quantité de grains semée sur la ferme. M. *de
Morel-Vindé*, qui attache beaucoup de valeur
à cette méthode, l'a recommandée dans son
Mémoire sur les troupeaux de progression (1).

La quantité de grains semée dans une terre
n'est pas une quantité fixe que l'on puisse juger en connaissant seulement la contenance du
terrain ; elle varie, et quelquefois beaucoup,
d'un pays à l'autre : c'est donc la connaissance
positive du grain semé dans le pays par hectare, et mieux encore celle de la quantité de
grain semée habituellement sur la ferme elle-

(1) *Annales d'agriculture*, tome XXXIV, page 74 et
suivantes.

même qu'il faut connaître : or, il n'est pas difficile d'y parvenir, parce que cette quantité va-
riant peu d'une année à l'autre, les valets de
ferme, les voisins en sont instruits, si l'on ne
le sait pas déjà soi-même, et que le fermier lui-
même ne peut guère refuser de donner une réponse exacte à cette question.

La récolte produite par chaque mesure de
semence est une chose plus vague : on vous
dira bien dans le pays que le grain multiplie
cinq fois, six fois, sept fois en terre; mais j'ai
toujours éprouvé, en voulant vérifier ces données, qu'elles manquaient généralement d'exactitude : ainsi, dans un pays où le grain a la réputation de reproduire huit fois la semence en
terme moyen, j'ai trouvé, par une observation
de douze années, qu'elle ne le multipliait que
six fois trois quarts. On voit donc que les indications des fermiers eux-mêmes, tenant à des
souvenirs confus, sont moins des données exactes que des aperçus vagues, dans lesquels la
pente qu'a la nature humaine de se flatter et
d'exagérer les qualités de ce qu'elle possède
entre toujours pour beaucoup. Cependant,
en accordant quelque chose à cette cause, on
ne doit pas dédaigner absolument ce moyen
d'estimation. M. *de Morel-Vindé*, dont le nom

fait autorité en agriculture, assure s'en être toujours bien trouvé, et il est certain que toutes les recherches auxquelles nous sommes obligés de nous livrer quand nous manquons de base fixe ont toujours leur part d'incertitude, et qu'il suffit que nous soyons prévenus que les erreurs ont des limites qui ne sont pas trop éloignées.

Nous verrons plus tard l'usage que nous devons faire de cette appréciation.

ARTICLE II.

ESTIMATION DES RÉCOLTES MOYENNES PAR LES PRODUITS D'UNE OU DE PLUSIEURS RÉCOLTES DE LA FERME.

Nous continuerons à être ici dans le vague, et nous y resterons tant que nous n'aurons pas un état exact, et tenu pendant plusieurs années, du produit des récoltes diverses. Cependant, comme il importe de s'aider de toutes les lumières, quelque faibles qu'elles soient, quand des renseignemens positifs viennent à nous manquer, nous ne négligerons pas ici d'indiquer le-moyen d'évaluer approximativement les récoltes moyennes quand cet état circonstancié vient à nous manquer.

6

Ayant examiné un grand nombre de résultats de produits, j'ai vu qu'en général si l'on appelle 1 le produit d'une année moyenne, les récoltes les plus fortes d'une terre étaient 1,5, et les plus faibles 0,66. Or, si les fermiers ne gardent guère le souvenir des récoltes annuelles médiocres, ils se rappellent parfaitement des termes extrêmes, et il n'est pas très difficile de savoir d'eux ou des gens du pays le maximum et le minimum des récoltes d'une ferme.

Supposons que le minimum soit de quatre-vingts hectolitres, la récolte moyenne s'obtiendra par la proportion $66 : 100 :: 80 : x = 121$ hectolitres.

D'un autre côté, sachant que la récolte maximum a été de cent quatre-vingts hectolitres, nous avons $150 : 100 :: 180 \; x = 120$. La récolte moyenne serait donc de cent vingt à cent vingt et un hectolitres.

Le plus souvent on ne tombe pas aussi exactement sur le même résultat en partant du maximum et du minimum, c'est que les récoltes désignées alors comme telles ne sont pas un minimum et un maximum absolus ; mais il suffit que les deux termes se rapprochent, pour que, prenant un terme moyen, on ne s'éloigne guère de la vérité.

On sent toute l'imperfection de ce moyen, je ne le donne ici que pour ce qu'il vaut, je m'en suis servi souvent avec succès; mais il peut se présenter des cas où il soit très fautif: ce n'est donc que comme auxiliaire, comme moyen de vérification, plutôt que pour parvenir à un résultat définitif, que je le conseille ici.

ARTICLE III.

ESTIMATION DES RÉCOLTES MOYENNES PAR DES RÉSULTATS POSITIFS DE PLUSIEURS ANNÉES.

Nous arrivons à des résultats beaucoup plus sûrs quand nous avons des notes exactes d'un assez grand nombre de récoltes. Ils deviendront d'autant plus exacts, que le nombre de ces récoltes sera plus grand, et quand on en réunira douze ou quinze, on pourra espérer de n'avoir que des changemens insensibles à leur faire subir, tant que la culture ne changera pas notablement.

En général, on prendra dans ces notes un nombre d'années qui soit multiple de la durée de l'assolement, puisque, à la fin de chacune de ses rotations, toutes les terres de la ferme, quelle que soit leur qualité, ont fourni toutes les natures de produit; si les terres étaient d'une nature fort égale, on pourrait, sans inconvénient, s'écarter de cette règle. Ainsi l'assolement étant de trois ans, on prendra six, neuf, douze et quinze années.

Si l'on n'avait qu'une seule rotation à soumettre au calcul, on risquerait de commettre des erreurs considérables, à moins que l'assolement ne fût très long. En effet, on voit souvent trois bonnes ou trois mauvaises récoltes de suite; il ne faudrait pas manquer alors de s'informer soigneusement de l'opinion que l'on a des produits de ces récoltes dans le pays, et vérifier le résultat moyen que l'on aurait obtenu par les deux méthodes indiquées ci-dessus aux articles deuxième et troisième.

Le domaine présente souvent plusieurs natures de récoltes; mais il en est, dans le nombre, dont il est facile de connaître le produit. Ainsi l'on saura toujours le produit d'une récolte d'huile au moulin à huile, d'une récolte de vin par une visite dans le cellier et le nombre des tonneaux et des foudres pleins.

Pour le produit des bestiaux, il y a ordinairement des formules toutes faites dans chaque pays, et il est facile de les appliquer; mais ces produits sont si variables, que je ne puis donner ici aucune règle à cet égard.

Ce qui facilitera, au reste, les recherches que l'on aura à faire, c'est qu'il ne s'agit ici que de produits bruts. Ainsi, quand on saura le nombre de veaux, la quantité de fromages, de beurre, on aura toutes les données nécessaires pour une exploitation de vaches ; pour les bœufs à l'engrais, il suffira de savoir le poids moyen auquel on les achète, et celui auquel on les porte dans le pays. Cette approximation est suffisante pour le but qu'on se propose.

ARTICLE IV.

DU LOYER DES BATIMENS.

Il se présente ici un problème qu'il est important de résoudre. Doit-on faire entrer dans les produits du domaine la valeur locative des bâtimens, et sur quel pied doit-on les compter ? Pour le résoudre, il suffit de considérer qu'en faisant un tout autre emploi de son temps, le fermier devrait se pourvoir d'un logement pour lui et sa famille ; que, d'ailleurs, ce logement est le fruit d'un travail avancé par le propriétaire, et l'on ne mettra plus en doute que cette jouissance ne doive être portée en recette. Mais le

fermier ne peut être soumis qu'à un loyer analogue à sa position sociale et ne doit entrer pour
rien dans les dépenses de luxe qu'on aurait pu
être tenté de faire pour embellir ces constructions.

La valeur réelle des bâtimens n'est donc pas
la base dont nous devons partir; mais celle-ci
n'est autre que la proportion ordinaire qui
existe entre la richesse et le loyer. Cette proportion variera selon les pays, les climats, les
habitudes, et elle ne sera certainement pas la
même à Naples qu'en Angleterre. C'est donc
un calcul différent à faire pour chaque localité.

Dans le midi de la France, le prix du loyer
d'une famille qui ne s'élève pas jusqu'à l'opulence est en général le douzième de son revenu. Ainsi, le fermier qui dispose d'un capital
de six mille francs qui doit lui rapporter dix
pour cent, six cents francs (taux moyen
actuel des entreprises industrielles), paiera
un loyer de cinquante francs environ. Cette
rente et ce loyer sont ceux des familles d'ouvriers qui ne disposent que de leur travail.

Le fermier qui, outre son travail et celui de
sa famille, peut encore disposer de quatre bêtes
de travail et d'un valet, se trouve avoir un capital d'au moins douze mille francs; ce qui

porte sa rente à douze cents francs, et son loyer
à cent vingt francs : or une ferme suffisante
pour lui coûtera dans le pays au moins six
mille francs de construction et un entretien
annuel de vingt francs; ainsi la rente réduite à
cent vingt francs ne représente pas tout à fait
le deux pour cent de la valeur de cette construction. D'où l'on voit que les bâtimens de ferme
sont une charge pour le propriétaire, qui, au
reste, ne porte que la peine commune à tous
ceux qui font bâtir dans une situation qui n'est
pas favorable aux loyers, faute de concurrence.

ARTICLE V.

RÉDUCTION DES PRODUITS ESTIMÉS EN VALEUR NUMÉRAIRE.

Ayant obtenu, par les moyens indiqués dans
les articles précédens, la quantité de produits
bruts, il reste à les réduire à une mesure uni-
forme, celle de l'argent numéraire.

Cette valeur doit être celle des années où
l'on fait l'estimation. Nous avons dit plus haut
que quand il s'agit de louer une ferme, et non
de l'estimer pour la vendre, ce qui serait fort
différent, on ne peut prendre pour base que
les deux années qui précèdent le bail, et l'année

dans laquelle il a lieu; que l'expérience prouve, tous les jours, que le passé du fermier et sa prévision pour l'avenir ne s'étendent pas au delà : ainsi, sous peine de ne pas être d'accord avec eux dans leur estimation, on doit ne pas s'écarter de ce principe.

On prendra donc les prix moyens de ces trois années pour chaque espèce de denrée ; on les trouvera aisément dans les mercuriales des marchés les plus voisins. On composera alors un tableau général du nombre de mesures de chaque espèce de récolte brute, que l'on multipliera par leur prix, et l'on aura ainsi la recette totale du domaine. Parvenu à ce résultat, il ne s'agira que de lui faire subir les réductions résultant du travail fait pour obtenir les récoltes, et de celui que l'équilibre commercial et industriel du pays attribue au fermier pour son profit, et l'on aura la recette nette, qui indiquera le prix de la ferme. Nous allons essayer d'indiquer ces déductions dans le chapitre suivant.

CHAPITRE VI.

CONTINUATION DE L'ESTIMATION PAR LES PRODUITS ET LES FRAIS.

La portion attribuée à l'ouvrier pour paiement de son travail n'est pas une aliquote fixe du produit, comme nous l'avons fait sentir dans le chapitre premier. Elle est proportionnée à la concurrence des locataires de fermes, sans aucun rapport avec la valeur plus ou moins grande du sol et à la quantité plus grande ou plus petite de denrées que l'ouvrier peut en obtenir par son travail.

Le minimum en est la subsistance de l'ouvrier et de sa famille, et ce minimum n'est pas susceptible de grandes variations dans un même pays, quoiqu'il soit fort différent d'un pays à l'autre, selon le genre de nourriture et le climat; mais le maximum n'a d'autre borne que le produit total du sol, qu'il est bien près d'atteindre quelquefois. Ainsi, l'Américain qui donne cinquante francs de la propriété de dix acres de terre sur le Missouri ne paie en réalité que trois francs du fermage d'une terre qui rapporte le triple de sa subsistance. Quand la concurrence sera aussi étendue dans ce pays que sur

les bords de la Seine ou de la Tamise, au lieu
de recevoir trois fois sa subsistance de son travail annuel, il en conservera à peine une pour
vivre, lui et sa famille, qui l'aidera dans son
travail.

Dans les pays où il n'y a pas de capitaux
nombreux en proportion de l'étendue des fermes,
on voit donc les profits des fermiers s'élever;
tandis qu'ils sont nuls et se réduisent au
strict nécessaire dans les pays bien peuplés, et
où les fermes n'ont d'étendue que celle des
forces d'un ouvrier et de sa famille. C'est la
circonstance sociale, qui porte au maximum le
taux du fermage, parce que c'est celle aussi où
la concurrence est la plus grande.

Mais cette concurrence ne peut se mesurer
par elle-même, elle n'a d'autre expression nu-
mérique que le taux des profits eux-mêmes:
ainsi nous ferions une entreprise inutile, si
nous cherchions le taux des profits en cherchant à évaluer la concurrence; c'est le premier
qu'il faut chercher à connaître directement.

Nous appellerons profit de l'ouvrier ce qu'il
reste à la famille de l'ouvrier au delà de sa
subsistance, quand il a payé la rente du propriétaire. On sent qu'il est parfaitement distinct
ou plutôt opposé à ce que l'on nomme profit

du fonds, qui est le revenu qu'en tire le propriétaire.

Ce profit n'est pas égal pour toutes les classes d'ouvriers. Ainsi, dans un pays à grandes fermes, les fermiers sont ceux seulement qui ont le capital nécessaire à leur exploitation : il y a un taux de profit pour ceux-ci; mais il n'est pas nécessairement le même que celui des prolétaires qu'ils emploient. Il peut être plus grand si les ouvriers sont nombreux, il peut être plus petit s'ils sont insuffisans. Ainsi, dans les pays malsains de la côte de la Méditerranée, le profit de l'ouvrier est proportionnellement plus considérable que celui du fermier; tandis que, dans la Picardie et la Brie, le profit du fermier est beaucoup plus considérable que celui du propriétaire.

Pour trouver le profit de la classe de fermiers que nous devons employer, c'est donc ce profit lui-même qu'il faut observer; il a ses limites dans la nature des choses, et en connaissant celui de plusieurs fermiers on ne manquera guère de connaître celui de tous.

La dépense du fermier se distribue en plusieurs parties : 1°. paiement du travail fait, soit par les hommes, soit par les animaux; 2°. l'intérêt du capital d'exploitation; 3°. les profits qu'il fait dans la ferme; 4°. le fermage du propriétaire. C'est pour arriver à cette dernière valeur que nous voulons connaître les trois autres élémens, c'est à dire que nous avons cette équation : le produit brut $=$ le travail $+$ le profit du fermier $+$ le fermage du propriétaire. Ici, nous connaissons le produit brut par les investigations auxquelles nous nous sommes livré dans le chapitre précédent; il nous reste à chercher les autres élémens, c'est ce que nous allons tâcher de faire dans les articles qui vont suivre.

ARTICLE PREMIER.

DE LA VALEUR DU TRAVAIL FAIT SUR UNE FERME.

La masse de travail au moyen de laquelle une terre est mise en état de production n'apparaît pas toute sous la même forme; il y a du travail actuel et du travail accumulé : le premier seul retient le nom de travail ou de capital circulant, chez les auteurs agronomiques; ils donnent au second le nom de capital de cheptel. Que celui-ci ne soit, en dernier résultat, aux yeux de l'économiste, que du travail accumulé, c'est ce dont il sera facile de se convaincre au moyen de quelques observations.

Le capital de cheptel du fermier consiste en
outils et en bestiaux : il est assez évident que
les outils ne sont que le produit du travail des
ouvriers qui les ont confectionnés, mis en réserve par le fermier. Quant aux bestiaux, ils
ne sont également que la représentation des
fourrages qu'ils ont consommés et sans lesquels
ils n'auraient pu vivre; la valeur du germe
animé de l'animal n'est elle-même qu'une partie de la valeur de la nourriture de la mère, et
peut-être cette valeur est-elle négative pour le
fermier, qui perd une partie du travail ou du
produit de la mère pendant qu'elle porte son
fœtus. Ainsi le capital de cheptel tout entier
n'est que du travail appliqué à l'exploitation
de la ferme.

On sent donc qu'il n'y a qu'une nuance légère entre le capital circulant et le capital de
cheptel : l'un paie un travail actuel, qui doit être
renouvelé chaque année, ou du moins à chaque
fois que l'on prépare de nouveau le champ qui
doit porter une plante; l'autre paie un travail
fait, dont la durée doit être de plusieurs années;
mais que de nuances insensibles entre l'un et
l'autre! Pour semer une luzerne, il faut accumuler
un travail, dont les résultats doivent s'étendre
à cinq ou six années; si je plante une vigne,

l'effet de ce travail durera cinquante, cent ans.
Le premier est-il compris dans le capital circulant, le dernier dans le capital de cheptel ou
dans celui du fond ? Le bœuf acheté pour
l'engrais est revendu au bout de quelques mois,
une vache ne l'est qu'après quelques années.
On voit donc que cette classification des capitaux est purement artificielle et qu'il est difficile de tracer une ligne bien tranchée entre
eux. D'ailleurs, quant à leurs effets économiques sur l'estimation du bail, une loi générale
les régit : c'est que les fermiers, pour pouvoir
continuer à perpétuité l'exploitation du sol, doivent se trouver, à l'expiration du bail, quant à
leurs capitaux, dans la même position, au moins,
qu'ils étaient à son origine : ainsi, les produits
du sol doivent entretenir le capital en état de
service, et le reproduire à mesure qu'il éprouve
une déperdition ; ce qui exige, pour le capital
de cheptel, un renouvellement annuel, que l'on
ne peut pas fixer plus bas d'un douzième de sa
valeur.

La quantité du travail employé sur une terre
est analogue au genre d'exploitation auquel
elle est soumise : ainsi, une faible étendue de
jardin occupe un homme toute l'année ; il cultive commodément dix hectares, aidé seule-

ment de deux bêtes de travail dans le système avec jachère. Pour nous faire une idée nette de ce que les différentes positions agricoles exigent d'avance en main-d'œuvre , il me semble donc que le meilleur moyen sera d'établir cette proportion dans plusieurs classes principales d'exploitation, qui comprennent les principales situations agricoles que l'on rencontre sur notre continent; il sera facile ensuite au propriétaire de se classer dans une de ces positions ou entre les limites qui les séparent. Nous aurons ainsi fait tout ce qu'il est possible de désirer dans les bornes que nous nous sommes prescrites.

Nous allons donc examiner la valeur du capital circulant (travail annuel) et du capital de cheptel (travail accumulé) du fermier : 1°. dans les pays où la terre est employée à des cultures sarclées de végétaux de commerce(plantes tinctoriales, oléagineuses, maraîchères, etc.); 2°. dans ceux où les prairies artificielles occupent au moins un quart de la ferme , tandis que les récoltes sarclées de commerce n'y occupent qu'un espace insignifiant, et que si l'on y fait des récoltes sarclées, ce sont encore celles de plantes propres à être consommées dans la ferme (assolemens avec fourrages et racines);

3°. ceux où l'on a conservé le système de la jachère et où les prairies artificielles, quand il en
existe, n'occupent qu'une partie peu considérable du terrain de la ferme ; 4°. ceux des fermes
à pâturages, où les terrains cultivés ne sont
qu'un accessoire de la ferme.

§ 1. *Culture sarclée des végétaux de
commerce.*

Les jardins maraîchers qui avoisinent les
grandes villes sont peut-être les terrains où la
culture est poussée avec le plus d'activité ; mais
l'on attend encore des renseignemens exacts,
soit sur les détails de leur culture, soit sur l'ensemble et les rapports de leur économie, sur la
proportion des capitaux et des terrains et sur la
rapide circulation de ces capitaux. Voilà ce que
la Société centrale a demandé avec persévérance pendant un grand nombre d'années, et
ce qu'elle va enfin obtenir des lumières et du
zèle d'un de ses membres les plus distingués.
Dire que M. *Vilmorin* s'occupe de ce travail,
c'est apprendre à la France que bientôt elle
connaîtra à fond le secret de ses cultures maraîchères.

La Flandre est certainement le pays de la
France et peut-être de l'Europe où la culture
des plantes sarclées a été poussée le plus loin.
Un tiers de l'étendue des fermes est consacré,
dans les environs de Lille, aux cultures de lin,
de colza, de tabac; le capital du fermier, qui
doit, aux prix actuels, représenter ce travail
disponible sur la ferme, y est de deux cent cin-
quante-six francs soixante centimes par hectare sans y comprendre la partie qui sert à
payer le fermage (1). Cette somme est répartie
de la manière suivante :

Travaux annuels.. . . . . . 112 fr. 10 c.
Achats d'engrais.. 124   5o
Cheptel, 24o fr. par hectare,
qui demandent un entretien
annuel d'un 12ᵉ. au moins..   20   00
                              _____
                              256 fr. 6o c.

A l'autre extrémité de la France, dans le midi,
on trouve aussi des exemples frappans de culture des végétaux de commerce. Le départe-

ment de Vaucluse, dans sa partie cultivée spécialement pour la garance; celui des Bouches-du-Rhône ; dans celle qui reçoit les arrosages de la Durance, les environs de Marseille, de Nîmes offrent, à cet égard, des positions agricoles très riches et très curieuses à étudier.

Dans l'assolement de garance, luzerne et blé, qui est le plus perfectionné de tous ceux où l'on intercale cette racine tinctoriale, et quand la culture a toute son activité, les capitaux du fermier sont distribués ainsi qu'il suit :

Travaux et récoltes. . . . . 158 fr.
Fumier. 135
Cheptel, 200 fr., dont le 12ᵉ.. . . 17

Par hectare, annuellement . . . . 310 fr. (1)

Un autre auteur, M. *Quenin*, a donné une description très intéressante de la culture de Château-Renard [Bouches-du-Rhône] (2) : les détails en sont exacts. La multiplicité et la perfection des cultures introduites dans cette commune industrieuse doivent frapper d'éton-

(1) *Mémoire sur la garance*, de M. *de Gasparin*, p. 73 *et alib.*

(2) *Mémoires de la Société d'agriculture de la Seine*, tom. XVI, p. 199.

nement toute personne versée dans l'agriculture : c'est la Flandre transportée en Provence,
au moyen des arrosemens, qui suppléent au ciel
d'airain de son climat.

Nous voyons dans ce mémoire que le capital du fermier est réparti ainsi qu'il suit :

Travail. . . . . 206 fr.
Engrais. 61
Cheptel, 200 fr., dont le 12ᵉ. 17
_____
                                        284 fr.

On observera, dans ce compte, que le travail
y devient l'article principal, tandis que la valeur de l'engrais l'égale ou le surpasse dans les
deux autres ; mais c'est un avantage de la localité, qui est rapprochée d'Arles, où les fumiers
ont peu de valeur : d'ailleurs, le transport du
jardinage dans les marchés des environs entre
pour une très grande partie dans les frais de
travail.

En Alsace, les cultures jardinières sont aussi
soignées qu'en Flandre; et cependant la scène
semble changer complétement quant à la distribution des capitaux. Dans ce pays, il existe de
vastes communaux où chaque propriétaire peut
conduire ses vaches toute l'année. Ces terrains

sont leur fabrique d'engrais; les cultivateurs sont presque tous propriétaires; les fermiers y sont en plus petit nombre, et les grandes fermes y sont peu productives. La raison en est que la petite ferme entretient, proportion gardée, une plus grande quantité de bétail que la grande. Tout ce bétail est faible, maigre et de peu de produit; mais il fournit complétement aux besoins d'engrais de ces petits propriétaires et fermiers. Ce qui est surtout remarquable dans ce système, c'est que les bêtes de travail y sont plus nombreuses que le bétail de vente. La raison en est très simple : une vache nourrie sur le terrain communal rend très peu de lait et donne par conséquent peu de profit; les chevaux étant nécessaires, et leur faible nourriture ne leur donnant pas beaucoup de force, il faut suppléer à la qualité par le nombre : voilà le secret de ce grand nombre de jumens de l'Alsace.

Il faut considérer maintenant que cet état de choses tient à l'existence des pâturages et prairies dans la proportion d'un hectare sur deux hectares un tiers de terre labourable. Ces pâturages ne sont pas du tout des terres de qualité inférieure, très souvent, au contraire, ils sont les meilleurs fonds du territoire : d'où il

suit que le propriétaire, en louant un hectare
de terre, y joint 0,43 d'hectare de pâturages :
c'est là le capital qui fournit le fumier ; il est
ici avancé par la communauté. Voilà ce qui
ne permet pas de comparer cette économie à
celles dont nous venons de parler. On peut voir,
au reste, des détails sur cette culture dans l'ouvrage de M. Schwerz *sur l'Agriculture de l'Alsace,* dont une grande partie a été traduite dans
la *Bibliothèque britannique* (1).

§ 2. *Assolement avec prairies artificielles.*

Cette agriculture perfectionnée est celle qu'a-
dopte tout fermier qui, voulant sortir de l'a-
veugle routine, se trouve dans une position où
les achats d'engrais à des prix convenables ne
sont pas possibles ; c'est à ce système que conduit aussi la préférence accordée dans un pays
à la nourriture animale sur la végétale ; enfin,
l'éloignement des villes où se fait la consommation des légumes, celle des manufactures et
du commerce, qui facilite la vente des produits
tinctoriaux ou industriels, la difficulté des

(1) *Bibliothèque britannique,* Agriculture, t. XX, p. 141.

transports nécessite aussi son adoption, par la facilité d'envoyer au loin, à peu de frais, les bestiaux qui en sont le principal produit. On trouve donc une multitude de circonstances qui sont favorables à ce genre d'exploitation, fondé sur la multiplication et l'élève des animaux: c'est lui, en effet, qui domine en Angleterre, et qui s'étend rapidement en Allemagne. Il s'est introduit aussi en France ; mais il n'y a fait encore que des progrès trop bornés. Les auteurs agronomiques lui ont consacré de nombreux développemens ; c'est à son exposition que sont principalement destinés les ouvrages d'*Arthur Young*, de *Thaër*, de *Pictet*, de *Crud*, de *Morel – Vindé*, d'*Yvart*, de *Bosc*, *etc.* ; c'est lui, enfin, dont on cherche à étendre une des formes en France sous le nom d'assolement quadriennal, et que la ferme expérimentale de M. *de Dombasle* a pour but d'acclimater dans les départemens du nord-est.

C'est en me servant des données de ces différens auteurs que je crois pouvoir établir de la sorte la répartition des capitaux annuels du fermier dans ce genre d'exploitation :

Travaux. . . . . 100 fr.
Cheptel, 300 fr., dont le 12ᵉ.. . . .   25

Par an, pour un hectare... . . 125 fr.,
non compris une année de fermage.

§ 3. *Culture avec jachère.*

Le défaut de capitaux, d'instruction, des
moyens défectueux de communication, retien-
nent encore une partie de l'Europe dans cette
dommageable routine. Ici, le cheptel ne consiste proprement qu'en bêtes de travail et en
instrumens d'agriculture ; on y joint un petit
nombre de bêtes de vente, destinées à augmenter
la faible quantité de fumier que produit ce
système, et cet engrais ne profite en général
qu'à quelques terres voisines de la ferme et
privilégiées par leur qualité.

Dans le nord de la France (je prends les environs de Provins pour exemple), sur une terre
de deux cent seize hectares, plus dix hectares
de prairies, partie nécessaire de ces exploitations, le cheptel est composé comme il suit :

Quatre cent cinquante moutons à 8 f. 3,600 fr.

Dix chevaux à 350 francs 3,500

Charrettes et instrumens aratoires. 2,000

Instrumens divers et meubles 2,000

Quinze vaches et un taureau. 2,400
————
13,500 fr.,

qui donnent, par hectare de terre labourable, soixante-deux francs; mais ce calcul, fait sur des terres de première qualité, se réduit à quarante-cinq ou cinquante francs sur les terres moyennes ; nous aurons, dans ces exploitations, la répartition suivante de capitaux :

Travaux et semences. . . . . 65 fr.

Cheptel, 60 francs, dont le 12ᵉ . . 5
————
70 fr.

Dans le sud-est de la France, le capital de culture se trouve élevé par l'effet de la concurrence des cultures industrielles, qui occupent beaucoup de bras et renchérissent le prix du travail ; le nombre des charrettes et chariots se trouve augmenté, afin que le fermier profite de la saison de l'hiver pour faire des charrois sur la route, menant ainsi de front deux genres d'industrie ; mais la quantité de bétail de rente se trouve réduite. Ayant sous les yeux l'inventaire d'un fermier de quarante hectares de terre, je trouve que son cheptel est ainsi qu'il suit :

Sept mules..... .... 1,806 fr.
Cent soixante brebis. 1,280
Basse-cour. 85
Charrettes ou instrumens divers... 3,189
_____
. 6,360 fr.,

ou, par hectare, cent cinquante-neuf francs.

Son capital se trouve réparti ainsi qu'il suit :

Travaux et semences.. . . . . 80 fr. »
Cheptel, 159 francs, dont le 12e.. 13   25
_____
93 fr. 25 c.

§ 4. *Ferme en pâturages.*

Ici, il n'y a pas une quantité fixe de capital ; il dépend beaucoup de la nature et de la richesse des pâturages, qui permettent d'y nourrir un nombre plus ou moins grand de bestiaux. Le genre de ces bestiaux décide aussi des soins qu'ils doivent recevoir, et ils varient même beaucoup selon les pays : ainsi, on trouve en Suisse un vacher pour dix à douze vaches, tandis qu'en

Auvergne, où l'on ne s'en occupe guère que pour
les traire, il peut en soigner un plus grand
nombre ; ce genre de calcul ne sera jamais
embarrassant pour le propriétaire, parce que
rien n'est plus invariable et mieux connu que
ce qui se passe à cet égard dans chaque pays ;
mais ce n'est plus par hectare, c'est par tête
d'animal qu'il faut faire ici le compte des travaux.

M. *de Fellenberg* les estime comme il suit,
par vache :

Travaux, soins du vacher,
travail du fromager . . . . 37 f. 50 c.
   Fauchage, fanage et char-
roi de 100 qx. de foin, à 35 fr. 35 00   ⎞ 72 f. 50 c.

Cheptel, 240 fr., dont le 12ᵉ. 20   » c.

_____

                    92 f. 50 c.

C'est le maximum des soins que l'on puisse
donner à cet animal, et le plus haut prix moyen
qu'il puisse avoir (1) ; si l'on se figure que le

_____

(1) Rapport de M. *Crud,* page 81. Les monnaies sont
portées dans ce rapport en argent suisse.

produit brut d'une vache d'Auvergne n'est pas de plus dé soixante-douze francs (1), on jugera quelle peut être la part de travail qui lui est consacrée.

Le capital affecté aux moutons varie de la même manière, depuis le misérable troupeau qui vit des herbes de la jachère, jusqu'au mérinos traité avec opulence dans l'étable. Il serait trop long d'insister ici sur toutes ces variations, et probablement nous n'indiquerions que très insuffisamment les différentes situations agricoles, en y consacrant un grand nombre de pages. Nous ne pouvons donc que renvoyer aux ouvrages qui en traitent spécialement et principalement à ceux qui se sont occupés de la partie économique de cette éducation (2).

§ 5. Conséquences.

Dans les paragraphes qui précèdent, j'ai

---

(1) *Yvart; Excursions agronomiques en Auvergne,* page 78.

(2) Voyez les *Mémoires sur l'éducation des mérinos, comparée à celle des autres bêtes à laine;* par M. *de Gasparin.* Chez Madame *Huzard.*

tâché d'indiquer des termes-limites des frais de travail de chaque genre d'exploitation; je les ai indiqués en argent, et je sens ici qu'en adoptant cette mesure commune, je n'ai peut-être montré que d'une manière imparfaite la quantité absolue de travail exigée par chacune d'elles; je n'ai pas cru cependant devoir prendre une autre marche, et je pense m'être plus rapproché de la vérité qu'en choisissant tout autre procédé.

En effet, supposons que j'eusse adopté, pour mesure commune, des journées de travail, croit-on donc que cette expression soit toujours un terme identique? Voudrait-on, par exemple, mettre en comparaison la valeur du travail d'un Français et de celui d'un Indien? J'aurais donc pris un terme de comparaison très inexact, et jusqu'à ce que l'on ait estimé au juste la force déployée par les ouvriers de chaque pays, on doit éviter de s'en servir. Nous n'en sommes qu'aux plus simples élémens de cette connaissance, et ce que nous en savons tendrait à nous faire présumer que la quantité absolue de force déployée par les ouvriers est en raison de la valeur réelle de leur subsistance. Or, la valeur vénale mesure assez bien cette valeur réelle dans le cas d'un commerce libre : d'où il suit qu'en partant de cette valeur vénale, nous avons pris encore pour base de calcul le terme le plus approché de la vérité.

Mais dans l'usage que l'on pourra faire de ces données, il ne faut jamais perdre de vue que l'on trouve rarement, dans l'application, des cas aussi simples que ceux que nous avons pris pour modèles; que presque toujours plusieurs genres de culture se trouvent combinés ensemble, et que pour opérer les déductions convenables, il faut commencer par faire l'analyse exacte du domaine que l'on veut juger, pour appliquer à chacune de ses parties les élémens que nous venons de trouver.

Enfin, nous avons considéré chaque système dans un état moyen, et on doit éviter d'en rien conclure de trop absolu pour ces pays, où ils ne sont pratiqués qu'avec beaucoup de négligence : on pourrait quelquefois s'y tromper d'un quart et même de moitié. L'habitude de voir rectifiera, à cet égard, comme en tant d'autres choses, les données absolues que la théorie est forcée d'admettre, parce qu'elle n'est jamais, dans les sciences d'application, que la peinture d'un état moyen qui n'existe nulle part, mais autour duquel oscillent, à de plus ou moins grandes distances, toutes les situations réelles.

ARTICLE II.

DE L'INTÉRÊT DU CAPITAL D'EXPLOITATION.

Toute entreprise de culture suppose l'avance d'un capital. Le simple cultivateur qui, armé de sa bêche, entreprend de mettre sa terre en valeur, doit posséder au moins sa subsistance assurée pendant le temps de ce travail, qui ne lui rapportera un produit qu'après un certain laps de temps. Le fermier doit avoir en avance la somme nécessaire pour payer sa subsistance, celle de sa famille, de ses ouvriers, et les avances du fermage, jusqu'à la vente de la prochaine récolte. Cette somme serait susceptible de lui rapporter un intérêt dans tout autre emploi, et c'est avec juste raison qu'il doit ne pas en être privé quand il l'avance sur des travaux agricoles, qu'il n'entreprendrait pas, s'il n'y trouvait au moins un avantage égal à celui de tous les autres emplois qu'il pourrait faire de son capital.

Le fermier peut prétendre à cet intérêt ou cette rente de son capital, parce qu'il ne fait en cela que ce que fait aussi le paysan qui cultive son champ, et qui préférerait offrir son travail pour cultiver celui des autres, s'il ne trouvait pas un avantage quelconque à user ainsi des avances qu'il a faites, et qui le mettent en état d'attendre jusqu'à la récolte suivante la rentrée de son salaire, grossi d'un certain intérêt qu'il voit en perspective.

Dans tout ce que les auteurs d'économie et d'agriculture ont écrit sur ce sujet, même dans l'ouvrage de *Thaër*, on a confondu ici sous le titre de rente ou d'intérêt deux élémens extrêmement distincts. Le premier est la prime d'assurance pour la solvabilité du capital au terme du paiement; le second est l'intérêt lui-même, qui représente seulement le dédommagement que l'on offre au prêteur pour la non-jouissance de ce capital. Dans les placemens très solides, faits à court terme, et, où par conséquent, les chances de non-solvabilité sont presque nulles, la prime d'assurance peut être regardée comme très petite et même inappréciable; le taux de l'intérêt donne alors réellement la véritable mesure de ce dédommagement. Il varie beaucoup selon les époques et les emplois plus ou moins profitables que les emprunteurs peuvent faire des fonds; mais il est toujours facile d'en connaître le taux dans chaque pays en particulier.

Quant à la prime d'assurance, ce n'est autre chose, dans notre cas, qu'une certaine somme que le fermier doit économiser, chaque année, sur les produits, pour pourvoir aux remplacemens des pertes de son capital circulant et de cheptel, de manière à ce qu'à la fin du bail, il ait la certitude de se retrouver dans la même position où il était en commençant. Sa fixation dépend donc d'une juste estimation des risques que peuvent courir ces capitaux. Essayons de nous en former quelque idée.

Le capital destiné aux travaux est perdu pour le fermier quand il ne recueille pas, outre le prix de son fermage, un produit égal à ses frais. Après la récolte, la terre se trouve dans le même état où elle se trouvait avant les cultures et tout est à refaire; il faut un nouveau capital pareil pour préparer la terre à une autre récolte.

Mais si, au lieu d'une simple culture annuelle de blé avec jachère, nous parlions d'une culture plus soignée, de celle avec fourrages, par exemple, nous verrions que les risques diminuent, parce que la culture qui a été perdue pour les grains peut profiter aux fourrages semés avec eux ; s'il était question de la culture soignée des plantes de commerce, nous trouverions que, le travail n'étant que la plus petite partie des frais et les engrais restant dans le sol, la perte n'est jamais totale : on voit combien les circonstances diverses mettent de différence dans les risques que court le capital de culture. Les chances fatales se réunissent en plus grand nombre sur la culture la plus pauvre, tandis que la plus riche en est presque à l'abri. Nous ne pouvons donc pas attribuer une même prime d'assurance à ces différens capitaux, quoique réunis sous une même dénomination.

Mais ce n'est pas tout encore, et en prenant pour exemple les fermiers de la culture avec jachère, on verra que, selon les climats, les chances sont très différentes. Dans tel pays, une récolte moyenne est presque assurée; dans tel autre, on est fréquemment exposé à une perte totale de récolte. Ceci est alors une question de localité, et comme l'attention n'a pas encore été appelée sur cette matière importante, il n'existe aucun travail qui puisse l'éclaircir dans les différens pays.

Il n'est guère possible d'avoir des données exactes sur les risques que courent les récoltes d'un pays, sans posséder des relevés de l'état

8

annuel des récoltes depuis une longue suite d'années : car on voit souvent des séries assez pro-
longées de bonnes ou de mauvaises récoltes,
et l'on ne peut se faire une idée des chances
moyennes, qu'en réunissant au moins les détails des récoltes de vingt années. Quand on
peut avoir des renseignemens positifs, il faut regarder comme une perte totale des frais de culture toutes les récoltes qui ne s'élèvent pas à
quatre hectolitres de blé, par hectare, dans les
bonnes terres, à trois dans les moyennes et à
deux dans les mauvaises. Cette quantité ne représente en général que la rente, dans l'état
actuel des choses en France. C'est d'après ce
procédé que j'ai trouvé que, dans le sud-est de
la France, la perte du capital de culture avait
lieu en moyenne tous les six à sept ans et que
par conséquent la prime d'assurance des fonds
devait se porter dans ce pays à seize pour cent
des frais pour les terres cultivées avec jachère.
Je ne doute pas que dans le nord et l'ouest,
moins exposés à ces sécheresses redoutables du
sud-est, cette déduction ne doive être beaucoup
moindre; en Allemagne, *Thaër* ne l'estime qu'à
huit pour cent, puisqu'il porte à douze l'intérêt
total du capital circulant, auquel il réunit la
prime d'assurance.

Le capital employé en achats d'engrais est beaucoup moins exposé que celui des cultures, soit qu'on l'emploie en cultures variées, qui se succèdent rapidement, et dont la seconde profite de l'excédant d'engrais non consommé par la première, soit qu'on le destine à des cultures d'une longue durée, à la garance ou à la luzerne, qui, ayant plusieurs années de végétation, font, dans une année favorable, des progrès qui dédommagent des pertes de l'année précédente; on peut dire que l'argent employé en engrais est de tous les capitaux le moins compromis.

Cependant on peut encore estimer les risques qu'il peut courir dans un assolement donné. Pour que le capital entier destiné aux engrais fût perdu, il faudrait supposer que, pendant la durée de l'activité de l'engrais, toutes les récoltes que l'on aurait tentées sur le sol qui l'a reçu auraient manqué. Cette durée est en rapport avec la perméabilité du sol, qui permet aux eaux pluviales de l'entraîner dans les couches inférieures, à mesure que ses parties deviennent solubles, et cette même disposition du sol favorise sa décomposition. Le temps nécessaire pour cet effet est très bien connu des cultivateurs dans chaque pays. Supposons donc qu'au bout de quatre ans , tous les effets du fumier aient disparu , il y aurait une déperdition d'un quart environ chaque année ; mais la chance de non-réussite des deux récoltes de blé que l'on fait en quatre ans est très petite , et au plus d'un vingt-quatrième dans les pays qui ont un non-succès tous les six à sept ans : ainsi, dans les cas les plus défavorables , on ne pourrait pas accorder une assurance de quatre pour cent à ce capital.

La partie du cheptel destinée à acheter du bétail de rente peut être employée de plusieurs manières , ou à l'emplette de vaches et de brebis, ou à celle de bœufs et moutons à l'engrais. Les premières fournissent chaque année leur propre remplacement, les seconds doivent représenter dans leur prix de vente la valeur de l'achat et celui des denrées qu'ils consomment. Dans l'un et l'autre cas, on doit imputer au capital les chances de mortalité qui menacent chaque espèce de ces animaux : elles varient selon les pays. Quand une contrée est affligée du mal de sang (gastro-enteritis charbonneux), on voit périr quelquefois des troupeaux entiers en une année, et alors on peut regarder la spéculation comme très mauvaise. Dans les situations saines, on laisse peu mourir de vaches et de brebis

dans une ferme, on les vend et on les remplace·
quand elles avancent en âge; mais il y a une
dégradation annuelle dans leur prix, que l'on
peut estimer à un douzième tout au plus :
c'est donc huit pour cent d'assurance à passer
à ce capital; et quant aux bêtes à l'engrais,
comme on choisit des bêtes en santé, que leur
régime est très bon, et que, d'ailleurs, elles
passent peu de temps sur la ferme, on ne peut
guère en estimer l'assurance qu'à un vingt–cinquième ou à quatre pour cent.

Quant aux bêtes de travail, les lois de mortalité varient aussi selon leur âge et leur espèce ;
mais quand elles sont un peu nombreuses,
l'expérience nous apprend qu'il suffit de les
renouveler par douzième, et que ce que l'on
retire des vieux animaux couvre la perte de ceux
qui meurent avant cette époque.

On ne peut faire aucune exception pour les
jumens poulinières, en raison des élèves qu'elles
peuvent produire, parce que l'on tire moins
de travail de ces animaux pendant les derniers
temps de la gestation et pendant l'allaitement,
et que cette perte compense et au delà le
bénéfice que l'on pourrait faire sur les poulains. Et quant aux veaux, il est bien prouvé
que le lait qu'ils ont consommé est plus que

l'équivalent de leur valeur à l'époque du sevrage.

L'entretien des charrues et harnais se porte de vingt à vingt-cinq francs par bête d'attelage, plus ou moins, selon que le terrain est plus ou moins caillouteux. Les cailloux parsemés dans le sol usent avec rapidité le fer des socs. La fréquence des charrois rend aussi le renouvellement des chariots plus onéreux; mais si l'on ne fait que ceux qui sont nécessaires à une ferme, on peut en porter la dépense à un huitième des frais d'établissement, ou à environ quinze francs par tête d'attelage. Ainsi, en comptant en bloc huit pour cent d'assurance pour le capital de cheptel, nous sommes évidemment au dessus de la proportion requise; et quand on voudra atteindre à plus d'exactitude, on distinguera dans le cheptel ces différens emplois, et l'on attribuera à chacun d'eux le taux d'assurance convenable.

Ce que nous venons de dire prouve à l'évidence que les déductions à faire pour assurance du capital sont d'autant plus fortes que la culture sera plus mauvaise : en effet, dans une bonne culture, le capital est employé principalement en engrais, dont l'assurance est de quatre pour cent, ou en cheptel, où elle est de huit pour cent; dans les terres avec jachère, il l'est en bêtes de travail, dont l'intérêt est à huit pour cent; en instrumens, où il est de douze pour cent, et en travaux annuels, qui coûtent jusqu'à seize pour cent d'assurance.

Tels sont les tristes effets de la pauvreté volontaire à laquelle se condamnent tant de terrains susceptibles d'acquérir une plus grande valeur.

ARTICLE III.

PROFIT DU FERMIER.

Le profit du fermier est partout un secret, peut-être pour lui-même; car il est bien peu d'hommes de cette classe qui sachent, au moyen d'une bonne comptabilité, se rendre un compte exact des résultats de leur culture.

Ce que quelques uns appellent profit n'est pas autre chose que le salaire de leur propre travail et de celui de leur famille; ce que d'autres entendent par ce nom, c'est le bénéfice des bonnes années, que l'on n'a pas balancé avec les pertes des mauvaises. Dans la plupart de nos provinces, le profit réel, celui qui reste après le paiement du fermage, des travaux, et le solde de l'intérêt du capital, est presque nul; je n'en veux

pour preuve que l'état stationnaire de la plupart des familles de nos fermiers; mais dans
d'autres pays, il peut être porté en ligne de
compte, et c'est principalement dans ceux à
grandes fermes, où la concurrence des fermiers
étant moindre, il n'y a pas autant de chaleur
dans les enchères, et où les agriculteurs, rece-
vant une éducation plus soignée, parce qu'ils
sont possesseurs de capitaux plus forts qu'ailleurs, et savent mieux calculer leur position.

J'ai eu l'occasion de faire le compte d'un fermier qui prospérait, et son profit moyen n'é-
tait pas au delà du dixième de son capital. Je
n'oserais pas dire qu'en comprenant dans ce
calcul les mauvaises années qui viennent de
passer, il lui restât beaucoup des bénéfices des
quinze années précédentes; mais certainement,
en tout comptant, il n'a pas doublé son capital
en vingt ans.

Les exemples que l'on me citerait et qui paraîtraient contraires à mon opinion ne seraient
guère pris que de domaines loués depuis
longues années, à un bas prix, et par des propriétaires négligens, qui n'ont pas suivi les variations du cours des fermages, et jamais, j'ose
l'assurer, sur des fermes exposées à la concurrence.

. Je sais qu'avec de l'activité, un bon système, un long bail, un domaine très étendu, il est possible de porter le profit plus haut; mais ce n'est pas ce cas qui se présente généralement; et ici il faut parler des réalités. Je pense donc que l'on sera beaucoup au dessus de la vérité dans les pays que je connais, en portant les profits aux taux ci-après :

	Du capital total de l'exploitation.
Pour les domaines de 100 hectares et au dessus.	10 pour 100.
De 50 à 100.	8
De 25 à 50.	6
De 10 à 25.	5
De 1 à 10.	3

Ceci est une de nos inconnues, que nous ne pouvons déterminer que par une espèce d'empirisme et de tâtonnement.

Au reste, pour ne pas s'en tenir à ce que j'ai pu observer dans un pays où les fermages sont assez élevés et les grandes fermes rares, il est nécessaire de répéter ces observations, et de s'informer, par exemple, de la situation ancienne et des progrès de la richesse de plusieurs familles de fermiers des environs. On pourra mieux juger ainsi de leurs profits quand on

connaîtra les accroissemens de leur fortune, et
le temps qu'elle a mis à croître, et que l'on aura
retranché de ces accroissemens les intérêts annuels de leurs capitaux. Toutes ces opérations
sont délicates ; et le hasard seul, ou la bonne foi
de quelques fermiers, peut en apprendre quelquefois, à cet égard, plus que des recherches pénibles et toujours un peu douteuses.

CHAPITRE VII.

ÉVALUATION DU FERMAGE.

Ayant rassemblé maintenant tous les élémens
nécessaires pour résoudre la question que nous
nous étions proposée, il ne s'agit plus que de
montrer la manière de les mettre en œuvre, et
c'est ce que nous allons faire, en employant les
différentes méthodes indiquées dans les articles qui vont suivre.

ARTICLE PREMIER.

FERME A CULTURES INDUSTRIELLES.

Nous avons vu que, dans ce genre de ferme,
la variété des produits ne nous permet pas
d'adopter la marche d'une évaluation détaillée.

En effet, quand même nous parviendrions à obtenir le total des produits bruts, il serait très difficile d'apprécier leur valeur moyenne pour les réduire à la mesure commune du numéraire : cette méthode donnerait lieu à de graves erreurs. C'est donc par le montant des impositions et par la comparaison des fermages à ceux des fermes environnantes que l'on doit opérer.

1°. Supposons un domaine situé près de Lille en Flandre, composé de vingt-cinq hectares cinquante ares de terres labourables : il paie quatre cent trente-trois francs cinquante centimes d'impositions directes, qui sont en général, dans le canton, le cinquième du fermage; ce qui nous donne deux mille cent soixante-sept francs cinquante centimes pour prix de ce fermage.

2°. Ce même domaine peut être comparé à deux autres, qui sont approximativement de la même étendue et de la même valeur, dont l'un est plus rapproché et l'autre plus éloigné du marché que lui. Le premier va au marché quatre fois dans la journée; son prix de location est de cent francs par hectare, y compris le pot de vin, du neuvième; ce qui fait, pour 25$^{hect.}$,5, un fermage de deux mille cinq cent cinquante francs.

Le dernier ne peut aller au marché que deux fois par jour, les frais de transport sont donc doublés. On fait, dans le premier domaine, trente journées de charroi à deux chevaux, valant dix francs (ci trois cents francs) : c'est donc la moitié de la valeur des transports de notre domaine à retrancher de son fermage ; et en supposant que leur nombre soit le même que dans le domaine de comparaison, ces transports reviendront à six cents francs, dont la moitié (trois cents francs), déduite de deux mille cinq cent cinquante francs, nous donne deux mille deux cent cinquante francs pour le prix de ferme que nous pouvons prétendre.

Le second domaine de comparaison ne fait qu'un voyage par jour : son prix de ferme est de soixante-quinze francs l'hectare ; ce qui fait, pour les $25^{hect.},5$, un fermage de mille neuf cent douze francs cinquante centimes ; mais les frais de transports sont quadruples de ceux de la première ferme de comparaison : ils valent ici douze cents francs, en supposant que le nombre de ces transports soit aussi de cent vingt voyages ; ils sont le double de ceux du domaine que nous lui comparons : c'est donc six cents francs à ajouter à son prix de location ;

ce qui nous donne deux mille cinq cent douze francs cinquante centimes.

Ainsi, par la première comparaison, nous avons.. . . . . 2,250 fr. » c.

Par la deuxième... 2,512   50

                TOTAL. . . . . 4,762 fr. 50 c.

     Prix moyen. 2,381   25

Il ne reste plus à faire que la réduction proportionnelle au prix des denrées et des grains. En opérant ainsi sur des bases différentes, on trouvera souvent des écarts dans les résultats, et nous n'avons pas voulu les dissimuler dans notre calcul : ils viennent de ce que telle ou telle base est trop élevée; que, par exemple, le fermier de la deuxième ferme de comparaison paie trop cher son fermage, en raison de l'excessive quantité de charrois dont il est chargé et proportionnément au premier, qui l'a à trop bon marché. En général, en agriculture, on doit soupçonner que plus on part d'une position défavorable, et plus le résultat comparatif que l'on obtient est en excès. Les terres les plus chères sont toujours celles où le fermier fait le mieux ses affaires.

Quoique le nombre des moyens que nous

avons ici pour estimer les fermages soit borné, il faut convenir que, dans cette situation agricole, ils sont beaucoup plus sûrs. Dans ces petites fermes à industrie, dans ces pays où les hommes croissent aussi épais que les légumes de leurs champs, la concurrence est ordinairement très grande et éclaire parfaitement le propriétaire : il suffit donc d'avoir un point de départ quelconque pour être assuré que l'on louera sa ferme à sa véritable valeur.

ARTICLE II.

ESTIMATION D'UNE FERME SOUMISE A LA JACHÈRE, A PROVINS (SEINE-ET-MARNE).

Les données de cette estimation m'ont été fournies par le procès-verbal de la séance publique de la Société d'agriculture de Provins, pour 1820 ; on y trouve des détails récens sur la culture d'un pays qui peut servir de type à une vaste contrée qui avoisine Paris. Cette circonstance nous l'a fait choisir entre plusieurs autres localités, pour lesquelles nous avions des renseignemens qui nous étaient propres : d'ailleurs, les documens ne manquent pas pour ce genre d'exploitation, mais ils ne peuvent pas tous être employés sans précaution. Plusieurs auteurs, en nous les donnant, ont eu pour but de faire valoir de nouvelles méthodes de culture, et ont présenté leurs résultats d'une manière trop défavorable à l'ancienne ; d'autres ont rendu compte de leurs résultats sans avoir une idée nette de ce qui devait les former. Nous nous en tenons donc à l'exemple que nous allons développer.

Estimation du Fermage du domaine de CHAMP-CENETZ (*canton de Villiers-Saint-George , arrondissement de Provins*).

Cette ferme est composée de deux cent seize hectares de terre labourable et de dix hectares de prés, qui sont consommés par les bestiaux de la ferme.

1º. *Évaluation par les impositions.*

Mille francs d'impositions, qui sont, dans le pays, un sixième environ du produit net ou fermage . . . . 6000 francs.

2º. *Évaluation par la comparaison.*

Ici, les données me manquent entièrement.

3°. *Évaluation des produits.*

1°. Saison des blés fromens, soixante-douze hectares, qui produisent cent cinquante-deux déc., donnant pour la totalité 1,094ʰᵉᶜᵗ.,4 , qui, à quinze francs, prix moyen des trois dernières années, donnent. . . . . 16,416 f. » c.

2°. Saison des grains de mars, soixante-douze hectolitres, qui produisent sept cent vingt-neuf hect. six déc. de grains, à six francs vingt-cinq centimes. . . . 4,560 »

Quatre cent cinquante moutons, donnant pour leur tonte, dans le pays, quatre cent cinquante kilogr. de laine, à quatre francs le kilogramme. . . . . . . 1,800 »

Cinquante moutons et brebis de réforme. . . . . 600 »

Quinze vaches et un taureau produisent, outre leur recrutement, dix veaux de vente, à trente-cinq francs. . . . . 350 »

Quinze vaches produisent, par

A reporter. 23,726 f. » c.

Ci-contre. 23,726f. » c.

une formule usitée dans le pays,
du lait et du beurre pour. . . . . 1,000 »

Deux vaches de réforme. . . . . 240 »

Vingt cochons de lait. . . . . . 200 »

Quatre porcs. . . . . 360 »

Basse-cour. . . . . 200 »

25,726f. » c.

DÉDUCTION.

PREMIER CHAPITRE.

Grains pour semence, deux
hect. huit déc. par hectare, ci : deux
cent un hect. soixante déc., à
quinze francs. . . . . 3,024 »

Semence de mars, cent soixante-douze hect. huit déc. avoine. . 1,080 »

4,104f. » c.

9

DEUXIÈME CHAPITRE.

Frais de culture.

Un premier charretier... 300 f. ⎫
Deuxième charretier.... 250
Troisième charretier . . . 200
Un berger. 250
Première et deuxième ser-
   vantes. . . . . 200 ⎬ 1,710   » c.
Quatrième charretier. . . 150
Deux garçons de ferme.. 160
Deux filles de laiterie.... 200
(Ces cinq derniers sont les enfans du
  fermier.) ⎭

NOTA. *La moyenne du salaire
des valets est de deux cent vingt-
cinq fr.; le prix des journées de
travail, dans le pays, est d'un
franc cinquante centimes, qui,
multipliés par deux cent quatre-
vingt, nombre des jours occupés
dans l'année, donnent quatre
cent vingt francs: d'où il s'ensuivrait que la nourriture vaudrait*

A reporter. 1,710 f. » c.

Ci-contre. 1,710 f. » c.

cent quatre-vingt-quinze francs ;
ce qui, multiplié par seize, nom-
bre des personnes de la ferme,
compris le fermier et sa femme,
donnerait trois mille cent vingt
francs. L'auteur de cette Notice
ne porte cette nourriture qu'à dix-
huit cents francs, attendu, dit-il,
qu'une portion en est prise sur la
ferme, et n'est pas portée en re-
cette : c'est ainsi, sans doute,
qu'il faut opérer quand on ne
compte pas tout dans les pro-
duits, mais qu'on ne fait état que
de ce qu'on vend. Nous observons
donc qu'on ne doit plus compter
ici que le blé, le sel et le vin con-
sommés : ainsi. . . . . 1,800 »

Ouvriers auxiliaires, pour ré-
colte.. . . . . 2,600 »

Entretien de la ferme et soins
pour dix chevaux. . . . . 200 »

Avoine et grains pour la nour-
riture.. . . . . 3,580 »

Fauchage des prés . . . . . . 119 »

_____

10,009 f. » c.

9.

NOTA. Le montant de ces deux articles est de 14,113 fr. Si on s'était servi de la formule indiquée au chapitre VI, article Ier., § 3, pour les terres en jachère de première qualité, on aurait trouvé 65 fr. $\times$ 216 hect. $=$ 14,040 fr., terme un peu plus faible que le précédent.

TROISIÈME CHAPITRE.

Intérêts du capital.

1°. Assurance des frais de culture à huit pour cent, plus intérêt à quatre pour cent, ci douze pour cent.. . . . . 1,685 f. 80 c.

2°. Intérêt et assurance du capital de cheptel, douze pour cent valant pour

instrumens. . . 2,000 f.		
Bêtes de travail.. 3,500	14,900 f. 1,788 »
Meubles, semences, etc... 2,000		
Bêtes de vente. 7,400		

3,473 f. 80 c.

QUATRIÈME CHAPITRE.

Profit du fermier sur vingt-six mille neuf cent vingt-quatre fr. de capitaux, au dix pour cent... . . . 2,901 f. 30 c.

RÉCAPITULATION.

DOIT.

Le fermier doit pour récoltes. 25,726 f. » c.

Pour loyer de bâtimens sur un revenu de , savoir :

Pour in-
térêt.... 3,473 f. 80 c.
Pour pro-
fit..... 2,901 30
} 6,375 f. 10 c.

Dont le douzième est de....   531   25

                    26,257 f. 25 c.

AVOIR.

Le fermier doit retirer pour remboursement de son capital circulant................. 14,113 f. » c.

Pour intérêt du cheptel et assurance des frais de culture..... 3,473 80

Pour profit........... 2,901 30

           20,488 f. 10 c.

Reste pour solde de fermage au propriétaire...... 5,769 15

Somme égale.. 26,257 f. 25 c.

L'auteur du mémoire ne porte le fermage qu'à cinq mille deux cent vingt-huit francs ; mais observons qu'il fait un double emploi de mille quatre-vingts francs (page 17), où, après avoir compté cette somme pour semence de mars, il la compte encore, dans la page suivante, dans le total de quatre mille cinq cent soixante francs, et que ces mille quatre-vingts francs, ajoutés aux cinq mille deux cent vingt-huit francs, donnent six mille trois cent huit francs, terme qui s'élève au dessus du mien.

La différence, s'il doit en exister réellement, doit consister dans ce que les risques du capital de culture sont moins grands que je ne les ai évalués, ou que les profits de fermier sont moindres.

Quoi qu'il en soit, nous n'avons prétendu ici que tracer un modèle de la manière d'opérer pour fixer le taux du fermage, c'est à ceux qui s'en serviront à se rendre très circonspects dans le choix des élémens de leur calcul.

~~~~~~

DEUXIÈME PARTIE.

PLANS D'AMÉLIORATIONS.

———

Le moment où finit un bail et où il s'agit d'en conclure un nouveau est une ère bien remarquable pour le propriétaire. Son droit de propriété, qui avait été comme suspendu par l'aliénation passagère qu'il en avait faite, ressuscite un moment entre ses mains ; toutes les idées d'améliorations qu'il avait conçues pendant sa durée, et qui étaient arrêtées par les stipulations du bail, ou le défaut de concours de son fermier, peuvent alors se reproduire ; de nouveaux moyens lui sont offerts pour les réaliser.

Mais ce moment est fugitif ; s'il n'en profite pas, un nouveau bail peut l'enchaîner encore pour plusieurs années ; un petit nombre de périodes semblables marquent toute la durée de la vie, ou au moins de l'activité d'un homme ; et en temporisant sans cesse il en atteint le

terme fatal sans avoir marqué son passage sur
la terre par aucune trace qui rappelle sa mémoire, et le fasse bénir de ses successeurs.
C'est donc ici le moment où il doit mettre en
œuvre toutes les ressources de son esprit, où
il doit déployer les trésors de prévoyance qu'il
a amassés pendant la durée du bail, les connaissances que de fréquentes visites, les conversations, les plaintes de ses fermiers, les conseils de ses voisins, les indications d'une saine
théorie doivent lui avoir procurées. Il se retrouve de nouveau l'arbitre de sa terre; mais
ce pouvoir, qui sera si passager, il va bientôt le
déléguer, et il doit chercher à l'utiliser dans ses
intérêts futurs.

Les améliorations que projette un propriétaire sont de plusieurs espèces, qui toutes doivent tendre à augmenter la valeur du capital
du fonds :

1º. Les nouvelles distributions de ses terres,
les réunions, les échanges, les divisions;

2º. Celles qui tendent à conserver ou à donner de la valeur au fonds par des travaux dont
l'effet est permanent, tels que les digues, les
tranchées, les clôtures, les chemins, les défrichemens, les plantations;

3º. Celles qui servent au logement du pro-

priétaire et du fermier et à la conservation des
capitaux du fermier, et qui consistent en bâtimens nouveaux, réparations des anciens, etc.;

4°. Les améliorations qui augmentent la fertilité
du sol ou ses produits annuels par des travaux
continus ou périodiques, tels que les marnages,
les charrois d'engrais, une meilleure combi-
naison d'assolemens, un choix de plantes nouvelles, ou de meilleures variétés à introduire
dans le domaine : celles-ci, par leur nature, demandent le concours des fermiers qui doivent
participer à leurs produits immédiats;

5°. Les soins à donner au perfectionnement
du capital de cheptel, comme changemens des
races d'animaux, leur croisement, etc.

De ces améliorations, les trois premières, dé-
pendant de la seule volonté du propriétaire,
peuvent être résolues sans consulter le nouveau
fermier autrement que sur le mode d'exécution,
dans lequel il peut suggérer des idées heureuses;
mais les deux dernières ne peuvent être exécutées
sans sa participation, et les conventions que l'on
fera avec lui à cet égard doivent faire partie des
clauses du bail. Rarement s'y porte-t-il de bonne
volonté; il sera plutôt enclin à demander les
premières, et dans le cas où cette demande
serait faite après la conclusion du bail, on peut

toujours, avec un fermier intelligent, juger de sa nécessité, s'il consent à payer, pendant sa durée, les intérêts des sommes que l'on déboursera pour les exécuter.

Nous allons examiner successivement ces différens changemens à apporter dans la propriété. Cet ouvrage n'étant pas un cours d'agriculture, nous ne pouvons pas donner beaucoup d'étendue aux détails d'exécution, et nous nous attacherons surtout à discuter les raisons de convenance et d'intérêt qui doivent les faire adopter.

CHAPITRE PREMIER.

DES AMÉLIORATIONS QUI ONT POUR OBJET LA DISTRIBUTION DES TERRES.

ARTICLE PREMIER.

DE L'ÉTENDUE DES FERMES.

La question de l'étendue la plus avantageuse à conserver à une ferme a été diversement résolue par les écrivains agronomiques et politiques, depuis Virgile, qui loue les petites propriétés,

Laudate ingentia rura, exiguum colito,

et Pline, qui se plaignait que la grandeur des propriétés avait perdu l'Italie, *latifundia perdidere Italiam*, jusqu'à nos jours, où l'esprit de parti est venu encore obscurcir la question.

Nous pensons que l'on exagère également, en soutenant qu'il n'y a de bonnes que les grandes fermes, ou en supposant qu'aucune situation ne justifie les petites. Leur proportion doit être relative aux circonstances des pays où l'on se trouve.

Deux auteurs français nous paraissent avoir donné la véritable solution de ce problème, qui, présenté vaguement, avait donné lieu à des discussions si peu lumineuses. Le premier, disait en 1820 (1) : « *Toutes les propriétés grandes et* » *petites, de qualité égale, rendraient également,* » *si on leur appliquait un capital égal de cul-* » *ture, d'industrie et d'attention.* Il ne faut plus » qu'examiner, non pas uniquement, une des » conditions du problème, c'est à dire le capi- » tal du fermier, mais ce capital comparé à » l'étendue qu'il cultive, et bien se convaincre

---

(1) *Des petites propriétés*, par M. *de Gasparin*, page 45 , in-8°. Paris, chez *Mongie*. La loi de l'anonyme imposée aux ouvrages envoyés au concours de la Société m'avait empêché de me citer directement dans le texte de l'ouvrage.

» que, dans chaque pays, l'étendue convena-
» ble est déterminée par la valeur du capital
» du plus grand nombre de fermiers.

» Ainsi, un pays est-il organisé de manière
» que le plus grand nombre des fermiers ne
» puisse faire que l'avance d'une année de
» sa subsistance et de celle de sa famille : si
» l'on suppose que la proportion la plus avan-
» tageuse de l'argent à dépenser sur un hectare
» soit de trois cents francs, nous verrons que
» le pays devrait être divisé en fermes de trois
» hectares pour que les propriétaires pussent
» jouir du maximum de la concurrence. L'ob-
» jection de la richesse des fermiers anglais ne
» serait donc péremptoire qu'autant que l'on
» prouverait qu'un petit fermier est dans l'im—
» possibilité d'employer sur un hectare une
» somme pareille à celle dépensée par le pre-
» mier, etc. »

Le second, M. *Mathieu de Dombasle*, disait
en 1825 (1) : « En agriculture, comme en tout
» autre genre d'industrie, il est nécessaire que
» celui qui forme une entreprise y applique

---

(1) *Annales de Roville*, tome II, page 213, in-8°. Chez
Madame *Huzard*.

» des avances proportionnées à l'étendue de ses
» exploitations ; il est nécessaire aussi qu'il pos-
» sède certaines connaissances , sans lesquelles
» il ne peut employer d'une manière profitable
» son fonds et son travail. Cela est rigoureuse-
» ment vrai pour l'homme qui cultive un hec-
» tare de terre tout comme pour celui qui en
» exploite cinq cents, et il est certain que la
» culture est d'autant meilleure et les profits
» d'autant plus considérables, que le capital pé-
» cuniaire et le capital de connaissances seront
» plus exactement proportionnés à l'étendue de
» chaque exploitation grande ou petite. »

Comment se fait-il que des principes qui
paraissent si clairs et si justes, qui sont si éloignés de partir d'esprits exclusifs et systémati-
ques, soient pourtant controversés si vivement,
et que les hommes les plus éclairés semblent
se partager sur la solution d'une pareille question. Ainsi, M. *de Staël* nous apprend (1)
que les Anglais de l'esprit le plus supérieur
sont bien plus disposés à chercher des argu-
mens pour défendre ce qui existe chez eux,
qu'à examiner impartialement ce qui est dési-

(1) *Lettres sur l'Angleterre*, page 49.

rable. Mais cette disposition est la plus contraire de toutes à la recherche de la vérité, et
nous devons blâmer également et les Anglais,
qui, ayant dégradé une partie de leur population et réduit à l'aumône la plus grande partie
de la classe agricole, ne trouvent plus aucune
aisance dans leurs petits fermiers et soutien-
nent qu'il n'y a pas de bonne agriculture sans
grande ferme, parce que cela est vrai chez eux ;
et les Flamands, les Suisses, les Français du
Midi, les Toscans, qui soutiendraient la thèse
opposée en s'appuyant sur l'exemple de leur
pays.

Pour être approfondie, cette question exigerait des développemens bien plus grands que
ceux que nous pouvons lui consacrer dans cet
ouvrage, où nous devons présenter des résultats bien plus que des discussions ; il nous suffira donc ici de regarder comme établi que le
système des petites fermes n'est en rien nuisible à l'intérêt des propriétaires ; mais je me
suis bien gardé d'admettre que les grandes fermes ne puissent valoir autant quand elles sont
exploitées avec un capital égal. Proportionner
la grandeur des fermes au capital des fermiers,
telle doit être la principale vue des propriétaires. Nous allons voir dans l'article suivant

les moyens que l'on doit employer pour y parvenir.

ARTICLE II.

MANIÈRE DE FIXER L'ÉTENDUE CONVENABLE DES FERMES SELON LES PAYS.

J'ai vu des propriétaires augmenter considérablement le revenu de leurs fermes par la seule opération de les dédoubler et quelquefois même de les diviser en un assez grand nombre d'exploitations; j'en ai vu d'autres éprouver une diminution de revenu pour avoir poussé cette division au delà de son terme naturel : il est donc une loi qui doit nous indiquer le minimum d'étendue de ces exploitations , et cette loi varie dans les différens pays.

Que doit chercher en effet le propriétaire? le plus grand produit net. Quel est le moyen de le trouver? c'est de provoquer la plus grande concurrence possible. Nous avons établi ces principes dans notre première Partie : or, les fortunes des fermiers sont différemment réparties selon les pays. Ici, ils sont très riches et en état d'exploiter de vastes étendues; plus loin , ils le sont moins généralement, et ne peuvent occuper que des terres d'une moindre surface :

c'est donc à constater l'état moyen de la fortune des fermiers que doit s'appliquer le propriétaire.

Or, cet état est indiqué par plusieurs signes : 1°. l'étendue moyenne des fermes dans le pays ; 2°. le genre de fermes, grandes ou petites, qui paient d'une manière constante la plus forte rente de l'hectare de terrain ; 3°. le genre de ferme qui est la mieux cultivée, sur laquelle on emploie par conséquent le plus fort capital. On peut assurer qu'en général ces données sont toutes identiques. Cependant, on doit quelquefois se méfier de la première ; car il est des temps de transition d'un état de répartition de fortune à un autre, qui n'a pas permis encore aux propriétaires d'opérer sur leurs fermes les réductions convenables, soit parce que les habitudes se prolongent au delà du terme où elles sont utiles, soit parce qu'ils sont arrêtés par les dépenses à faire pour arriver à une nouvelle division de leurs terres : ainsi, quoiqu'à la longue, ces trois signes soient toujours infaillibles, cependant on ne peut compter d'une manière sûre que sur les deux derniers.

Le second de ces signes, la plus forte rente eu égard à l'étendue, pourrait aussi être trompeur, si l'on en retranchait la clause importante, qu'il faut que ce genre de ferme paie cette rente d'une manière constante : ainsi, louez un terrain : si l'on peut y semer du lin, du colza, de la garance, vous en obtiendrez une forte rente, mais pour un petit nombre d'années ; après quoi, la rente descendra peut-être au dessous de ce qu'elle était auparavant.

La troisième règle est sûre et sans aucun doute elle entraîne toujours la seconde, et finit aussi par déterminer la première.

C'est donc à l'observation attentive que doit recourir le propriétaire ; elle lui apprendra quelle est, dans le pays, l'étendue des fermes qui donnent le plus grand revenu et qui sont le mieux cultivées : c'est à se régler sur cette étendue qu'il doit s'attacher. Mais, avant de former de nouvelles exploitations, il faut qu'il se livre à un calcul important, c'est celui des frais que lui coûteront les bâtimens qu'il va entreprendre, pour constater si l'augmentation de rente qu'il se procure par ce moyen ne représenterait pas exactement, et peut-être ne serait pas plus faible que l'intérêt de ce nouveau capital ; ce qui arrive assez souvent.

C'est dans le cas dont je parle ici que j'ai vu des propriétaires finir par avoir une rente moins élevée que celle qu'ils avaient précédemment,

10

tout en élevant le prix de leurs fermages. Ils poussaient la division à l'excès, construisaient de toutes parts des bâtimens coûteux, sans calculer si l'augmentation de fermage pourrait en couvrir la dépense : ainsi, par cette manie systématique et irréfléchie, ils parvenaient à des résultats contraires à ceux qu'ils avaient en vue. C'est donc après une prudente investigation que l'on se décidera à l'opération indiquée, si elle est utile dans la localité que l'on a en vue ; et on aura soin de ne pas dépasser la limite indiquée par des calculs faits avec soin et exactitude. Peut-être même se trouvera-t-on dans une situation telle, qu'au lieu d'élever de nouveaux bâtimens et de diviser son domaine, il sera plus avantageux d'en abattre d'anciens et de réunir plusieurs exploitations en une seule. Je pourrais en citer quelques exemples, et il paraît que l'Angleterre en possède de nombreux. Ainsi, fermant l'accès à tout esprit de système, à toute idée exclusive, c'est d'après les faits et leurs résultats positifs que nous conseillerons toujours de se décider.

ARTICLE III.

DES AMODIATIONS PARCELLAIRES.

Si l'on est placé au milieu d'une population
ouvrière nombreuse, pourvue d'avances suffisantes pour lui permettre de travailler un certain temps sans salaire journalier, on peut faire
avec avantage une amodiation parcellaire. En
effet, quand, dans un pays, les ouvriers sont
pauvres, ils ne peuvent pas prendre d'amodiation parcellaire, parce que, n'ayant aucune
avance, ils ne peuvent travailler sans salaire
quotidien ; c'est alors à une classe plus élevée
qu'il convient d'affermer. Mais dans les contrées
où les paysans ont des avances, on conçoit que
cette classe, étant la plus nombreuse, donne le
maximum de concurrence et par conséquent le
plus haut fermage possible.

Ce genre de fermage n'exige pas de nouvelles constructions et ne cause ainsi aucuns frais
aux propriétaires ; elle consiste à louer le terrain aux paysans, par hectare, demi-hectare,
et quelquefois même par fractions plus petites
encore. J'ai l'expérience de fermages qui ont
augmenté de plus d'un tiers par cette opération.

10.

Elle ne peut pas être admise indifférem-
ment partout, et elle suppose une de ces conditions : 1°. ou des terrains d'alluvion, qui reçoivent souvent un accroissement de fertilité
par les débordemens d'une rivière, qui suppléent
aux engrais dont les amodiateurs sont souvent avares ; 2°. ou des fonds d'anciens étangs,
d'anciens marais, où la terre est fortement mé-
langée de matières organiques, qui n'ont besoin que d'être rendues solubles par le travail ;
3°. ou l'existence dans le pays et la possibilité
d'imposer aux fermiers un assolement régulier,
où les fourrages entrent pour une forte part ;
4°. ou la possibilité de transformer de temps
en temps et d'une manière avantageuse les
terres en prairies naturelles ; 5°. ou la coopération du propriétaire, qui, à la fin de chaque
fermage, transforme aussi, pour un temps, les
terres qu'il loue, en prairies artificielles dura-
bles, comme le sainfoin, la luzerne ; 6°. ou enfin la prescription de la jachère et la défense de
dessoler. Des terres labourables ordinaires, li-
vrées à l'amodiation parcellaire sans ces précautions, ne tarderaient pas à être complète-
ment épuisées ; les fermiers se hâteraient d'en
soutirer tous les sucs par une grande variété
de cultures répétées et épuisantes, et leur prix

ne pourrait manquer de baisser à la fin de leur bail.

Dans les pays où ces amodiations sont communes, on trouve des hommes qui, moyennant un intérêt proportionnel à la recette, se chargent de vous faire livre net chaque année, et, par ce moyen, le propriétaire n'a pas l'embarras des recouvremens, et quelquefois la peine des poursuites contre les retardataires, qui pourraient se fier à sa bonté ou à sa négligence ; tandis qu'ils n'ont pas la même confiance vis à vis d'un homme que l'on sait obligé de compter chaque année la valeur entière des fermages parcellaires, et qui, par cette obligation, est déchargé de l'odieux que pourraient avoir les poursuites faites par le propriétaire lui-même. Dans le Midi, on trouve à faire ces recouvremens, moyennant le trois pour cent de la somme quand le percepteur n'est pas responsable, et le cinq pour cent quand il est chargé de faire livre net.

On conçoit aisément que les baux de ce genre de fermage doivent être rédigés avec toutes les précautions possibles, et que ce qui regarde le genre de culture permis doit être bien précisé, surtout dans les terres où l'on doit suivre un assolement fixé. Tous ces actes doivent être pu-

blics, pour que les discussions qui peuvent s'é-
lever ne forcent pas à payer de doubles droits
d'enregistrement ; on donne aussi une procuration publique à l'homme chargé d'opérer les
rentrées.

D'autres fois, on emploie une autre méthode ; on fait un bail privé au percepteur, par
lequel on lui abandonne la jouissance des fermages de la terre ; on lui passe ensuite une
procuration , qui lui donne pouvoir d'affermer, et c'est à lui à passer les baux aux hommes qui lui conviennent, et qui ne sont alors
que de véritables sous-fermiers. Ce mode est
souvent adopté, parce que les percepteurs,
qui connaissent mieux le pays que le propriétaire, et qui ne se laissent pas toucher par
des considérations de pitié ou de complaisance, préfèrent choisir eux-mêmes les amodiateurs parmi ceux qu'ils savent bons payeurs :
alors, on fixe en bloc la somme qu'il doit
payer chaque année, et il afferme en détail,
avec bénéfice quand il peut, ou bien on convient que la somme sera égale à celle des fermages, sur laquelle il prélèvera son intérêt, ou
bien encore on fixe un maximum au taux du
fermage, qu'il ne peut dépasser.

Mais, quoi qu'il en soit, je conseillerai tou-

jours aux propriétaires, malgré ce qu'il peut
en coûter pour salaire, d'interposer un pareil receveur entre eux et les amodiateurs.
Les exemples fréquens des inconvéniens auxquels l'action directe des propriétaires sur ces
petits fermiers les expose, la haine qu'ils con-
çoivent pour lui quand il est obligé à des
poursuites, la réputation d'avidité et de dureté
qu'il acquiert, les pertes considérables qu'il
fait, si on lui reconnaît le caractère trop faible,
sont des considérations d'un grand poids, que
ne peut balancer un léger sacrifice annuel.

L'époque du paiement le plus commode pour
le propriétaire, dans le cas dont nous parlons,
serait celle où se font les récoltes, en imposant
la condition de ne pas les enlever jusqu'à entier
paiement; mais ce moment étant ordinairement celui où les fermiers sont le plus dépourvus d'argent, il peut y avoir trop de rigueur à
l'exiger; et il est rare, en effet, que la confiance d'une part et de l'autre la crainte d'être
dépossédé et remplacé ne suppléent pas à cette
précaution.

ARTICLE IV.

Une grande partie de la France se trouve soumise à une terrible servitude, celle du parcours ou vaine pâture. Aussitôt après la moisson, tous les habitans d'une commune ont droit de dépaissance les uns dans les terres des autres, sous les limitations posées par la loi, qui n'excepte que les terrains clos et ceux qui sont semés en prairies artificielles.

Mais on conçoit combien ces garanties de la loi sont inefficaces pour les terrains enclavés au milieu d'autres terres qui ne sont pas ensemencées de ce genre de prairie, et que la lisière au moins de ces cultures est incessamment rongée par les animaux qui vaguent sur les terres voisines. Bien plus, si les parcelles de terrains sont petites, il est absolument impossible de les garantir de la dent dévastatrice des troupeaux.

Le premier moyen à employer serait celui de l'abolition de la vaine pâture, et il est probable que l'essor que cette mesure donnerait à l'agriculture ferait bien plus que compenser la

privation des maigres pâturages dont elle priverait les habitans.

Une autre voie pour y parvenir, ce sont les
échanges volontaires, mais ceux-ci sont rarement efficaces ; rarement on tombe d'accord sur
la valeur relative des deux terrains, et quelque
nécessaire que cette opération paraisse aux
deux parties, il est rare qu'elle s'effectue.

Enfin, on a proposé d'avoir recours aux
échanges généraux, par lesquels toutes les terres d'une commune que l'on trouve trop mor-
celées, étant mises en un seul bloc, on en fait
un nouveau partage, dans lequel chacun reçoit
une quantité de terre de même qualité, égale à
celle qu'il avait auparavant, mais les reçoit en un
seul corps au lieu d'un grand nombre de parcelles éparpillées qu'il possédait avant l'opération. Ces échanges ont été effectués à l'amiable
dans quatre ou cinq villages (1) ; mais ils n'ont
pas eu d'imitateurs, et l'on propose maintenant de les étendre généralement en les rendant forcés.

Il y a beaucoup de pays où cette opération

(1) *François de Neufchâteau. Voyage dans la sénatore-
rie de Dijon ; Mémoires de la Société d'Agriculture de la
Seine,* tome IX, *Annales de Roville,* tome I, page 264.

utile peut être faite avec avantage et facilité :
ce sont ceux où les terres, étant très divisées et
sous le régime de la vaine pâture, sont cependant en plaine, sans clôtures et à peu près
d'une égale qualité ; mais dans ceux où l'on ne
connaît pas la vaine pâture (tels sont tous les
pays qui vivaient sous le Droit romain); dans
ceux où les terres sont très variées de qualités,
à cause des mouvemens du sol, des différences
de pente, de profondeur de la couche arable ;
dans ceux où des haies nombreuses séparent les
héritages, je pense qu'il serait impossible de
faire une pareille opération : car, pour y parvenir, il faudrait commencer par raser toutes les
haies et toutes les clôtures, et faire une estimation relative de la valeur des terres ; ce qui pré-
senterait les plus grandes difficultés.

Quant au propriétaire qui a des terres encla-
vées, il doit tenter la voie des échanges, ou
même encore l'acquisition des terres qui forment l'enclave. Si ces terres sont fort divisées,
c'est sans doute un grand inconvénient, qui en
diminue beaucoup la valeur ; mais alors il doit
mesurer aussi l'étendue du sacrifice que lui
coûterait leur réunion, et ce sacrifice ne se
borne jamais au véritable prix des terres qu'il
veut acquérir ; il doit payer en outre ce qu'on

appelle la convenance, qui n'est autre chose
que le prix de faveur que donne en toutes
choses à celui qui n'est pas décidé à vendre
celui qui a volonté d'acheter. **M.** *de Dombasle*
observe judicieusement (1) que les derniers
champs à acquérir pour achever à s'arrondir
de la sorte peuvent coûter jusqu'à dix fois leur
valeur, et qu'il suffit de l'entêtement d'un seul
homme pour faire manquer l'opération. Le
meilleur conseil à suivre sera donc de profiter
des occasions qui se présenteront pour réunir
les terres d'un domaine, soit par voie d'échange,
soit par celle d'achats, de les faire naître quand
on le pourra, mais de se contenter du peu que
l'on pourra faire quand on ne pourra pas faire
beaucoup, et surtout de ne mettre ni obstination ni caprice dans cette opération; car ce sont
des défauts que l'on paie ordinairement bien
cher.

---

(1) *Annales de Roville*, tome I, page 267.

CHAPITRE II.

TRAVAUX D'UN EFFET PERMANENT QUI TENDENT A CONSERVER OU ACCROÎTRE LA VALEUR DU FONDS.

On augmente la valeur du fonds en remédiant aux défauts naturels de la terre. Quand ces opérations, une fois faites, ont un effet permanent ou au moins très prolongé, et qu'elles se maintiennent au moyen d'un entretien annuel modéré, elles sont réellement dans les attributions du propriétaire, puisque leur longue durée et les frais considérables qu'elles occasionent ne sauraient s'accorder avec les intérêts passagers du fermier. Les opérations dont il est ici question ont pour but de purger le sol d'une humidité surabondante, venant d'une cause constante, de le mettre à l'abri des ravages des inondations, qui peuvent l'emporter ou le rendre stérile, de lui procurer des eaux propres à son arrosage quand les terres sont trop sèches; de mettre en valeur des terres incultes par des défrichemens; d'en garantir les produits des déprédations des hommes, des bestiaux et des ravages des vents par des clôtures; enfin, de faciliter les transports de leurs fruits, soit à la ferme, soit au marché voisin, par des constructions de chemins. Les articles suivans vont être consacrés à l'examen de ces différens objets.

ARTICLE PREMIER.

DES DESSÉCHEMENS.

Le desséchement d'une terre humide est une opération très importante, et qui peut tout à coup en décupler la valeur. C'est donc vers elle que doivent se diriger d'abord les méditations du propriétaire qui en possède une semblable. En effet, quand une terre est habituellement humide, les végétaux y viennent mal et ne produisent que peu de fruits ; les engrais n'y font aucun profit, et l'on y enterre du travail sans espoir de récompense. C'est donc créer, pour ainsi dire, la terre une seconde fois, c'est au moins la faire entrer dans le domaine de l'agriculture, que de ménager l'évacuation des eaux qui l'envahissent.

Nous avons des traités si excellens sur l'art des desséchemens des terrains, et les Anglais surtout l'ont poussé à un si haut point, que je ferais ici un travail inutile en cherchant à décrire minutieusement les considérations qui doivent précéder, et les opérations qui doivent effectuer le desséchement. Je me bornerai donc à en donner une courte notice, pour que les propriétaires puissent saisir d'avance l'état de la question, et ensuite je les renverrai à l'ouvrage de *Forsyth* (1); à un excellent mémoire de M. *Bosc*, inséré dans les *Mémoires* de la Société royale et centrale d'Agriculture (2); au grand ouvrage de *Thaër*(3); enfin à celui de sir *John Sinclair* (4), où l'on trouvera les développemens nécessaires de la théorie des desséchemens.

La terre est humide par plusieurs causes, 1°. par sa nature compacte et son peu d'inclinaison, qui retient les eaux pluviales et ne leur permet pas de s'écouler; 2°. par des sources ou des eaux supérieures, qui filtrent sous la couche arable, où elles sont retenues par une couche imperméable trop voisine de la surface,

---

(1) *Of draining*. Extrait au long dans le tome XI, *Agriculture de la Bibliothèque britannique*.

(2) *Observations sur la différence qu'il y a entre les marais et les terrains marécageux*. Année 1814, page 20.

(3) *Principes d'agriculture*, § 819 et suivans.

(4) *Agriculture pratique et raisonnée*, traduction de M. *Mathieu de Dombasle*, tome I, page 352 et suivantes.

ou bien où elles manquent de pente et d'écoulement ; 3°. par les filtrations d'une rivière supérieure au niveau du champ.

La possibilité du desséchement tient à avoir
la pente nécessaire à l'écoulement des eaux.
Quelquefois le terrain est encaissé de hauteurs,
qu'il faut percer pour se procurer au delà l'é-
coulement nécessaire, on doit alors bien calculer les frais de ce percement et les résultats
de la bonification qu'on en attend. Cette opération est souvent avantageuse, et j'ai un
exemple domestique d'un ancien étang rendu à
la culture par la percée d'une roche de trois
cents toises d'épaisseur, qui a créé avec bénéfice
un domaine tout entier, dont les produits surpassent de beaucoup les frais du percement.
Deux autres étangs ont été aussi mis en culture,
dans mon voisinage, par suite de l'écoulement
ménagé dans une galerie souterraine, percée à
travers le rocher.

Les ouvrages d'art peuvent toujours se calculer approximativement en pareil cas ; mais
on risque d'être trompé sur la nature du sol
qui fait le fonds de l'étang, et qui peut être d'une
fort mauvaise nature : on doit alors se défier
particulièrement de ceux dont les bords ne sont
pas couverts de végétaux nombreux et vigoureux.

Quand on a la pente nécessaire, et que l'on veut dessécher un sol trop humide, il ne s'agit que de bien s'assurer de la cause du mal : s'il ne provient que des eaux pluviales retenues par le terrain, on y remédie en cultivant à billons dirigés dans le sens de la pente, et dont les extrémités répondent à de bons fossés d'écoulement, qu'on laisse ouverts. Si cela ne suffit pas et que l'eau regorge encore sur les billons, on trace un fossé d'écoulement dans le milieu du champ, auquel on fait aboutir des fossés transversaux, qui coupent le terrain de quarante en quarante mètres ou de vingt en vingt mètres, selon le besoin. Si la terre de la surface est poreuse et que ce soit la couche inférieure qui retienne les eaux, on peut remplir ces fossés de pierres, ou de fascines de saule ou d'autre bois se touchant bout à bout, ou enfin pratiquer dans le fond un petit canal recouvert de pierres plates et comblé de terre par dessus. Alors on n'a pas l'inconvénient d'avoir le terrain coupé d'une multitude de fossés qui entravent la culture.

Mais quand les terres supérieures seront humides, on ne pourra se dispenser d'entourer le terrain d'un fossé de ceinture, qui portera les eaux supérieures dans la partie plus basse.

Quand les eaux proviennent de sources ou de filtrationdse terrains supérieurs, il arrive, ou bien que l'endroit où sort l'eau est unique et se manifeste par une humidité constante sur un point, ou bien que l'eau se répand en nappe sur tout le développement du champ. Dans le premier cas, on tarit l'humidité en dirigeant une tranchée de la partie la plus basse vers l'endroit où est la source, à laquelle on procure, par ce moyen, un écoulement constant; on peut ensuite lui former un petit canal couvert au fond du fossé, que l'on comble de terre. J'ai, par ce moyen bien simple, rendu à la culture une terre qui est aujourd'hui d'une grande valeur et qui était abandonnée.

Si la filtration s'étend sur un vaste développement, il faut former un fossé à la partie supérieure du champ, et le creuser jusqu'à la couche imperméable; on atteint ainsi toutes les eaux qui peuvent couler de la partie supérieure, et on les conduit par un autre fossé à la partie inférieure du champ.

Mais il arrive des cas où cette opération n'est pas possible, et pour les concevoir il faut se représenter qu'au bas des collines, on trouve le plus souvent deux couches argileuses; la plus profonde soutient le réservoir des eaux. Supposons-la pour le moment horizontale ; au dessus de celle-ci se trouve un amas de sable ou de graviers, qui est le réservoir des eaux supérieures ; enfin cette couche est surmontée par une couche argileuse, inclinée, qui, par le bas, où elle va en s'épaississant, vient se rejoindre obliquement avec la première couche argileuse horizontale, et par le haut va toujours en s'amincissant vers le sommet de la montagne. L'eau une fois parvenue dans les sables, entre les deux couches d'argile, s'y trouve emprisonnée et est forcée de s'y pratiquer des ouvertures, par lesquelles elle se fait jour et remonte dans la couche arable du terrain.

Dans ce cas, qui se représente assez fréquemment, on n'a rien fait en arrivant à la première couche argileuse ; ce n'est pas elle qui porte les eaux, elle leur sert de toit. La fameuse découverte d'*Elkington*, qui reçut mille livres sterling de récompense du parlement d'Angleterre, consiste, quand on est arrivé à cette couche sans trouver les eaux, à la percer profondément avec une tarière jusqu'à ce qu'on parvienne à la couche de sable, où est le réservoir des eaux : elles jaillissent alors dans le fossé d'écoulement, et en multipliant les trous de tarière, on parvient à mettre à sec le réservoir et à préserver le terrain inférieur de l'humidité. On trouvera tous les détails de l'opération dans les ouvrages indiqués.

Quant à l'usage de la sonde ou tarière, on ne pourra mieux faire que de l'étudier dans l'excellent livre de M. *Garnier,* intitulé l'*Art du fontenier-sondeur* (1).

On prévient le suintement provenant des filtrations d'une rivière supérieure au niveau d'un champ, ou en la revêtant d'une digue faite selon les principes de l'art, ou en faisant un contre-canal le long du cours d'eau : celui-ci est destiné à recevoir les eaux de filtration; mais il n'a d'effet qu'autant que l'on a la pente nécessaire à son écoulement; dans le cas contraire, on est obligé de se servir de machines à épuiser, qui prennent l'eau dans le contre-canal et la reportent à mesure dans le cours d'eau. Toute la Nord-Hollande est tenue à sec par l'effet de ces machines. Le terrain enclos par des digues et desséché de cette manière prend le nom de *Polder.* Quand on a des vents constans dans le pays, on s'en sert utilement pour cette opération, et c'est ainsi qu'on en use dans la contrée que nous avons citée. Tout autre genre de moteur deviendrait probablement trop coûteux, et demanderait à être soumis à des calculs exacts avant d'être employé.

(1) Paris, Madame *Huzard.* Un vol. in-4°.

La bonne construction des digues peut suffire à préserver le terrain, si l'on peut les établir sur l'argile ferme, afin que l'eau ne puisse
pas passer par dessous la digue pour remonter
dans le champ. Alors on met cette couche à nu,
et on élève la digue avec d'autre argile, que l'on
prend dans un contre-canal fait du côté de la
terre à garantir.

Si, malgré ces précautions, le contre-canal
recevait encore de l'eau, il faudrait s'occuper
des moyens de la vider, en lui procurant de
l'écoulement, si on avait de la pente, ou en y
adaptant une machine, si le pays offrait assez
fréquemment du vent. Tous ces procédés doivent être étudiés dans leur pays natal quand on
se propose de les mettre en usage.

Avant de se livrer à un desséchement considérable, il faut bien examiner les circonstances
qui produisent les eaux surabondantes. Quand
on est fixé sur ce point, on trace le plan de
desséchement. Mais les évaluations auront beau
être précises, les accidens imprévus porteront
toujours la dépense plus haut, et il faut compter là dessus quand on fait un pareil projet.

Mais, quoique coûteuse, l'opération du desséchement est ordinairement celle qui paie les
plus hauts bénéfices quand la qualité du sol
desséché est reconnue pour bonne. C'est donc

celle que le propriétaire ne peut trop se hâter d'entreprendre, et dont il est presque assuré d'être généreusement récompensé.

Quand le terrain qui fait le fond d'un marais desséché se trouve être bourbeux, on le rend fertile au moyen de la chaux; nous parlerons plus loin de cet amendement.

Le soin d'un desséchement ne peut guère, en thèse générale, être confié à un fermier. Celui-ci cherchera à bénéficier sur l'opération, ou bien il se bornera à se mettre momentanément à l'abri des eaux sans trop songer à l'avenir. C'est ici que le propriétaire doit à son domaine le sacrifice momentané de son temps, pour suivre les opérations, les faire complétement et avec économie; procéder graduellement en allant des moindres moyens aux plus énergiques, selon l'exigence du cas. C'est dans l'achat de domaines sans valeur, parce qu'ils exigent des travaux de desséchement, que l'on fait ordinairement les affaires les plus brillantes et les plus sûres.

ARTICLE II.

DIGUEMENT DES TERRES.

Nous avons parlé, dans l'article précédent, des digues que l'on oppose aux filtrations; dans celui-ci, nous traiterons de celles qui ont pour objet de retenir les cours d'eau qui viennent heurter violemment les bords du terrain, ou se répandre à sa surface.

Les circonstances qui les nécessitent sont de plusieurs espèces : 1°. la rivière qu'il s'agit de diguer a un lit fort large, dont une partie seulement est remplie dans ses eaux moyennes ; 2°. le courant de l'eau est violent ou doux, perpendiculaire, oblique, ou parallèle au bord du terrain ; 3°. les débordemens, en se répandant sur les terres, entraînent un limon stérile, ou des amas de sable, de cailloux et de pierres, ou bien ils amènent un limon fertilisant. Tous ces cas exigent des moyens différens. Mais nous n'avons rien de complet sur cette matière, qui a été jusqu'à présent la science exclusive du Corps des ponts et chaussées, et je dois me borner à donner ici, comme dans toute cette partie, de simples indications : on devra donc combiner toujours de pareils projets avec des hommes de l'art, accoutumés à maîtriser les eaux des fleuves, mais prendre garde qu'ils sont toujours tentés d'employer des moyens très forts, quand ceux qui seraient beaucoup plus simples pourraient très bien réussir (1).

---

(1) Voyez d'ailleurs le grand recueil des hydrauliciens italiens.

Quand la rivière offre un lit très large, son courant est ordinairement peu rapide dans ses eaux moyennes, et il est facile de s'en garantir dans toutes les parties où il ne vient pas frapper perpendiculairement la rive, au moyen de plantations d'osiers, de saules et de roseaux de Provence, faites en avant du bord sur les parties laissées à sec dans les eaux moyennes. La difficulté des premières plantations est souvent la grande profondeur du gravier et sa sécheresse, qui ne permettent pas aux saules de s'enraciner : il faut pour cela tâcher de les enfoncer jusqu'au niveau de l'eau; et quand on est parvenu à en faire prendre un certain nombre, on les multiplie par des couchages. Plus tard, les eaux de la rivière apportent et laissent du limon dans le touffu, qui croît alors avec rapidité.

Si cependant les plantations ne prennent pas, on fait des encaissemens ou gabions en osier, que l'on place le long des bords et de distance en distance; on les remplit de gravier, et on leur donne une direction oblique avec le bord. Il se forme alors des dépôts de limon entre ces encaissemens, après les crues, et plus tard on peut parvenir à les garnir de saules. Quand le courant est trop fort pour laisser les empierremens libres, on les soutient par des charpentes de poutres inclinées contre le cours de l'eau.

Si le torrent est perpendiculaire ou peu oblique au bord du terrain, il ne peut manquer de le miner insensiblement dans ses fortes crues, et de finir par en emporter de grandes portions. Les moyens à employer doivent être proportionnés à sa violence. Quelquefois un mur plus ou moins épais suffit; mais souvent aussi il vaut mieux employer des perés ou pavés formés de grosses pierres, que l'on fonde profondément et qui, par une forte inclinaison, garnissent tout le bord de l'eau jusqu'au niveau du terrain, on en recouvre ensuite la base par un enrochement. Cette opération, qui est toujours la plus efficace, est plus ou moins coûteuse selon l'éloignement des carrières, et selon que l'on peut faire le transport des matériaux par eau, ou qu'on est obligé de les charrier par terre.

Enfin, il est des torrens qui sont tellement impétueux, qu'ils fouillent sans cesse le bord des perés, et ceux-ci finissent par s'ébouler. On est obligé alors d'avoir recours au système qui, seul, a réussi contre la Durance. C'est d'employer de fortes dalles de pierre que l'on fait glisser contre le bord, dans une position inclinée; on en forme ainsi une ou deux couches, et l'on a soin d'en avoir toujours de nouvelles sur place, pour substituer à celles qui coulent dans l'eau. C'est le genre de digues le plus dispendieux.

Voilà pour les digues qui servent à préserver de l'érosion les bords du terrain ; restent celles qui ont pour but d'empêcher les fleuves de déborder sur la surface du sol. Il faut d'abord bien constater leur nécessité, qui découle d'une trop grande fréquence d'inondations, des époques de ces inondations, coïncidant ordinairement avec les récoltes, de la nature infertile des dépôts du fleuve. Dans ce cas, on a soin de construire les digues à un certain éloignement du bord, pour que le fleuve puisse perdre de sa force en s'étendant avant d'arriver au bord de la digue ; ensuite on fait des levées de terre d'une hauteur qui surpasse les plus grandes crues de l'eau ; et selon la nature du sol, plus ou moins meuble, on les pave du côté de l'eau, ou l'on s'en dispense.

Mais quand le fleuve n'a pas des débordemens nuisibles, il faut bien se garder de l'encaisser de la sorte ; s'il porte un limon fertile on se priverait de son bénéfice. Alors on doit se contenter de préserver les bords de l'érosion, et les digues élevées sont un véritable fléau : témoin nombre de pays des bords du Rhône et l'île de Camargue toute entière, qui perdent chaque année de leur fertilité, que les eaux du fleuve y reproduisaient chaque année.

Par l'opération du diguement, on n'acquiert pas une nouvelle richesse, comme par celle du desséchement. Mais on doit se soumettre à cette nécessité et ne pas retarder mal à propos une entreprise aussi importante, jusqu'à ce qu'on y soit forcé par la grandeur du mal.

ARTICLE III.

ARROSAGES, PRISES D'EAU.

Quand on considère cette immense masse d'eau qui s'écoule chaque année à la mer; quand on réfléchit ensuite sur les niveaux élevés d'où elle part, sur la facilité de les utiliser pour arroser une vaste étendue de nos continens, et sur l'avantage considérable que l'on retire des irrigations, il est impossible de ne pas être affecté douloureusement en voyant tant de richesses perdues par l'incurie des hommes.

Mais on cesse d'être étonné si l'on réfléchit que s'il est facile de procurer de l'eau à toute une contrée par des travaux d'ensemble, qui prennent les eaux à un niveau supérieur, il est souvent impossible à un seul propriétaire de trouver un niveau supérieur dans sa propriété ou dans son voisinage. Or, l'esprit d'association est encore si méconnu, les travaux d'administration ont eu si rarement le bien public pour objet, qu'il n'est pas surprenant que presque tout reste à faire dans cette partie.

Les canaux d'irrigation existans ne sont presque tous que des essais, qui indiquent la possibilité de l'entreprise, plutôt qu'ils n'en remplissent l'objet. Je citerai la Provence pour exemple : elle a un très beau canal, celui de Craponne, qui fertilise des terres auparavant incultes. Mais ce canal n'est cependant pas encore proportionné à l'étendue qu'il devrait féconder. On a décrété le canal des Alpines, qui reste à faire, faute d'une compagnie qui l'entreprenne, quoique tous les ouvrages difficiles soient déjà achevés.

Le canal de Crillon, qui rend des services si éminens au département de Vaucluse, n'est pourtant qu'un échantillon de canal ; celui bien plus important de Mérindol restera en projet (1), parce qu'on recule devant la nécessité

(1) Ce beau projet a été étudié avec talent par M. *Levache-Duplan*, maintenant ingénieur en chef du canal d'Arles.

de quelques avances , qui rentreraient au centuple, quand de toutes parts les millions s'é-
coulent dans des entreprises de l'espèce la plus
futile. Un autre canal pourrait arroser les environs d'Aix; il restera aussi en portefeuille.
Le canal de Donzère, dérivé du Rhône, n'a pas
une prise d'eau suffisante. Ainsi , dans le pays
qui a le plus besoin d'arrosemens, de vastes
fleuves s'écoulent sans qu'on ose en tirer parti ,
et les générations se succèdent sans participer
au bien qu'elles pourraient en attendre.

Le propriétaire ne peut élever ses idées aussi
haut; mais il doit user de toute son influence
et coopérer de tout son pouvoir à favoriser des
entreprises aussi utiles; et quand il trouvera à
sa portée un cours d'eau qu'il pourra dériver
chez lui , soit par ses propres moyens, soit en
s'associant avec ses voisins, soit en leur ache-
tant le passage des eaux , il ne manquera pas
d'en saisir l'occasion avec empressement. Pour
l'y déterminer, il me suffira de dire que, de la
Méditerranée au fond de l'Allemagne et de
l'Angleterre, il y a un concert unanime de tous
les agriculteurs pour vanter les avantages de
l'irrigation, et que, dans les contrées du midi,
le fermage d'un bon terrain double de valeur
aussitôt qu'il y a possibilité de l'arroser.

La Société centrale d'agriculture a pris une grande part à la diffusion des connaissances sur les dérivations d'eaux; ses *Mémoires* et les *Annales d'Agriculture* renferment des documens importans à ce sujet, que le propriétaire devra consulter soigneusement. Il n'oubliera pas non plus l'ouvrage de M. *Jaubert de Passa,* sur les irrigations en Espagne, et il trouvera dans ces travaux la plus grande partie des notions qui peuvent lui être utiles.

L'entreprise d'une dérivation d'eau doit être précédée d'un nivellement fait avec exactitude, pour constater la possibilité d'amener les eaux, avec une pente suffisante, sur le point que l'on se propose d'arroser, et qui sera toujours choisi dans une portion élevée du domaine, pour qu'une plus grande partie des terres puisse participer au bienfait de l'irrigation.

On doit ensuite vérifier la quantité d'eau que l'on peut se procurer au point de dérivation, qui doit être tel que l'eau puisse entrer dans le canal, au moment des basses eaux de la rivière, sans trop de difficulté. On doit ensuite constater l'état de la rivière dans les différentes saisons, pour s'assurer qu'elle ne laisse pas le canal à sec au moment où l'on en aurait le plus grand besoin. Ensuite on fait le tracé du canal sur le terrain, pour s'assurer que l'on ne sera pas obligé de traverser des terrains trop bas, d'où l'eau ne pourrait pas remonter au niveau désiré. On calcule ensuite, par le moyen du volume d'eau qui entre dans le canal et de la vitesse qu'elle acquerra par la pente, la largeur qu'il doit avoir et la dépense qu'il entraînera. On ajoutera à cette dépense principale celle d'un nivellement du terrain à arroser, des fossés d'irrigation, des martellières à fabriquer pour la distribution des eaux ; et l'on se formera ainsi une idée de l'avantage de l'opération, en comparant ce devis à l'étendue des terres à arroser. Sur la plupart de ces terres, la valeur des eaux ne peut pas être calculée à moins de quarante francs par an et par hectare ; les terres sablonneuses et arides en retirent un avantage encore plus grand.

On calculera la quantité d'eau nécessaire à l'irrigation d'un hectare sur le pied de mille mètres cubes d'eau par arrosage, et si l'on arrose tous les huit jours, ce sera un huitième de mille mètres cubes d'eau par hectare, qui devra couler dans le canal pendant une journée. On trouvera des détails sur les frais d'une opération pareille dans le Mémoire de M. *Bar-bançois* inséré dans ceux de la Société cen-trale d'agriculture (1).

A moins que l'opération ne soit très facile et évidente, tous les projets préparatoires doivent être faits par un homme de l'art ; on regrette souvent l'économie que l'on cherche à faire dans ce cas, et qui conduit à des mécomptes que l'on eût évités, en donnant autant de soin au projet qu'on en donne ensuite à l'exécution.

Avant d'y procéder, on doit s'assurer que l'on ne sera pas troublé dans l'entreprise, ob-tenir toutes les autorisations nécessaires des voisins, et si l'on doit mettre un barrage dans la rivière, celle de l'autorité administrative. Souvent aussi on a à redouter dans ce cas l'op-position des usines supérieures ou inférieures. Il y a des pays où elles sont multipliées au delà de tous les besoins, et où elles nuisent beaucoup plus aux irrigations qu'elles ne ser-vent au commerce ou à la commodité des ha-bitans. Ainsi, je puis citer le pays que j'habite, où sept à huit moulins, produisant un revenu

---

(1) 1822, tome II, page 75.

net de douze mille francs, absorbent les eaux pendant six jours de la semaine, pour une valeur de cent mille francs au moins, si ces eaux étaient employées en arrosages.

L'achat de pareilles usines, faciles à remplacer aujourd'hui par les moulins à vapeur, serait le plus grand bienfait d'une Administration éclairée.

Enfin il faut s'assurer que l'eau, une fois arrivée sur le terrain, s'en écoulera facilement par des pentes inférieures; car l'eau stagnante ne pourrait manquer de lui nuire.

C'est au moyen de toutes ces précautions que l'on pourra entreprendre avec sécurité la dérivation des eaux nécessaires à une propriété. En fournissant à la végétation l'humidité qui lui manque trop souvent, on doublera tous les produits, et l'on parviendra tout d'un coup à des résultats importans, que la culture la plus soignée ne pourrait faire espérer qu'après une longue suite d'années, soit que l'on se serve des eaux pour établir des prairies permanentes, soit qu'on les destine à l'arrosement des prairies artificielles, qui font partie d'un assolement, soit enfin que le voisinage des villes et une grande population ouvrière permettent de les utiliser par la culture jardinière. Combien de pays misérables j'ai vu parvenir à une haute prospérité par l'ouverture d'un canal ! Le voyageur curieux pourra visiter en preuve de ce que j'avance les environs d'Avignon, la commune de Château-Renard et celle de Salon (Bouches-du-Rhône), et par l'inspection du sol où l'irrigation ne peut parvenir, il jugera des avantages incalculables qu'en ont retirés les portions où elle peut s'effectuer.

ARTICLE IV.

ARROSAGES; RÉSERVOIRS ARTIFICIELS.

Quand on n'est pas voisin d'un cours d'eau, mais que l'on possède une source pérenne dans la partie la plus élevée du domaine, ou que celui-ci est situé à l'ouverture d'une vallée dont on possède les revers, on peut encore se procurer des arrosages par le moyen de réservoirs artificiels.

Ce genre de travaux, qui a été décrit par *Caréna* dans un mémoire spécial (1), paraît assez usité en Piémont, et cet auteur en cite

(1) *Réservoirs artificiels*. Turin, 1811.

12

plusieurs exemples. Le plus grand de ces réservoirs est celui de Ternavasio, où l'on réunit
les eaux nécessaires à l'arrosement de cinquante-
sept hectares.

Si le bassin de Saint-Féreol, qui fournit les
eaux nécessaires au canal des deux mers, était
destiné aux irrigations, il serait sans doute le
plus étonnant et le plus considérable de tous
les travaux de cette nature; nous pouvons citer
encore en France l'écluse de Caromb (Vaucluse),
par le moyen de laquelle on a barré l'entrée
d'un vallon où coulait un petit ruisseau : ces
eaux, mises en réserve pendant l'hiver, alimen-
tent plusieurs usines et servent ensuite à l'arrosement de prairies et de jardins. C'est
une simple commune rurale qui a fait ce beau
travail quand les communes s'administraient
elles-mêmes. Il fut commencé en 1762.

Le dernier travail remarquable de ce genre
que nous puissions citer est celui de M. *Ta-*
luyers à Saint-Laurent, département du Rhône.
Cet habile agriculteur a réuni dans son réservoir, de cent quatre ares de superficie et de
six mètres de profondeur, les eaux pluviales
et celles de plusieurs petites sources qui se
perdaient auparavant sans utilité, et est parvenu ainsi à créer une prairie de trente-trois

hectares, et a porté à dix mille francs un revenu de douze cents francs seulement, avec un déboursé de vingt mille francs (1).

Ces exemples pourraient trouver leur application dans une foule de cas. Combien de situations où une source peu abondante ne peut servir à aucun usage, abandonnée à son cours naturel, et fournirait cependant une masse considérable d'eau, si l'on en réunissait les eaux, surtout pendant les crues de l'hiver ! Combien de vallons correspondent à une vaste surface de revers où l'eau s'écoule en torrens après les pluies, sans fruit pour la culture et quelquefois à son grand dommage, qui, s'ils étaient barrés, se changeraient en un étang précieux ! Je ne doute pas que des entreprises si lucratives ne se multiplient beaucoup quand on aura suffisamment apprécié les avantages de l'irrigation ; et comme les terres situées à l'issue des vallons sont souvent les plus infertiles quand ces vallons ne sont parcourus que par des torrens, on parviendra ainsi à tirer parti de terres auparavant incultes. L'esprit d'association pourra encore ici créer des miracles.

(1) *Compte rendu de la Société d'agriculture* de Lyon, 1824, page 96 et suivantes.

12.

Mais plusieurs conditions sont nécessaires à la réalisation de ces entreprises : un calcul exact de l'eau que l'on peut recueillir, calcul qui n'est pas toujours facile ; celui des frais de barrage de la vallée, si elle est resserrée à sa sortie et que les parois en soient solides, ou celui du creusement d'un étang, si l'on ne peut pas barrer la vallée ; l'assurance que les terres qui formeront les digues tiendront l'eau ; enfin le rapport de la dépense à l'avantage que l'on compte en tirer.

Quand il s'agit du barrage d'une vallée, il faut calculer l'épaisseur du mur sur la hauteur que l'on veut lui donner ; savoir, deux pieds pour le premier pied, en ajoutant six pouces six lignes par pied de surhaussement (1), cette épaisseur exprimant l'épaisseur du sommet ; mais on construit l'ouvrage en talus du côté de l'eau, et d'à-plomb du côté opposé, pour que, si elle vient à déverser, elle ne tombe pas sur le talus du mur, qu'elle dégraderait. J'ai vu auprès de Saint-Remi, en

_____

(1) *Notice des travaux de l'Académie du Gard, pour* 1809, page 62. Voyez la table très utile que contient ce mémoire de M. *Durand,* architecte, ainsi que les indications relatives aux constructions.

Provence, un ouvrage de cette nature qui avait été fait par les Romains : ils avaient construit deux fortes murailles à peu de distance l'une de l'autre, et leur intervalle paraît avoir été comblé d'argile battue.

La possibilité de former un vaste réservoir creusé dans le sol tient à la nature des terres dans lesquelles on veut l'établir. M. *de Taluyers* recommande, pour s'en assurer, de former, une année à l'avance, une chaussée d'épreuve sur de petites dimensions, et de comparer pendant ce temps l'eau qui se rend dans le réservoir provisoire, avec celle qui y reste, augmentée de celle perdue par l'évaporation ; cette précaution est excellente et ne doit jamais être négligée.

La hauteur des digues doit surpasser d'un demi-mètre au moins la plus grande hauteur de l'eau, afin qu'elles ne soient pas dégradées par les flots. La profondeur du bassin doit être la plus grande possible, relativement à sa superficie, afin que la perte causée par l'évaporation soit moindre. La chaussée doit avoir, à sa partie supérieure, une largeur égale à son élévation, et sa base doit avoir trois fois sa hauteur. C'est sur ces données que l'on établira le calcul, après que l'on aura reconnu l'emplacement, d'où l'on tirera, au meilleur marché, la terre la plus favorable à la solidité de la digue. Dans aucun cas, il ne faut la planter d'arbres qui ébranlent la chaussée dans les temps de grands vents, et dont les racines en labourent les terres et y forment des issues pour l'eau.

Quant aux robinets, on peut se servir de ceux de *Caréna* ; mais ils sont coûteux, et le plus souvent un arbre percé et fermé par une soupape garnie en cuir et retenue par un bon levier y supplée avantageusement.

Après avoir fait le calcul approximatif des frais, il faut examiner la surface du terrain que l'on se propose d'arroser. L'avantage est toujours d'autant plus grand, que le réservoir a une plus grande capacité ; car ces frais sont proportionnément bien moindres. Selon M. *Taluyers*, chaque hectare de terrain à arroser exige trois cent soixante mètres cubes d'eau : cela est possible dans le Lyonnais, qui est un pays pluvieux, où l'on peut souvent différer l'arrosage ; il n'en est pas ainsi dans d'autres climats. On estime à un centimètre la hauteur de la couche d'eau nécessaire pour une irrigation complète, ce qui donne mille mètres cubes par hectare : ainsi le volume d'eau indiqué ne servirait pas à arroser une seule fois un hectare de terrain pendant l'année; ce qui est tout à fait insuffisant. Dans le Midi, on doit compter sur dix arrosages complets, ou dix mille mètres cubes par hectare. Les usages locaux apprendront ailleurs à régler autrement cette quantité.

C'est d'après ces bases que l'on pourra calculer l'étendue à arroser, et en la multipliant par la somme dont l'arrosage augmente le revenu de chaque surface, on aura la valeur de l'amélioration, dont, déduisant la dépense, on trouvera le produit net.

Mais il y a ici plusieurs sources de mécompte qu'il faut signaler soigneusement. Il ne faut pas compter la masse d'eau par une supputation arbitraire en calculant la surface des montagnes dont les versans se rendent dans le réservoir, et la multipliant par la quantité d'eau qui tombe annuellement.

Les petites pluies sont toutes absorbées par la terre sans qu'elle laisse rien couler, et les grandes elles-mêmes fournissent toujours leur contingent à l'imbibition. On doit donc partir ici de données expérimentales, qui seront fournies par l'estimation exacte des cours d'eau qui s'échappent réellement de la vallée. 2°. Les années varient elles-mêmes beaucoup dans leurs produits, et l'on ne peut pas en juger par les variations des produits des udomètres ; une année abondante en petites pluies fournira moins au réservoir que celle où il tombera un moindre nombre de grandes pluies : on pourra donc quelquefois manquer d'arrosage pour une partie des terres qui en auront besoin, et cette défalcation ne peut être encore qu'un résultat d'expériences.

On voit donc que le propriétaire doit étudier long-temps les faits et bien méditer son opération avant de l'entreprendre ; la précipitation pourrait lui faire commettre des erreurs graves. et irréparables.

ARTICLE V.

ARROSAGES PAR LES MACHINES.

Si tous les moyens dont nous venons de parler viennent à manquer, mais que l'on possède une masse d'eau inférieure à la surface du terrain, on peut encore avoir recours aux machines pour l'élever à une hauteur suffisante.

Les machines doivent être mues par une force, que l'on prend, soit dans les êtres animés, soit dans les forces vives de la nature inorganique. Parmi les premiers, on emploie les hommes ou les animaux. La force de l'homme se réduit à élever de douze à quinze kilogrammes à la hauteur de soixante à soixante-dix centimètres, ou de sept à dix kilogrammes à celle d'un mètre, par seconde. Aucune machine ne peut en procurer davantage ; mais beaucoup en donnent moins encore, à cause de leurs frottemens.

En prenant le terme le plus avantageux, un homme éleverait donc, dans une journée de dix heures, trente-six mille kilogrammes d'eau, ou trente-six mètres cubes d'eau à la hauteur d'un mètre, et dix-huit mètres cubes à celle de deux mètres (1).

Il faudrait donc cinquante-huit journées d'hommes pour élever la quantité d'eau nécessaire à l'arrosage d'un hectare, en supposant l'eau à deux mètres de profondeur. Ce seul énoncé montre l'impossibilité d'une pareille entreprise. Aussi la force de l'homme n'est

(1) *Christian. Mécanique industrielle,* tome I, page 110.

employée à cet usage que dans les jardins dont
le produit est assez grand pour compenser une
pareille dépense, et on ne s'en sert même alors
qu'après avoir puisé l'eau des grandes profon-
deurs et l'avoir amenée à la surface du sol : de
sorte qu'il n'y ait plus qu'une très faible hauteur à lui faire parcourir au moyen de la
main.

On a fixé à cent quatre-vingts kilogrammes
la quantité d'eau qu'un cheval pourrait élever,
par seconde, à la hauteur d'un mètre, soient qua-
tre-vingt-dix kilogrammes à la hauteur de deux
mètres (1); ce qui donne cinq cent dix-huit
mille quatre cents kilogrammes, ou environ
cinq cent dix-huit mètres cubes d'eau par journée de huit heures de travail; ce qui exige
deux journées de travail pour l'arrosage d'un
hectare, en supposant une machine parfaite.
On obtiendrait donc cet arrosage pour quatre
francs environ, au prix général du travail des
forts chevaux, et les dix arrosages de l'année
pour quarante francs par hectare sans y comprendre les frais d'établissement et d'entretien
de la machine; mais il s'en faut de beaucoup

(1) *Christian. Mécanique industrielle*, tome I, page 117.

que les machines donnent ce produit. Les machines les plus perfectionnées, celles de M. *Ménestrel*, d'Arles, par exemple, ne produisent que trois cent soixante-dix-huit mètres cubes d'eau par cheval et par jour; le reste de la force est perdu dans les frottemens : c'est plus de deux journées et demie par hectare; et si l'on supposait le prix de la journée à deux francs, ce qui n'est pas pourtant exact pour toutes les localités, l'arrosage d'un hectare coûterait près de cinq francs, et pour les dix arrosages cinquante francs, sans y comprendre les frais d'établissement et d'entretien de la machine.

Ces dépenses paraissent encore trop grandes pour l'agriculture ordinaire : aussi l'usage des norias et des pompes mus par les chevaux est-il borné à certains emplois très productifs, comme l'arrosage des jardins maraîchers, ou celui de quelques fourrages précieux dans les pays où l'on en manque et où ils sont fort chers.

Parmi les moteurs inanimés, les courans d'eau sont les plus constans et les moins coûteux : aussi s'en sert-on avantageusement quand on en possède, pour mettre en mouvement des roues à godets qui peuvent élever l'eau à la hauteur de leur diamètre. Les bords de l'Adige en sont couverts en Italie , et en France beaucoup de prairies des environs de Lille (Vaucluse) s'arrosent par ce moyen.

Mais les situations où il est permis de s'en servir sont rares, et alors il reste le vent et la vapeur d'eau. Le vent a le défaut d'être irrégulier, de manquer souvent au moment où l'eau serait le plus nécessaire , et quand on en fait usage on ne peut guère se dispenser de construire un réservoir qui contienne au moins l'eau d'un arrosage complet , et même de deux dans beaucoup de pays.

On a vu plus haut les frais d'établissement de ces réservoirs; proportionnellement à leur capacité , ils sont d'autant moins coûteux, qu'ils sont plus grands : c'est donc un calcul à établir, pour juger, dans chaque situation, ce que les frais d'établissement de la machine (pour laquelle je préférerai toujours les roues à godets , qui ne s'usent pas par les eaux limoneuses), plus la dépense du réservoir, coûteront d'établissement, et si ces frais sont proportionnés à l'amélioration (1). Ainsi, quand on aura

(1) Ayant calculé , d'après les bases contenues dans les

des vents constans et des terres propres à retenir l'eau pour former les bassins, je pense que
l'on pourra employer le vent avec avantage
pour l'irrigation des terres.

Mais quand les vents ne sont ni assez forts ni
assez constans pour employer ce moteur à élever les eaux, on a encore la ressource de la
vapeur, qui est plus coûteuse que les autres
moteurs inanimés, mais beaucoup moins que
les moteurs animés quand on opère en grand.
On voit dans un Mémoire sur l'amélioration de
la Camargue, publié dans les *Nouvelles Annales
d'Agriculture*, t. XXVIII, qu'il faut entreprendre
l'opération sur soixante-dix hectares au moins,
et qu'alors l'irrigation d'un hectare reviendra à
trois francs vingt centimes seulement, au lieu

Annales d'agriculture (*Nouvelles*), tome XVII, page 349,
les frais d'un bassin circulaire de deux mètres de hauteur,
renfermant soixante-douze mille mètres cubes d'eau, en supposant la terre prise au pied de la terrasse, je les ai trouvés
de quatre mille cent un francs environ. Un bassin contenant
dix-neuf mille deux cents mètres cubes d'eau coûterait deux
mille cent trente-cinq francs. Ceci est pour se faire une idée
de l'avantage qu'il y a à opérer sur de grands volumes ; car
on risquerait de se tromper beaucoup en partant de ces données sans les vérifier sur la localité.

de cinq francs qu'elle coûterait avec les chevaux. Dans certaines positions où la nourriture
des chevaux est chère, la différence serait encore plus sensible ; et c'est le cas où se place
l'auteur de ce mémoire.

Pour cette dernière entreprise, il faut considérer, 1°. le prix de la houille dans le pays ;
2°. la facilité de son transport ; 3°. le voisinage
d'un lieu où l'on puisse se procurer des méca-
niciens pour les réparations les plus urgentes.
L'amélioration doit être faite sur une étendue
assez grande pour qu'elle puisse payer les frais
d'un ouvrier employé à faire marcher la machine, outre les autres frais annuels.

Nous ne connaissons pas encore en France
d'établissemens en grand par le moyen des machines. Quelques hectares sont arrosés, en Camargue, par les pompes de *Ménestrel ;* quelques autres, en Languedoc, par le moyen de
pompes à vent de *Coquinet,* de Sommières. Mais,
dans ce pays, où les eaux sont si nécessaires,
aucun propriétaire n'a encore osé engager des
capitaux dans cette opération ; les essais déjà
tentés sont peut-être d'heureux préludes de ce
que l'on entreprendra par la suite.

ARTICLE VI.

DES DÉFRICHEMENS.

Les défrichemens sont une opération fort importante, et qui, dans bien des cas, peut augmenter considérablement la valeur d'une propriété rurale ; mais dans combien d'autres cas n'ont-ils pas eu un résultat funeste ! Il faut savoir éviter ces derniers. Ainsi, quand le terrain à défricher portera un bois qui abrite le domaine ; quand il sera fortement incliné et que les pluies pourront entraîner son sol dépouillé sur les terres inférieures, on se gardera d'entreprendre un défrichement, et l'on entretiendra avec soin le bois et le gazon, qui sont un obstacle à l'action des eaux pluviales.

Dans les cas plus favorables, on aura soin aussi de ne pas entreprendre légèrement une opération coûteuse. Il faut en faire l'essai en petit pour s'assurer de la nature du sol sur lequel on opère, et savoir si les produits compenseront la dépense, à moins que des terres pareilles à celles que l'on possède en friches ne soient déjà cultivées avec succès et que leur analogie soit évidente.

On aura des chances de réussite si l'on trouve

des fermiers, qui, moyennant une jouissance de
quelques années, se chargent de mettre le sol
en état de culture, ou qui consentent à payer
une rente du terrain que l'on aura défriché. Il
ne s'agira plus alors que de régler l'ordre et le
temps des cultures permises au fermier, de sorte
qu'il ne rende pas le sol en plus mauvais état
qu'il ne l'aura pris, ou à faire son compte des
frais de défrichement de manière qu'ils ne dépassent pas les produits probables. Ici, cependant, il se présente plusieurs questions qu'il est
important de résoudre.

Le défrichement doit-il être suivi d'une plantation pérenne, comme celle d'une vigne par
exemple? On peut accorder sans risque plusieurs années de jouissance, un nombre suffisant de récoltes pour compenser les frais du
fermier; mais si le défrichement doit être suivi
de plusieurs récoltes consécutives de blé, et
surtout s'il doit être opéré au moyen de l'éco-
buage, il est possible que l'on ne reçoive, au
bout de la jouissance du fermier, qu'une lande
pelée et improductive pour de longues années,
au lieu du gazon qu'on lui a livré. Dans ce cas,
il faut convenir que le fermier jouira de la première récolte de blé, et que, l'année suivante,
il semera à son profit un grain de mars, dans

lequel on se réserve de semer un trèfle ou une autre prairie artificielle.

Si l'on doit faire les frais du défrichement, il faut s'assurer de ce qu'il en coûtera et comparer à cette dépense la rente qui est offerte du sol, soit pour une jouissance absolue avec liberté entière de culture, ce qui équivaut à l'épuisement presque total de la terre, soit avec la condition d'une culture alterne qui assure la conservation de ses principes de fertilité.

Ainsi, j'ai une pâture qui vaut de rente.   3 fr.

Je la défriche moyennant deux cents francs par hectare.

Si le fermier me propose une ferme de six ans avec jouissance illimitée, je sais que, dans ces six ans, je dois retrouver :

1º. Mes déboursés. 200

2º. Plus, au moins six ans de non-jouissance de la rente de trois francs, pour donner le temps au terrain de revenir à son ancien état 18

3º. Plus six ans de rente courante... 18

————

236 fr.

Ce qui, divisé par six, donne trente-quatre

francs trente-trois centimes pour minimum de la rente de ce terrain ; tandis que si le fermier faisait lui-même le travail , la rente pourrait se borner à six francs.

Mais s'il consent à faire entrer les terres dans un assolement quadriennal, on pourra se borner à retirer du terrain, en minimum , même en se chargeant des frais de défrichement :

1°. Intérêts de deux cents francs , à dix pour cent... . . . . 20 fr.

2°. Un an d'ancienne jouissance.. . . 3

TOTAL. . . 23 fr.

Mais, dans tout état de cause , il me paraît que le propriétaire ne peut mieux faire que d'entreprendre un essai de défrichement, qui lui donnera, ainsi qu'à ceux qui pourraient vouloir affermer le terrain, la mesure exacte de ce qu'il peut produire, et détruira toutes les incertitudes sur le résultat de l'opération.

On pourra consulter sur les défrichemens les *Mémoires* de M. *Turbilly*, les *Principes d'Agriculture* de *Thaër*, § 62 et suivans, le *Manuel d'Agriculture* de M. *de Villeneuve* ; et, si l'on a des terres de bruyère, les *Mémoires de M. Deslandes*, avec les excellentes notes de M. *Bosc* (1).

On trouvera dans ces ouvrages tout ce qui peut regarder les cas particuliers et les opérations de pratique, qu'il n'est pas dans mon plan de décrire.

ARTICLE VII.

DES CLÔTURES.

M. *de la Boissière*, de Villeneuve de Berg, patrie d'*Olivier de Serres*, demandant à *Arthur Young*, qui parcourait alors la France, quel était le genre d'amélioration qu'un propriétaire pourrait entreprendre avec la certitude d'un succès, celui-ci répondit : *Faites chaque année une bonne clôture* (2). Ce conseil était judicieux, et quand on connaît la différence qui existe dans la culture des terrains enclos et de ceux qui ne le sont pas, on ne peut que l'approuver ; car ce n'est pas seulement parce qu'un champ est soigné qu'on se décide à l'enclore, mais

(1) *Annales d'agriculture,* tome XLIII, page 310 et suivantes et tome XLVI, page 383.
(2) *Arthur Young, Voyage en France.*

13.

aussi on le cultive mieux, par cela même qu'il est enclos, qu'on s'y sent le maître, que l'on y est à couvert des ravages des troupeaux, que l'on n'y est traversé par personne, et que les maraudeurs y pénètrent plus difficilement.

Ces avantages ne sont pas d'ailleurs les seuls que procurent les clôtures; d'après notre loi rurale, les champs clos sont exempts du parcours des troupeaux étrangers dans les pays soumis à la vaine pâture (1). Elles ont l'avantage de soustraire la propriété aux bans de moissons et de vendange, qui n'existent pas pour celles qui sont closes; elles permettent de distribuer le pâturage des clos au bétail, qui n'y exige pas de garde.

Dans les lieux où règnent de grands vents, les clôtures forment un excellent abri aux plantes, qui prospèrent, à une grande distance des haies, d'une manière toute spéciale. Elles servent aussi à marquer fixement les limites des terres et à prévenir toutes les contestations; enfin, formées par des haies, elles fournissent une grande quantité de fagots à la consommation.

---

(1) Loi du 6 octobre 1792.

On oppose à ces avantages l'ombre que la clôture porte sur le champ situé à son nord et qui y entretient l'humidité ; l'obstacle qu'elle forme à la marche des vents, et qui permet aux brouillards de séjourner plus long - temps à leur abri ; le terrain qu'elle occupe, celui que les haies envahissent par leurs racines ; enfin la dépense de l'opération.

Il est certain que les clôtures peuvent être nuisibles dans les pays où les brouillards sont fréquens et les vents faibles, c'est surtout quand elles sont trop rapprochées et très élevées ; mais en mettant une certaine distance entre elles, et en les tenant à une hauteur médiocre, on obvie à cet inconvénient, et l'on s'assure tous les autres avantages qu'on peut en attendre.

Quant au terrain que les haies occupent, c'est une objection très forte pour les petites parcelles, dont le périmètre est très grand par rapport à leur superficie ; mais elle est très faible dès que le champ acquiert une grande dimension. Pour s'en convaincre, il suffit de savoir que si l'on enclôt un terrain d'un hectare carré, et que la haie occupe deux mètres de largeur, y compris la distance au champ voi-

sin, ce qui sera son maximum de développement, elle couvrira quatre cents mètres carrés,
c'est à dire un vingt-cinquième de la surface,
et que s'il a dix hectares, elle couvrira deux
mille deux cents mètres carrés, c'est à dire
vingt-deux ares, qui sont environ un cinquan-
tième de la surface.

Cette proportion pourrait encore effrayer
ceux qui ignoreraient que la haie produit du
bois pour représenter au moins la rente de la
terre cultivée en blé, et que les végétaux semés à son abri font plus que compenser, par
leur belle croissance, la perte que l'on pourrait
craindre.

Quant à l'appauvrissement du sol qu'elle
pourrait occasioner par la succion de ses racines, elle est purement imaginaire, et les débris de feuillages amassés à ses pieds par les
vents suffisent pour réparer le mal, quand elle
n'est pas formée de plantes à racines traçantes
qui s'étendent au loin.

Souvent la nature du sol et d'autres convenances forcent d'avoir recours à d'autres genres
de clôture plus dispendieux, comme les murs
à pierres sèches ou à mortier : ceux-ci, outre
les frais de construction, exigent un entretien

coûteux ; ce qui rend définitivement la haie la plus économique des clôtures dans le plus grand nombre des cas.

De toutes les haies destinées à servir à la fois d'abri et de clôture, celle d'aubépine est la meilleure et celle qui laisse le moins de vides quand elle est bien faite et bien conduite. Dans mon pays, où elle est très usitée, on trouve des ouvriers qui l'entreprennent et la rendent bien garnie au bout de trois ans, pour vingt centimes par mètre courant ; ils sont chargés de fournir les plants, qui doivent avoir été cultivés en pépinière.

Si l'on veut un abri élevé, le cyprès, planté en charmille, est l'arbre le plus avantageux dans le Midi ; le charme remplit cette fonction dans le Nord.

Si le terrain est frais et profond, et que l'on cultive la haie pour servir de défense et à la fois se procurer beaucoup de bois, c'est l'acacia qu'il faut préférer, comme on l'a fait récemment dans la Lombardie, où les prairies des environs de Milan sont toutes entourées de haies magnifiques de cet arbre, qui a le grand défaut de beaucoup tracer, et ne convient ainsi ni aux vignes ni aux terres labourables.

Dans les terrains humides, on emploie le

saule-marsault ou l'aune; dans ceux qui sont trop secs, le paliure ou le grenadier, dans le Midi, sont aussi des arbrisseaux qui ne tracent pas du pied et ne dérangent pas les limites des terrains; le houx et le genêt épineux (*ulex*) peuvent se cultiver, dans le Nord, pour les mêmes fonctions.

Les haies forestières ne peuvent être adoptées que quand le terrain n'est pas précieux.

Si, après avoir examiné toutes les convenances locales et avoir balancé les avantages et les inconvéniens des clôtures, le propriétaire se décide à les adapter à son domaine, il ne pourra mieux faire que d'en livrer l'exécution à forfait, si cela est possible; en cas contraire, il se formera une pépinière de sujets, suffisante pour satisfaire à son dessein, et, après la plantation, qui devra se faire selon les règles indiquées par les bons auteurs, il se gardera bien d'en abandonner le soin, mais y prendra une grande attention jusqu'à sa parfaite croissance, la faisant tailler et rabattre, pour qu'elle se garnisse par le bas dans les premières années, et lui faisant donner des œuvres fréquentes au pied, pour la débarrasser des mauvaises herbes.

Voici les frais de plantation de deux mille

mètres de haies, que j'ai fait établir sous ma direction.

Achat de vingt mille plants d'aubépine, pris dans les bois (on choisit les jeunes plantes de l'année).. . . . . 20 f. » c.

Bêcher cent mètres carrés de terrain. . . . . » 60

Planter. . . . . » 60

Trois cultures. . . . . 1 »

Deuxième année, trois cultures. 1 »

Rente d'un bon terrain pour deux ans. . . . . 4 »
_____
27 f. 20 c.

qui sont le prix de dix mille pieds qui ont survécu, et qui coûtent par conséquent vingt-sept centimes le cent : on les vend dans le pays un franc.

Frais de plantation :

Ouvrir les fossés pour la plantation de deux mille mètres : à deux cents mètres par journée d'ouvrier, dix journées à un franc vingt-cinq centimes... . . . . 12 f. 50 c.

Planter; vingt journées. . . . . . 25 »

Trois cultures de la première an-
_____

A reporter. 37 f. 50 c.

Report.	37 f.	5o c.
née , plus coûteuses que les autres, parce qu'il faut arracher les herbes et détruire le gazon autour de la haie.	25	»
Trois cultures de la deuxième année , et regarnir.	20	»
Recouper la haie avec les ciseaux.	5	»
Trois cultures de la troisième année.	20	»
Recouper la haie.	5	»
Valeur des plants, de l'autre part. .	27	20
	139 f.	7o c.

Deux mille mètres de haies m'ont donc coûté cent trente-neuf francs soixante-dix centimes : c'est moins de sept centimes le mètre, au lieu de vingt centimes qu'il m'en aurait coûté à prix fait (1). Cependant, quand je ferai faire des haies moins étendues, je les ferai exécuter de cette manière, parce que la différence est mi-

---

(1) D'ailleurs, si nous mettons la valeur de deux cents francs de plants achetés au lieu de vingt-sept francs vingt centimes, nous trouverons que les haies me seraient revenues à trente et un centimes.

nime et ne compense pas les soins et l'assiduité qui sont nécessaires quand on en est chargé.

ARTICLE VIII.

DES PLANTATIONS D'ARBRES ET ARBRISSEAUX A RENTE ANNUELLE.

Les plantations de vergers et de vignes sont
une opération tellement importante, si lucra-
tive dans beaucoup de positions, et si sujette à
ne donner que des mécomptes quand elles
sont malfaites, que je pense que c'est au propriétaire seul qu'il appartient de les diriger.

Chaque espèce de plantation et chaque contrée où on la pratique ont leurs règles particulières, dont on doit s'informer soigneusement :
ainsi une plantation d'oliviers ne peut être dirigée par la même méthode qu'une plantation
de pommiers à cidre ; et une vigne de Bas-
Languedoc ne se plante pas comme celle de
Bourgogne. Je ferais donc un ouvrage très incomplet et pourtant immense, si je voulais
ici rapporter en détail tout ce qui a rapport à
ces cas divers.

Quant aux règles générales, elles consistent à
évaluer les frais de la plantation, les frais d'entretien jusqu'au moment que le produit les

compense ; à ajouter à cette somme ses intérêts composés, et la somme de la rente du terrain pendant le temps qu'il est sans produit, aussi avec ses intérêts composés ; et à comparer l'intérêt de ce total avec le produit plein de la plantation.

C'est ainsi qu'ont été évaluées les chances des planteurs d'oliviers dans le midi de la France, dans un article de la *Bibliothèque universelle* (1).

Plusieurs considérations doivent aussi arrêter les pensées du propriétaire quand il entreprend une nouvelle plantation. D'abord la facilité du débit et du transport de son nouveau produit, ensuite le choix des variétés les plus avantageuses dans sa position, enfin les nouvelles constructions qu'exige son entreprise, comme cuves vinaires, etc.

Quand il s'agit d'entreprendre des plantations inusitées dans le pays, il doit procéder avec circonspection, et essayer en petit pour se faire une idée complète des avantages et des inconvéniens que l'on peut en attendre. Ce

(1) *Mémoire sur la culture de l'olivier dans le midi de la France*, par M. *de Gasparin. Bibliothèque universelle, Agriculture.* Mars, 1822.

n'est que de données expérimentales, conclues des résultats de plusieurs années, que l'on pourra déduire des résultats probables. Ainsi dans un pays où l'on voudrait introduire la culture du mûrier, on n'apprendra que de l'expérience : si les gelées blanches printanières succèdent souvent au développement du bourgeon, et si cette circonstance ne détruit pas les récoltes dans une proportion plus forte que le profit que l'on pourrait en attendre dans les bonnes années; si les grandes chaleurs, si contraires aux vers à soie, ne suivent pas de trop près le moment où il est permis de commencer leur éducation; si les froids de l'automne permettent aux jeunes scions qui poussent après la taille de s'aoûter dans une grande longueur, etc., etc.

En appliquant ces principes et ces précautions aux différens cas qui se présenteront, on ne perdra pas de vue que les travaux de plantation doivent être faits complétement et sans fausse économie. Il n'en est pas de ces travaux comme des cultures annuelles, celles-ci doivent être représentées en entier par la récolte; mais le capital employé en plantations ne figure dans les dépenses annuelles que par son intérêt : on ne doit donc pas craindre autant son augmentation, et l'on doit songer, avant tout, à assurer le succès de l'entreprise. Il dépend alors en grande partie de la perfection des travaux préparatoires, que l'on ne saurait trop soigner.

ARTICLE IX.

ARBRES FORESTIERS.

Le semis et la plantation des bois deviendront une entreprise avantageuse au propriétaire quand il possédera de mauvais terrains qui ne pourront être soumis avec fruit à la culture ordinaire, et qu'il sera assuré de trouver un débouché suffisant pour la vente de ses produits, avec des moyens de transport faciles. C'est le moyen le plus assuré de mettre en action, à peu de frais, le peu de forces végétatives de la terre, qui n'aurait pu payer l'action annuelle de la charrue.

Dans le nord, ces terrains sont assez communs. Il n'en est pas de même dans le midi, où la vigne peut être établie en plaine et sur des sols très médiocres, et l'olivier sur des collines et sur des sols très mauvais, toutes les fois que l'on est à portée d'une population suf-

fisante : ce n'est donc que l'éloignement des
centres de population qui pourra y déterminer
les propriétaires à des plantations forestières,
si ce n'est sur des terrains trop arides ou caillouteux et manquant de fonds, sur lesquels on
peut espérer encore quelque produit d'un taillis, quand toutes les autres espèces de culture
ne feraient entrevoir que des mécomptes.

Pour parvenir à comparer ce que l'on peut
attendre de la plantation d'un bois, par rapport au produit des autres cultures, il faut
d'abord constater le produit de ces cultures,
et en prélever les dépenses. Il arrive souvent
alors que, sur de mauvais fonds, on trouve
que la culture met en perte, ou qu'elle donne
un très léger bénéfice. Si on observe alors que
les bois viennent passablement dans cette localité, il ne peut y avoir matière à délibérer.

Quant aux bonnes terres qui donnent un
produit certain, une expérience récente vient
de me prouver qu'au bout de vingt ans de plantation, les platanes qui y avaient cru avaient
exactement la valeur de vingt années de la
rente; mais cela ne suffisait pas, parce que ces
arbres devaient aussi représenter l'intérêt composé de ces rentes pendant tout ce temps. Ce
qui prouve que le prix du bois est inférieur à

ce qu'il serait, si une grande masse de terrain n'était pas consacrée par une espèce de monopole forcé à produire cette denrée; mais aussi que si le prix du bois doublait, on est assuré de s'en procurer toute la quantité que l'on voudra, parce que les bonnes terres pourraient concourir à la production, et que dans ce cas, sans s'inquiéter de la destruction des forêts, la reproduction serait assurée.

Mais il en est de ce cas comme de celui des moutons : tant qu'il y aura des terres qui ne pourront, par leur nature, être exploitées que pour le pâturage ou par leur mise en bois, elles fourniront ces deux produits à meilleur marché que les autres, parce qu'elles porteront la peine de leur spécialité, qu'obligées à produire une substance donnée , leurs propriétaires ne peuvent pas consulter l'avantage ou le désavantage de la produire en trop grande ou en trop petite quantité, et qu'il faut qu'ils tirent un produit quelconque de leur terrain.

Les terres que l'on destine aux plantations sont 1°. ou marécageuses, 2°. ou argileuses, 3°. ou calcaires, 4°. ou sablonneuses et graveleuses. Elles seront d'autant meilleures dans chacune de ces qualités, qu'elles seront profondes, médiocrement humides, et qu'il sera plus facile de les délivrer des eaux stagnantes.

1°. Si les terres sont marécageuses, et que l'écoulement des eaux soit difficile, on ne pourra guère espérer d'y avoir de beaux bois, sans d'assez grands travaux. Le frêne, l'aune, le saule, le peuplier sont les seules essences qui puissent y croître. En faisant de nombreux fossés, et relevant le terrain entre eux, on peut encore s'y procurer une belle végétation. On peut consulter avec fruit, pour cette opération, un excellent Mémoire de M. *Riboud* (1), qui a mis en valeur un marais de trente hectares, au moyen de dix-huit mille mètres courans de fossés, entre lesquels il a planté vingt-cinq mille pieds d'arbres de haute tige, et onze mille plants enracinés ou plantards, au moyen de quatre mille francs de dépense, qui doivent lui reproduire un capital considérable. Ses principales maximes sont de ne choisir que des arbres qui s'accommodent à une telle exposition ; de ne jamais faire leurs creux dans le sol, mais seulement dans la terre rapportée, où ils s'étendent en largeur et non en profondeur ; de

---

(1) *Bibliothèque universelle, Agriculture,* tome IV, p. 70. On ne peut se dispenser de la lecture de ce mémoire quand on fait une entreprise analogue.

ne pas planter des sujets trop vieux, et de planter au printemps et non en automne.

2°. La terre argileuse, qui repousse la culture ordinaire, ne doit pas être très propre à la production des arbres, si elle est trop humide ; elle est probablement dans le cas de donner des produits quand elle peut être égouttée, sinon le bois lui-même y vient très mal. Elle retombe d'ailleurs dans le cas précédent. Si, au contraire, les glaises sont sèches, on peut y tenter le chêne-rouvre, qui est l'arbre qui paraît y venir le mieux.

3o. Les terres calcaires ne sont ordinairement destinées aux bois que faute de profondeur ou à cause de la quantité de cailloux qu'elles contiennent. Dans le Midi, l'yeuse, le pin d'Alep, etc.; dans le Nord, le pin sylvestre, le châtaignier et le chêne pédonculé, etc., paraissent y prospérer d'une manière particulière.

4°. Les terres sablonneuses ou graveleuses sont celles que l'on doit spécialement destiner à la production du bois dans le Midi, quand elles manquent de fraîcheur. Le pin d'Alep et l'yeuse y viennent bien; dans le Nord et l'Ouest, le pin maritime les rend d'un produit très avantageux. Cette spéculation a fait de rapides progrès dans cette contrée; déjà de vastes éten-

dues de bois, dues à la libre impulsion de l'industrie, dans le Maine, l'Orléanais, la Norman-
die, ont dû rassurer ces timides politiques, qui
n'envisageant que la production spontanée,
portaient, contre les propriétés forestières, la
plus terrible des sentences, en annonçant, dans
leurs prédictions sinistres, que leur destruction
serait suivie de la disette totale de bois; ce qui,
traduit en bon français, veut dire que les bois
sont une propriété improductive, à charge aux
propriétaires, et par conséquent nuisible à l'É-
tat. Mais heureusement il n'en est point ainsi,
et, sous le régime de la liberté, les bois se ré-
tabliront, s'étendront, se multiplieront là où
ils seront nécessaires à l'avantage de l'État et
des particuliers. Les travaux pratiques et les
ouvrages théoriques de M. *Delamarre* (1) et de
M. *Bigot de Morogues* (2), auxquels nous ren-
voyons pour voir et pour apprendre, ne laisse-
ront aucun doute sur les résultats, et présenteront des exemples et des préceptes bien précieux à ceux qui voudront les imiter. Déjà

(1) *De la culture des pins*, 2ᶜ. édition.

(2) *Moyens d'améliorer l'agriculture en France, et particulièrement en Sologne.*

14.

l'Ecosse avait donné le signal, et dans ce pays
où l'on sait calculer, les montagnes s'étaient
reboisées et peuplées de beaux mélèses venant
comme par enchantement : ainsi, l'industrie
privée non seulement procurera toujours le
bois dont on aura besoin, mais, par le choix des
essences, saura aussi tirer du sol le plus grand
produit dont il est susceptible. Nous avons
déjà cité l'exemple du Milanais, où la cherté du
bois a été le signal d'une immense plantation
d'acacias en haie, qui fournit à tous les besoins.

Dans plusieurs cantons du Midi, les haies
d'aubépine et les émondages des mûriers fournissent tous le bois de chauffage. En Languedoc, les sarmens des vignes produisent peut-
être cent fois plus de bois que les forêts de
chêne vert qu'elles remplacent et qu'une su-
perstitieuse prévoyance aurait voulu conserver. Les bois des hautes montagnes sont deve-
nus trop précieux à leurs propriétaires pour
qu'ils n'en conservent pas soigneusement la
production en futaies, par l'impossibilité de tirer parti des taillis.

On peut donc se promettre, sous le régime
de l'industrie et avec une bonne police rurale,
que la France ne manquera jamais de ces précieux produits.

Les exemples que nous avons cités doivent être un puissant encouragement pour les propriétaires qui ont des terres improductives ou peu productives, et qui, au moyen d'un faible capital une fois dépensé, d'une facile surveillance et d'une administration prévoyante, se créeront ainsi des réserves considérables pour un avenir peu éloigné.

ARTICLE X.

DES CHEMINS RURAUX.

Les communications faciles avec les marchés voisins et avec toutes les terres qui la composent sont un des premiers besoins d'une exploitation rurale.

Faute de bons chemins ruraux et vicinaux, combien de fermiers sont emprisonnés pendant tout l'hiver sans pouvoir circuler comme le demanderaient leurs intérêts les plus pressans ! Combien de retards, combien de fausses spéculations sont la suite de ce déplorable état ! Tantôt ce sont des denrées dont on laisse passer le moment de la vente ; tantôt des approvisionnemens inopportuns de fourrages que l'on est obligé de faire pour n'en pas manquer dans la saison des pluies, qui rendent les chemins impraticables; et quant aux chemins ruraux, que d'efforts inutiles on exige des animaux pour franchir tel mauvais pas qui serait réparé à peu de frais ! Ces avantages des bonnes communications ne peuvent peut-être pas être exprimés immédiatement en chiffres, mais ils sont de ceux qui, rendant toute l'économie d'un domaine plus énergique et plus aisée, se reconnaissent bientôt par l'augmentation rapide de la rente. J'en ai des expériences, qui paraîtraient incroyables si je les citais, et je ne puis trop engager les propriétaires à s'en occuper avec beaucoup d'activité, ils en verront les résultats avec surprise.

Quant aux chemins vicinaux et départementaux, ils ne doivent négliger aucune démarche auprès des autorités pour parvenir à leur réparation ou à leur construction, et leur influence ne peut mieux être employée; ils feront à la fois leur bien et celui des autres. Dans quelques pays où l'on a déjà entrepris ces chemins et où l'on commence à en reconnaître les avantages, on n'a pas beaucoup de peine à obtenir des réparations; mais, dans d'autres plus arriérés, et qui, faute d'avoir commencé, mesurent avec effroi tout le poids du fardeau qu'ils ont à soulever, on trouve des difficultés presque insurmontables. Ce n'est qu'avec de la constance et de la suite que l'on parviendra à obtenir ce que la paresse et l'incurie se lasseront peut-être de refuser : au reste, à moins que le propriétaire ne soit lui-même fonctionnaire public, ces sollicitations réitérées, ces exhortations sans cesse ramenées vers son but, sont le seul genre d'action qu'il puisse prendre à cet égard, et il ne doit pas les épargner.

Les chemins ruraux offrent un autre genre de difficulté, il faut ici obtenir la coopération et la formation en syndicat de tous les intéressés. On a de la peine à remuer cette masse inerte ; mais on y parvient ordinairement en ne perdant pas courage, et quelquefois en donnant l'exemple de l'amélioration, même au risque de quelques sacrifices, sur les portions qui bordent immédiatement les terres que l'on possède.

Un bon morceau de chemin fait sentir plus vivement les désagrémens d'un mauvais ; mais on ne peut trop se dire que, dans l'état actuel de la législation, les chemins ruraux sont une des plaies de l'agriculture et le désespoir des cultivateurs intelligens, parce que les démarches qu'exige la nécessité d'obtenir l'unanimité, ou même un concours volontaire de la majorité, ne peuvent se concevoir, pour ceux qui ne l'ont pas éprouvé.

Quant aux chemins d'exploitation qui parcourent un domaine, c'est au propriétaire seul à les entretenir, et leur entretien dépend de sa volonté. Quand le terrain est ferme dans le temps des récoltes, il suffit de laisser une voie sans culture dans la direction que l'on a à parcourir ; quand il est humide et mou, on peut mettre un chargement de gravier sur la partie où les chariots enfoncent ; ce qui est assez annoncé par l'existence des ornières. L'avenue qui conduit au chemin principal doit être chargée de menu gravier. Tous ces travaux épargnent infiniment les forces des animaux de la ferme, et ils sont peu coûteux quand l'ordre et l'intelligence y président, et qu'en faisant tout ce qu'il faut on ne fait que ce qu'il faut.

Mais un objet plus important et souvent très négligé, c'est la construction des ponts qui doivent être établis sur tous les ruisseaux et fossés que traverse le chemin. Cette négligence force souvent à employer pour les transports beaucoup plus de force qu'il ne serait nécessaire. Le propriétaire ne regardera donc son système de communication comme complet que quand il

aura établi des ponts sur tous ces obstacles.
Leur construction doit être faite sans aucun
luxe, et l'on doit se borner à leur donner de la
solidité, selon les matériaux qu'offrira le pays.
On peut les construire en bois et en fascines, ou
en dalles épaisses supportées par deux murs,
ou, enfin, en voûtes de moellons : on s'arrêtera
toujours au genre de construction qui, avec la
force requise, offrira la plus grande économie :
or, l'économie dépend ici de deux élémens, le
prix et la durée.

Cet objet est un de ceux dans lesquels le propriétaire peut obtenir quelques secours de son
fermier, attendu l'avantage immédiat que celui-
ci en retire, et, pour faciliter cette opération,
on pourra réclamer de lui une partie du transport des matériaux.

CHAPITRE III.

LOGEMENS, BATIMENS DE FERME ET D'EXPLOI-
TATION.

Après avoir pourvu à la conservation et à l'a-
mélioration permanente de la terre, il faut, avant
de songer à l'exploiter, penser au logement de
ceux qui président à sa culture, et de ceux qui

l'opèrent, des animaux qui leur aident, et de ceux qui en consomment les denrées; des récoltes qui ont besoin d'être mises à l'abri; des machines qui doivent servir à les faire croître et à leur donner un certain degré de fabrication. Quoique nous croyions devoir parcourir ici avec rapidité cette série entière, qu'on ne s'attende nullement à trouver un cours d'architecture rurale. Des indications sur la convenance des entreprises, sur les sources où l'on doit puiser une solide instruction, quand il y en a : voilà à quoi nous bornons ce travail, pour ne pas dépasser les bornes qui nous sont prescrites.

ARTICLE PREMIER.

DES BATIMENS DE MAÎTRE.

Les soins que le propriétaire doit à son domaine, s'il veut en tirer tout le parti possible et en augmenter la valeur, soins que nous ne cessons de bien recommander dans cet ouvrage, exigent souvent sa présence dans ses terres. Si les séjours qu'il doit y faire lui étaient incommodes et pénibles, il finirait par les rendre moins fréquens, moins prolongés ; et la propriété ne manquerait pas d'en souffrir. Quand un bâtiment de maître est entrepris dans l'unique but d'en faciliter la surveillance, nous le regarderons donc comme une véritable amélioration, parce qu'il devient un des moyens les plus actifs pour en opérer d'autres plus importantes.

Nous pensons donc que le propriétaire peut et doit se loger dans sa ferme, qu'il doit y trouver les aisances, les jouissances de chaque jour auxquelles il est habitué, qui font partie de son régime, et se sont identifiées avec son existence; et que ce n'est qu'à ces conditions qu'il se résoudra à consacrer de nombreux instans à la surveillance de ses propres affaires. Sans cette condition, nous craindrions bien que la voix secrète de la mollesse ne fît souvent capituler sa conscience et que des prétextes ne vinssent souvent entraver l'accomplissement de ses devoirs, ou s'opposer aux progrès de ses entreprises.

Voilà tout ce qu'il a droit de demander, s'il ne considère sa terre que comme un capital dont il attend un revenu; nous ne lui défendrons pas alors de trouver de nouveaux plaisirs dans les jouissances que la campagne peut offrir; dans la chasse, dans la pêche, dans la promenade. Mais si pour les rendre plus brillans il bâtit des parcs, il creuse des pièces d'eau, il élève à grands frais des remises et des écuries, il devient alors le maître d'une maison de plaisance, et il cesse d'être le propriétaire d'une terre; alors il mettra sur le compte de ses jouissances personnelles toutes les dépenses superflues qu'il aura faites : mais qu'il cesse de redemander au revenu annuel de sa ferme les intérêts de l'argent dépensé à cet usage, il n'augmentera pas d'un sou pour cela, peut-être diminuera-t-il. Ce capital est passé à un autre article de son budget, et la prospérité de la culture n'a rien à faire avec cet emploi.

Que la plupart des propriétaires se sondent à cet égard, et qu'ils disent s'ils n'exigent pas que leur logement à la campagne soit plus vaste, plus commode, présente un aspect d'opulence et de grandeur plus grand que celui dont ils se contentent à la ville; si le désir d'y réunir une nombreuse société, de faire briller leur fortune à ses yeux ne préside pas plus encore que celui d'étudier leur terrain et de l'améliorer aux dépenses énormes auxquelles ils se livrent en bâtissant leurs châteaux; et, par leur réponse sincère, nous pourrons juger qu'ils ont grand tort quand ils se plaignent que leurs terres ne leur rapportent pas ce qu'ils y dépensent.

Mais il est bien difficile de fixer la somme à laquelle peut se porter le bâtiment du propriétaire économe qui veut retrouver l'intérêt de ses dépenses dans ses améliorations; ses rentrées seront proportionnées à son activité, à son intelligence, à l'étendue du domaine, à son état, à la matière qu'il offrira à des changemens heureux. Il n'y a pas ici deux cas qui puissent présenter une similitude complète. Quelques uns gagneraient à ne pas bâtir, parce que leur nonchalance et la facilité de leur caractère, ou leur ignorance et leur obstination, rendent leur présence défavorable à leur exploitation; d'autres trouveraient, dans leur industrieuse persévérance et dans l'excellence de leurs vûes, des moyens de réaliser des bénéfices, après des dépenses considérables en bâtimens. Ici, la terre est dans son maximum de rapport, et ne peut présenter que peu de latitude à une augmentation; ailleurs, tout est à créer, et chaque coup de pioche fait naître une récolte. Bâtir sur des espérances de profit est bien chanceux; bâtir quand les améliorations sont terminées est bien tardif. Comment trouver un résultat fixe dans des circonstances si variables ?

Quelques personnes ont voulu fixer à deux fois le revenu le maximum de ce qu'on devait dépenser pour se loger à la campagne. Ainsi, un fermage de douze mille francs entraînerait un bâtiment de vingt-quatre mille, dont l'intérêt au dix pour cent est de deux mille quatre cents francs. Comment espérer de produire, par sa seule présence, une pareille augmentation dans un fermage ? Dans cette perplexité, voici ce que je conseille : avoir un plan tout tracé qui suffise à vos besoins; que les ornemens en soient tous pris dans la bonne disposition des plantations et dans la beauté des ombrages; commencez à bâtir l'indispensable pour vous loger lors de vos visites, et réservez le reste de la dépense pour le temps où les bénéfices seront réalisés. Par cette conduite prudente, vous éviterez les écarts où une imagination trop ardente pourrait vous conduire, et les regrets qu'une première construction disparate pourrait vous inspirer par la suite. Dans ces premiers temps, il n'est pas même toujours nécessaire de construire du neuf, et il n'est pas rare de trouver un coin de vieux bâtimens sans usage indispensable, dont on peut faire, à peu

de frais, un appartement commode. Alors c'est
à cela que l'on doit se borner.

Autre chose serait si l'on dirigeait soi-même
à sa main l'exploitation de la campagne ; mais
alors il faudrait nécessairement y faire sa résidence habituelle, et le bâtiment pourrait être
porté à dix fois la valeur du loyer de la maison
de ville que l'on quitterait ; mais ce cas n'est
pas celui qui doit nous occuper dans cet ouvrage.

ARTICLE II.

DES BATIMENS DE FERME.

Nous renverrons aux auteurs qui ont traité
en détail de l'architecture rurale, aux *Morel
de Vindé*, aux *Perthuis*, etc., ceux qui auraient
un corps de ferme entier à créer; nous ne pourrions leur donner ici les principes d'une telle
entreprise qu'en excédant de beaucoup les limites que nous avons dû nous prescrire. Il ne
peut être question ici que des réparations et
des augmentations que peuvent nécessiter les
bâtimens déjà existans.

Il faut beaucoup de jugement et d'habitude de
comparer et de voir les choses agricoles, pour
résister ou pour céder à propos aux instances

réitérées des fermiers pour l'agrandissement de
leurs bâtimens de ferme. A les entendre, ils
sont toujours trop resserrés, et les constructions
inutiles s'entassent autour d'une ferme avec
trop peu d'utilité pour eux, et au très grand
préjudice du propriétaire. La mauvaise distribution des bâtimens existans contribue souvent plus que tout le reste à justifier leurs
plaintes. Un local auquel on ne parvient qu'avec
difficulté finit par être abandonné, ou ne sert
que de dépôt à quelques vieux outils hors
d'usage, après avoir coûté beaucoup à construire.

Un fermier qui avait écurie, bergerie et remise me demandait sans cesse une nouvelle
écurie, parce que celle qui existait était éloi-
gnée de son bâtiment de ferme : tout fut ar-
rangé à sa grande satisfaction et sans nouvelle
construction, en changeant la remise en écurie,
la bergerie en remise, et l'écurie en bergerie.
Ainsi, bâtir à propos et bien coordonner les bâtimens sont deux points essentiels à considérer.

On bâtit à propos quand les édifices que
l'on ajoute à la ferme doivent accroître les
moyens d'exploitation et par conséquent les
produits. Ainsi, quand, par les progrès de la
culture, le nombre des bestiaux augmente et

nécessite plus d'espace; quand, par ces mêmes progrès, les récoltes, les instrumens aratoires ne sont plus suffisamment abrités dans les anciens bâtimens; quand une classe de fermiers riches est substituée à des fermiers pauvres, et paie par conséquent un loyer supérieur en proportion avec son capital, alors les nouvelles constructions sont suffisamment justifiées.

Tous ces motifs sont très réels, il faut seulement prendre garde que ce ne soient pas des prétextes; mais si les demandes des nouveaux fermiers coïncident avec celles des anciens, il y a lieu à examiner attentivement les projets de constructions désirées.

Si l'on demande une nouvelle construction pour un emploi qui est déjà rempli par un bâtiment existant, il faut d'abord considérer si les abords de ce bâtiment rendus plus faciles, si quelque percement de murs, etc., peuvent remédier aux inconvéniens, ensuite si l'on ne peut pas échanger sa destination contre celle d'un autre bâtiment déjà existant. Quelquefois un peu d'intelligence supplée à beaucoup de frais.

Si c'est un accroissement de local pour les bestiaux, qui fait le sujet des demandes, on comparera le nombre des bestiaux de la ferme au local existant, auquel on supposera la meilleure distribution possible; et l'on pourra se déterminer d'après des bases, qui consistent à accorder quarante centimètres par mouton au râtelier, et cinq mètres d'un râtelier à l'autre en y comprenant la longueur des râteliers et des crèches.

D'après ces données, on calculera le nombre de rangs de râteliers que comporte la bergerie, et divisant leur longueur totale exprimée en décimètres par quatre, on aura le nombre des bêtes à laine qu'elle peut contenir.

Une écurie se calcule à raison d'un mètre trois centimètres de longueur de râtelier par cheval de trait, et quatre mètres vingt centimètres pour la largeur de l'écurie, si les râteliers sont sur un seul rang, ou huit mètres, si elle est sur deux rangs, y compris, dans ces deux dernières valeurs, l'espace nécessaire pour passer derrière les chevaux.

Dans les étables, on donne un mètre trois centimètres par bœuf, un mètre par vache, soixante-quatre centimètres par veau, au râtelier, sur quatre mètres de largeur pour l'étable simple, et six mètres cinq centimètres pour l'étable double.

Pour économiser l'espace destiné aux fourrages, il est très essentiel d'introduire dans le pays l'usage des meules; sans quoi, les sommes nécessaires à la construction des greniers à foin, pour les fermes avec assolement de fourrages, sont vraiment effrayantes. Quand on est forcé à ces constructions, on peut compter que chaque mètre cube de grenier renferme soixante-quinze kilogrammes de foin médiocrement pressé.

Quant au logement des fermiers, il faudra le comparer à ceux des fermes environnantes, et chercher à ne pas se laisser surpasser sur ce point par ses voisins. Un bon logement est un grand appât pour les fermiers; les femmes surtout y tiennent beaucoup, et déterminent souvent leurs maris pour une ferme, par cette seule considération. On ne craindra donc pas d'y faire quelque dépense pour le rendre agréable, clair, propre, commode, bien clos, plutôt que pour le rendre trop étendu, ce qui contribue à y entretenir un air de désordre et d'abandon qu'il faut éviter. Les habitudes du pays indiqueront suffisamment sa distribution; et de petits sacrifices faits à cet objet ne seront pas perdus. Souvent un petit bâtiment peu coûteux débarrasse la maison de la saleté de la buanderie, des odeurs de la laiterie, et satisfait complétement la fermière. Un grenier auquel on ajoute un plafond, et où l'on pratique une alcove, devient une chambre à coucher et fait l'envie de tous les voisins. Quelques distributions intérieures peu coûteuses suffisent ordinairement pour transformer un vieux bâtiment de ferme, et suppléer à de nouvelles constructions, que le fermier sollicite.

Voilà les règles principales que l'on suivra pour juger les demandes d'agrandissement de bâtimens ; si l'on doit céder à celles qui paraîtront raisonnables, autant on mettra de fermeté à refuser celles qui seraient inopportunes ou excessives, et on réduira ces dernières à leurs justes limites, avant d'y accéder.

CHAPITRE IV.

AMÉLIORATIONS PAR DES TRAVAUX CONTINUS OU PÉRIODIQUES.

Les travaux dont il va être question dans ce chapitre ne sont plus de ceux qui n'exigent qu'un entretien après leur achèvement. Il faut ici des soins prolongés; l'effet des opérations est détruit par le temps, et ce n'est qu'en les continuant ou les répétant sans cesse qu'on peut en attendre des effets.

Elles ont pour but d'augmenter les propriétés reproductives de la terre; mais la végétation consomme sans cesse les matériaux qui sont à sa portée : ainsi les amendemens, les engrais, les travaux d'ameublissement ne sont pas de ces entreprises qu'un propriétaire peut faire pour sa postérité, et qui sont d'autant plus faciles, qu'elles ne dépendent que de sa volonté; il faut ici qu'il se rende maître aussi de la volonté de ceux qui exploitent sa terre, qu'il les fixe à une règle, qu'il donne à son domaine une constitution et qu'il la fasse exécuter. L'imagination qui conçoit, l'intelligence qui coordonne un plan ne sont rien ici sans la persévérance, qui ramène sans cesse à la règle, dont on est toujours disposé à s'écarter. Aussi, sur cent propriétaires zélés, auxquels je conseillerai les améliorations proposées jusqu'ici, à peine en trouverai-je un seul qui réunisse les conditions nécessaires pour réussir dans celles qui vont suivre, et pour ne pas finir par des pertes considérables sur le capital qu'il y consacrera. C'est qu'en effet jusqu'à ce que l'ordre médité soit parfaitement établi et assuré, l'intervention fréquente du propriétaire est nécessaire; c'est qu'il faut qu'il gouverne beaucoup, et que dès lors il ne peut pas se regarder seulement comme un simple capitaliste; c'est qu'il faut qu'il soit secondé, qu'il trouve des fermiers capables de le comprendre et d'apprécier le bien qu'on veut leur faire; c'est qu'ainsi à une grande aptitude à connaître et à juger les hommes, il faut qu'il joigne la bonne fortune d'en rencontrer qui soient en état de comprendre, et assez courageux pour s'écarter de la routine. Nous allons bien nous efforcer, dans les articles suivans, de décharger en partie le propriétaire du fardeau de cette surveillance, et le fermier d'une impulsion journalière toujours si pénible; mais, quelque efficaces que nous paraissent ces moyens, nous ne pouvons nous dissimuler que la tendance à abandonner un nouveau plan, qui ne réalise pas tout d'un coup les bénéfices, et qui au contraire exige des avances pendant plusieurs années, est si forte que, sans la volonté la plus ferme et la surveillance la plus exacte, on verra toujours avorter les opérations les mieux conçues, avec perte de tout ce qui a été déjà consacré à leur commencement. C'est aux propriétaires à bien se sonder là dessus. Les améliorations que nous allons leur proposer sont sans doute de premier ordre et peuvent changer notablement leur situation; mais s'ils ne se sentent pas parfaitement convaincus de l'utilité de ce qu'ils entreprendront; si une saine théorie, unie à l'habitude de voir les champs, n'a pas fait évanouir l'ombre du doute; s'ils ne sont pas déjà mûris dans la conduite des travaux rustiques et s'ils n'ont pas une grande expérience de l'art de conduire les hommes, de leur résister, et de leur céder à propos; si enfin ils ne peuvent rien sacrifier d'un temps consacré à leurs plaisirs ou à d'autres affaires, qu'ils se gardent d'entreprendre les améliorations qui exigent le concours de leurs fermiers, et qu'ils se renferment dans le cercle de celles que nous leur avons déjà signalées.

Nous allons donc traiter successivement dans les articles suivans : 1°. des marnages; 2°. des changemens dans l'assolement d'un domaine; 3°. de l'introduction des nouvelles cultures; principaux chefs de la matière que nous devons examiner.

ARTICLE PREMIER.

DU MARNAGE.

De toutes les opérations qui peuvent améliorer le terrain, et le mettre en état de donner des produits plus considérables, le marnage est sans contredit le plus facile et le plus sûr quand la nature du sol en réclame l'emploi.

En effet, la dépense en est successive, aussi lente et aussi pressée qu'on le veut. Elle consiste principalement en charrois; c'est à dire que tous les fermiers possèdent les moyens de l'effectuer, soit en renforçant un peu leurs équipages, soit en profitant des journées où ils seraient occupés moins utilement. Le marnage s'adapte à tous les assolemens, et n'exige aucun changement dans les coutumes agricoles d'un pays; enfin ses effets sont immédiats et produisent de suite une augmentation de récolte qui sert de fonds d'avance pour continuer l'opération. Tous ces précieux avantages doivent donc écarter tous les obstacles qui se rencontrent si souvent dans les autres améliorations agricoles.

Tous les terrains qui ne renferment point de carbonate de chaux ressentent positivement un grand effet du marnage, soit que cette opération se borne à leur fournir l'élément calcaire qui leur manque, soit qu'elle contribue aussi à donner certaines autres propriétés physiques au sol, comme entre autres celles d'absorber plus d'eau, et de diminuer ou d'augmenter sa ténacité. C'est donc aux terres qui ne font aucune effervescence avec les acides, que l'on doit prin-

cipalement appliquer cette excellente opération.
La présence de la petite oseille (*rumex aceto-
sella*) et le manque de plantes légumineuses,
dans les jachères, sont un excellent signe que le
marnage sera efficace.

On sait que la marne est un mélange intime
de carbonate de chaux et d'argile, auquel vient
se joindre une plus ou moins grande quantité
de silice libre, qui n'y existe quelquefois pas du
tout. Elle est pierreuse ou terreuse : l'une et
l'autre se reconnaissent à l'effervescence qu'elles
font avec les acides; l'une et l'autre se délitent
à la gelée et à l'humidité; et il est rare qu'on
n'en trouve pas à portée des terrains qui en
demandent. Ordinairement, elle forme des couches sous ces terrains, et on peut toujours l'extraire du sol quand ces couches ne sont pas
trop profondes, ou que les gîtes de celle qui
est près de la surface du sol ne sont pas trop
éloignés.

On sait avec quelle suite et quel succès cette
opération est suivie en Angleterre ; mais on
ignore peut-être trop généralement qu'elle se
pratique dans les climats les plus opposés de la
France, avec les résultats les plus avantageux.
Ainsi, la Puysaie, dans le département de
l'Yonne, pays glaiseux (terres argilo-siliceu-

ses), est journellement fertilisée par la marne;
les environs de Montreuil, en Picardie; la Nor-
mandie, les environs de Toulouse, où l'on
commence à pratiquer le marnage; l'arrondissement de Vienne (Isère); enfin le département
de l'Ain, où elle s'introduit, ont retiré de cette
opération les effets les plus avantageux, que l'on
fait monter à la production de deux fois la
semence, en sus de la quantité récoltée précédemment.

Cette augmentation de produit n'est pas le
seul avantage que ces terres retirent du marnage, elles deviennent propres par là à la production des légumineuses, et elles sont ainsi
susceptibles d'entrer dans les assolemens régu-
liers.

Quand on veut se livrer à cette opération, il
faut considérer d'abord : 1°. la nature du terrain à marner, pour s'assurer s'il contient au
moins trois pour cent de substance calcaire,
proportion qui paraît suffire à la végétation;
2°. la qualité de la marne, que son analyse fera
connaître; 3°. la quantité qu'il en faudra par
hectare; 4°. l'éloignement où elle se trouve.
C'est au moyen de ces données, que l'on établira les frais de l'opération.

Les deux premiers points sont connus d'après

les résultats d'une analyse fort simple, dont je ne retracerai point ici les principes, qui se trouvent partout ailleurs. La quantité de marne à donner résulte de deux élémens : 1°. la profondeur des labours; 2°. la quantité de carbonate de chaux que contient la marne. En effet, il s'agit d'arriver, par un premier marnage, à procurer à la couche arable trois centièmes de chaux carbonatée : il faut donc connaître d'abord le volume de marne qui procurera cette quantité. Ainsi, si la marne n'était composée que du carbonate de chaux, et que la couche arable eût un décimètre de profondeur, il faudrait répandre trois millimètres d'épaisseur de marne sur tout le champ; mais comme les marnes ne sont pas toutes identiques, et qu'elles renferment des quantités variables de carbonate de chaux, il faut d'abord connaître leur composition, pour y proportionner la quantité que l'on devra en donner. Ainsi, si la marne ne contient que cinquante centièmes de chaux, il faudra, pour le cas que nous venons d'indiquer, une épaisseur de six millimètres de marne sur le champ; ce qui donnerait soixante mètres cubes de marne par hectare : ainsi la règle à suivre pour fixer la quantité de marne nécessaire pour un premier marnage est celle-ci : tripler le

nombre de centimètres, qui expriment la profondeur du labour ; diviser ce nombre par le
centuple du nombre de parties de chaux contenues dans cent parties de marne : multipliez
le quotient par dix mille et vous aurez le nombre de mètres cubes qu'il faut par hectare. Ainsi, la profondeur du labour étant de seize centimètres (huit pouces environ), et la marne
contenant soixante pour cent de chaux, la quantité de marne nécessaire par hectare sera

$$\frac{48}{6000} = 0,008 \times 10,000 = 80 \text{ mètres cubes}$$

de marne nécessaire, par hectare, dans ce cas.

Il y a plusieurs inconvéniens à excéder la
quantité de marne prescrite, et qui suffit pour
produire les effets attendus. D'abord il y a grande
augmentation dans les frais du marnage, ce qui
empêche d'étendre l'opération à une aussi vaste
surface ; ensuite les seconds marnages ne produisent pas d'effet, et enfin si l'on chargeait
la terre d'une quantité excessive de marne, on
la stériliserait au lieu de l'améliorer. Il vaut donc
mieux se tenir dans ces limites, qui sont celles
de tous les pays où le marnage est une pratique
suivie, et se ménager les moyens d'amender
une plus vaste surface, et de pouvoir répéter
l'opération après un certain intervalle de temps.

On reconnaît que les effets de la marne sont passés et qu'il est nécessaire de la renouveler, quand les chrysanthèmes, les oseilles, le chiendent, qui avaient disparu par son influence, reparaissent sur les champs, et que les légumineuses cessent de s'y montrer ; on peut alors marner de nouveau à la moitié de la dose prescrite : c'est ainsi que le conseillent tous ceux qui ont bien observé. Ce n'est guère qu'après une période de vingt ou trente ans qu'un second marnage est nécessaire.

L'éloignement où la marne se trouve du champ à marner sert à fixer la valeur pécuniaire de l'opération.

D'après ce que nous avons dit, on sent que ce n'est jamais que sur un bail un peu long, ou par le moyen d'indemnités suffisantes, payées par le propriétaire, qu'un fermier peut se décider à entreprendre de marner un domaine. Cette indemnité nous paraît devoir être réglée selon les principes suivans : en supposant que le premier marnage dure vingt-quatre ans dans le pays, les huit premières années supporteront la moitié de la bonification ; les seize premières années les trois quarts, et les huit dernières, un quart seulement de la valeur totale de l'opération. Si donc le fermier marne au commence-

ment d'un bail de huit ans, le propriétaire doit
lui payer la moitié de l'opération. S'il marne à la
dernière année de son bail, le propriétaire doit la
totalité de l'opération, et dans la proportion, selon que le marnage est fait plus tôt ou plus tard :
ainsi, les marnages faits à la quatrième année du
bail devraient être remboursés sur le pied de la demie plus un quart, ou trois quarts de l'opération.

Je ne puis donner ici en détail toute la théorie
du marnage et les détails de ces opérations. Ceux
qui voudront s'y livrer devront lire et étudier
attentivement *Thaër*, et surtout l'excellent *Essai
sur la marne* de M. *Puvis* (1), un des meilleurs
ouvrages de notre littérature agronomique. Ils
trouveront dans ces deux livres toutes les directions qu'ils pourront désirer.

L'effet de la chaux n'a pas été assez étudié en
France pour que nous puissions en parler avec
assurance; quant au plâtre, ses effets sont tout
à fait momentanés, et c'est au fermier à en faire
l'application. Il ne paraît même pas sans danger sur les terres pauvres, qu'il laisse quelquefois en mauvais état, après avoir déterminé une
belle récolte de fourrages légumineux et une

(1) Petit volume in-8°. imprimé à Bourg, 1826.

bonne récolte de blé qui leur succède : c'est ce qu'on croit avoir observé en Dauphiné. Cependant, son usage, combiné avec celui des engrais, peut être conseillé par le propriétaire dans les terres plus riches. On peut voir, dans le Rapport de M. *Bosc*, les natures de terrains et les circonstances qui favorisent son action.

ARTICLE II.

DES CHANGEMENS D'ASSOLEMENS.

La substitution d'un bon assolement à un assolement vicieux est une opération si importante et qui influe d'une manière si avantageuse sur le sort d'une propriété, qu'elle est l'objet de l'ambition de tous les propriétaires qui sont au courant de l'état de l'agriculture, et qu'il en est peu qui ne fassent quelques tentatives pour y parvenir. En voyant le grand nombre de ceux qui ont échoué dans cette entreprise, il faut croire qu'il y a quelque écueil caché sur lequel ils sont venus faire naufrage, et il est important de le signaler à ceux qui leur succéderont, pour qu'ils puissent l'éviter et parvenir au port sans obstacle.

Le premier principe à suivre dans le choix d'un assolement consiste à l'adapter aux moyens que l'on possède pour le mettre à exécution, et aux ressources dont on dispose. Ce choix ne dépend pas entièrement de la volonté; il a des rapports intimes avec le climat, la répartition de la richesse et celle de la population.

Quant aux difficultés qui viennent du climat, le moyen le plus simple de les lever, celui qui convient le mieux au propriétaire de biens affermés, est de ne faire entrer dans son cours d'assolement que des plantes déjà cultivées avec succès dans le pays, et éprouvées par ses fermiers et ses voisins. Adopter des végétaux étrangers à un climat, c'est se jeter dans la carrière douteuse des essais, et il est probable que votre fermier ne voudra pas vous y suivre. C'est alors au propriétaire à naturaliser d'avance la culture qu'il veut recommander, par les moyens dont nous parlerons dans l'article III de ce chapitre.

Les difficultés qui viennent de la répartition de la richesse doivent être aussi soigneusement appréciées; un assolement plus compliqué et plus riche exige ordinairement un plus fort capital de la part du fermier. Nous avons vu, dans la première Partie, que le fermier d'une terre cultivée par la méthode des jachères devait posséder cent dix francs de capital, outre une année de fermage : or, il faut quatre cents francs par hec-

taré, outre une année de fermage, au fermier
d'une terre avec culture alterne en fourrages.
Ce sont donc des fermiers trois fois plus riches
qu'il faut à une telle culture ; ou bien leurs
fermes doivent être trois fois plus petites. En
agir autrement, c'est être assuré d'échouer dans
l'entreprise, faute du capital nécessaire. Or, ici,
se trouvent de grands embarras : d'abord un
fermier riche résistera-t-il aux tentations de la
vanité, qui le portera plutôt à prendre un gros
domaine qu'à en améliorer un petit? Sera-t-il
facile ensuite de l'engager dans une carrière
nouvelle ; pour laquelle il manque d'expérience, et où il sait bien qu'il faudra payer
chèrement les écoles qu'il ne peut manquer de
faire? Enfin, si l'on veut proportionner l'étendue
des terres aux facultés des fermiers, ne faut-il
pas d'avance s'y préparer par de nouvelles constructions, avec le risque de les voir devenir inutiles, si l'on ne trouve pas plus tard de fermiers
qui veuillent s'en charger aux nouvelles conditions que l'on va leur prescrire ?

C'est pour avoir méprisé ces considérations
que presque toutes les entreprises de ce genre
ont échoué misérablement. On a un fermier
qui a le capital suffisant pour cultiver avec jachère, on lui propose de changer sa culture ;

16

on l'y engage par quelques avantages, il se
lance dans la carrière sans considérer les suites;
mais bientôt il est arrêté tout court, non par
les mauvais succès, mais par l'impuissance; ses
cultures l'épuisent d'argent; il produit des fourrages qu'il est réduit à gaspiller, faute de bétail suffisant à leur consommation; les produits
nouveaux sont nuls, les produits anciens dis-
paraissent ou se font attendre : il est obligé de
tout abandonner, et cet exemple de chute est
désormais cité dans le pays, comme un épou-
vantail pour ceux qui veulent améliorer leur
agriculture. Cette histoire est celle de tous les
pays et de tous les jours, et ceux qui conseillent hardiment de prescrire un assolement aux
fermiers, par un article de bail, ne l'avaient sans
doute pas présente à l'esprit. Il y faut d'autres
façons.

Ainsi deux obstacles à vaincre, la pauvreté
relative des fermiers, leur défaut d'instruction
et de bonne volonté. Si nous parvenions à avoir
beaucoup de fermiers instruits, on pourrait
suppléer par plusieurs moyens à l'insuffisance
de leurs capitaux; mais c'est précisément ce qui
nous manque, et c'est la grande pierre d'achop-
pement de notre agriculture, ce à quoi ne ré-
fléchissent pas assez nos hommes d'état. En

effet, un fermier instruit verrait bientôt qu'un changement d'assolement est dans ses intérêts. Loin de s'en faire prier, il irait au devant des intentions du propriétaire, et l'œuvre de celui-ci ne consisterait plus qu'en quelques arrange-mens de détail et quelques avances; tandis qu'à présent c'est lui qui doit être le mission-naire de cette foule d'incrédules; missionnaire d'autant plus suspect, que son intérêt per-sonnel est toujours là, présent à l'esprit de ses néophytes, pour décréditer ses sermons.

Qu'on me dise cependant par quels moyens nos jeunes fermiers peuvent acquérir cette ins-truction qui leur manque. Tandis que nous voyons tous les arts protégés, honorés, pourvus de nombreuses sources d'instruction, dans quel état se trouve l'agriculture sous ce dernier rap-port? A-t-elle, comme les arts de la guerre et des constructions, son Ecole polytechnique ; comme le commerce, ses écoles spéciales; comme les arts mécaniques, son Ecole d'arts et métiers, son Conservatoire, ses Cours publics élémen-taires; comme les arts du dessin, ses Ecoles gra-tuites? Rien de tout cela. Nous voyons un simple particulier, M. *de Dombasle*, lutter pé-niblement, à l'aide de quelques souscriptions particulières, contre les difficultés d'une grande

16.

et noble entreprise ; M. *Bermond de Vaulx*, dans le midi, proposer en vain une école analogue ; l'instruction primaire même, si abondante dans les villes, refusée aux campagnes, faute d'avoir adopté la seule organisation qui se prête à la dispersion de la population. C'est d'après ces faits que l'on peut juger combien les chaires d'agriculture théorique, proposées par M. *Silvestre*, manquent dans l'Université, non pour y enseigner l'art à fond, mais pour en répandre le goût dans la classe appelée aux fonctions publiques. Alors, quand cette jeunesse ardente saurait enfin qu'il y a quelque chose à faire pour l'agriculture ; que c'est une pépinière de jeunes fermiers instruits qu'il nous faut, que c'est par les fermiers, et les fermiers jeunes seuls, que peut se faire notre révolution agricole : alors, dis-je, on pourrait espérer que, dans chaque département, des fermes-modèles seraient enfin organisées et que, l'esprit d'imitation gagnant de proche en proche, on pourrait décider les fermiers à y envoyer leurs fils, à l'aide de quelques encouragemens : vingt ans d'un semblable régime, et la face de notre agriculture est renouvelée.

Maintenant il s'agit de marcher avec des fermiers ignorans, accoutumés à leurs anciennes méthodes, et pauvres. Si nous supposions des conditions contraires, je n'aurais pas besoin d'écrire ce chapitre. Le propriétaire marcherait sans guide, ou plutôt il serait lui-même guidé par les lumières de ses fermiers.

Enfin la répartition de la population est encore une condition à examiner dans l'établissement d'un assolement : est-elle très abondante; les ouvriers sont-ils nombreux; les produits les plus divers y sont-ils recherchés; trouve-t-on facilement des engrais à acheter : alors il sera possible d'adopter un assolement plus varié, plus compliqué, moins riche en fourrages et plus riche en récoltes sarclées; que si les conditions contraires existent, c'est aux plantes fourragères qu'il faut principalement s'attacher.

Le plan d'un assolement approprié au sol, au climat, à la richesse du pays, à la répartition de la population, étant arrêté, il s'agit de trouver le moyen de le mettre en action sur une ferme par le moyen des fermiers; car c'est ici la condition dans laquelle nous devons nous placer. Le moyen le plus sûr, mais le moins facile et le moins commode, serait sans doute, que le propriétaire l'organisât lui-même, en prenant sa terre à la main pendant plusieurs années, et la remît ensuite à des fermiers avec l'assolement tout établi, à charge seulement de le maintenir. Ce moyen a été tenté par plusieurs agriculteurs zélés ; ils ont fait toutes les dépenses, tous les sacrifices nécessaires pour établir l'assolement, et souvent faute de vigilance et de fermeté, ils ont laissé anéantir pièce à pièce leur ouvrage par les fermiers qui leur ont succédé. Or, si cet exemple est très fréquent, combien ne doit-on pas craindre que des hommes incapables de soutenir un ordre tout créé ne soient pas en état de le créer eux-mêmes ?

M. *Mathieu de Dombasle*, dans sa seconde livraison des *Annales de Roville* (1), partant de la supposition que l'on a adopté l'assolement quadriennal pour une terre cultivée jusqu'alors selon l'assolement triennal, propose de l'introduire en substituant une année de jachère à l'année de plantes sarclées qui commence cet assolement. Ainsi, sa rotation transitoire est celle-ci : 1°. jachère fumée ; 2°. froment avec trèfle semé au printemps ; 3°. trèfle ; 4°. avoine.

Cela donné, il observe que les frais de culture sont moins considérables sur cet assole-

---

(1) Page 261 et suivantes.

ment que dans l'assolement triennal, et qu'ainsi
il y a diminution de frais pour les fermiers,
puisqu'il y a moins de labours; mais il n'observe pas que d'un autre côté il y a augmentation dans le capital de cheptel; ce qui est le
nœud de la difficulté : car il faudra faire consommer le trèfle produit par la troisième année.
Or, quand la saison favorisera le trèfle, il faut
évaluer à une tête de gros bétail par hectare
de cette sole le capital à débourser, c'est à dire
une tête pour quatre hectares de l'étendue de
la ferme; ce qui équivaut au moins à cent
vingt francs par quatre hectares; première dépense à la charge du fermier, qui se monte à
trente francs par hectare.

Si nous examinons ensuite la formule au
moyen de laquelle il opère le changement (1),
nous voyons que, dans sa seconde année, il ne
cultive en céréales que la moitié de l'étendue qui
y était destinée dans l'ancien assolement, et
que cette perte n'est compensée que par un
trèfle, qui pourrait bien être chétif, et par des
vesces dont une moitié, au moins, venue sur
un défrichis d'avoine, le sera bien certainement.

_____

(1) Page 269.

Il y a donc ici perte sèche pour le fermier ; et comme la récolte des vesces, qui compose la majeure partie de la sole de fourrage de cette année, coûte au moins autant qu'elle rend, à cause des travaux, de la cherté de la semence et de son mince produit, comme, d'un autre côté, le trèfle est chanceux, je crois que l'on ne peut guère estimer le sacrifice à moins de la moitié de la valeur des céréales de l'ancien assolement. L'année suivante, la rotation est en train et continue à marcher.

Maintenant je demanderai si les avantages que le fermier devra retirer seront assez évidens pour qu'il consente à adopter un pareil changement et à faire tout d'un coup un pareil sacrifice et un tel déboursé ; je ne le crois pas, et j'attends l'expérience pour être convaincu à cet égard.

Mais je crois que le propriétaire serait à peu près sûr de marcher à son but, s'il cherchait d'abord à faire comprendre au fermier que la moitié des terres cultivées de la sorte en céréales, plus une récolte de trèfle, valent mieux que deux tiers en céréales cultivées selon la méthode ordinaire et avec peu de fumier sans trèfle, et qu'après l'avoir convaincu il lui proposât de compléter à ses frais sa récolte de céréales

de la seconde année, de manière qu'elle fût
équivalente à une récolte totale, et de lui avancer
les sommes nécessaires pour l'achat de son bétail.

Cette conduite me semble être la condition
absolue du succès. En effet, c'est ici le propriétaire qui demande une chose dont il attend du
profit, le fermier ne partage peut-être pas toute
sa conviction, et s'il attend un profit, ce n'est
qu'avec beaucoup de doute; le premier doit jouir
à perpétuité de l'amélioration, le second n'en
sera que l'usufruitier après l'avoir opérée.
Dans des positions si inégales et où le propriétaire est, sans contredit, la partie la plus favo-
risée, que propose-t-on? On veut charger le
fermier seul de tout le risque et de tous les
frais de cette révolution agricole, et le propriétaire croit en être quitte pour avoir fourni
le plan. Mais, dira-t-on, c'est la condition *sine
quâ non* qui décide le propriétaire à accorder
sa ferme au fermier. Or voici ce que cela si-
gnifie : ou le fermier sera un pauvre diable
trop heureux de trouver une ferme, et qui ne
marchandera pas, parce qu'il ne saurait en
trouver d'autre, et alors Dieu sait comment ira
l'entreprise; ou le fermier, voyant ici une chance
de perte certaine et une chance de compensation douteuse, à moins que le bail ne soit très

long, ira chercher une autre terre et un *sei-*
gneur moins exigeant.

Je pense donc que dût, par les conditions
que je propose, la balance pencher un peu
contre le propriétaire, il n'achètera pas trop
cher l'introduction d'un assolement régulier et
avantageux sur son domaine, en le payant
d'une telle concession. Si, en mon particulier, je
trouvais un fermier qui me dît : « Je me charge
» d'introduire l'assolement quadriennal sur votre
» domaine et de l'y entretenir pendant dix ans; au
» bout de ce temps, je vous rendrai vos terres en
» bon état, elles auront reçu tout le fumier produit
» par les soles de fourrages, la jachère sera en état
» de recevoir des cultures sarclées, et je vous laisse-
» rai une sole complète en trèfle; je vous demande
» en retour l'abandon d'une année de fermage : »
certes je n'hésiterais pas un moment. Or, ce
que je propose est absolument la même chose.
Compléter une récolte de céréales, dont on ne
doit percevoir que la moitié, c'est payer environ
la valeur du fermage, diminuée de celle des
semences. C'est à ce prix que je pense que cette
opération devient possible; quant à l'avance pour
achats de bestiaux, comme elle portera intérêt,
ce n'est absolument qu'une facilité accordée au
fermier.

Par une telle transaction, le fermage augmentera, dès le bail suivant, de toute la différence qui se trouvera entre l'état ancien et le
nouveau, qui ne sera pas si peu de chose qu'il
ne paie l'intérêt de l'abandon fait par le propriétaire, à un très haut prix.

Que l'on ne pense pas que M. *de Dombasle*
soit aussi éloigné de mes idées qu'on pourrait le
croire ; il propose de dédommager le fermier,
en lui permettant de rompre les prés naturels
à mesure que le système prendra son développement : il croit donc qu'il y a lieu à une compensation de la part du propriétaire. Mais j'ob-
serverai que les deux termes à balancer n'ayant
aucune mesure commune, il est préférable que
le propriétaire les évalue séparément et en fasse
l'objet de deux transactions différentes, et ensuite je crois qu'il ne doit permettre ce défrichement que quand les récoltes-racines pourront être cultivées dans la jachère, et viendront
ainsi mettre la ferme dans un état d'opulence
relativement aux fourrages. Jusqu'alors, et attendu les chances de la récolte des trèfles,
je crois qu'il doit conserver ses prés naturels.

Dans les pays où l'assolement est biennal,
l'opération serait beaucoup plus simple, si le
climat ne s'y opposait en général à la bonne

réussite des trèfles semés sur le blé au printemps, et si le sainfoin semé avec le blé ne
souffrait souvent de l'hiver ou des sécheresses,
si d'ailleurs sa première récolte n'était pas
en général assez faible, ce qui oblige de le conserver plusieurs années, et par conséquent indique un autre assolement que le quadriennal.
Dans ces contrées, je proposerais au propriétaire
de promettre au fermier une prime un peu
considérable pour chaque sainfoin qu'il lais-
serait à sa sortie, semé seul au printemps sans
mélange de céréales; ce qui est la condition la
plus favorable pour la réussite dans les climats
du midi de la France.

Ainsi un sainfoin produisant la quantité suivante de fourrage :

1re. année. . . . .   »
2e. année. . . . .   2,500 kilog.
3e. année.   2,000

TOTAL   4,500 kilog.

et la valeur de ce fourrage étant en moyenne
au moins de cinq francs les cent kilogrammes,
dans ces climats, je promettrais au fermier la
valeur de ces récoltes, diminuée de la rente

pour les années qui suivraient sa sortie (1).

Ainsi, supposons le fermage du terrain d'une valeur de cinquante francs l'hectare, je lui paierais :

D'un sainfoin
de l'année. . . . 225 fr. — 150 fr. = 75 fr.

D'un sainfoin
de deux ans. . . 225 fr. — 100 fr. = 125 fr.

D'un sainfoin
de trois ans. . . 100 fr. — 50 fr. = 50 fr.

Mes conditions seraient que les sainfoins auraient été faits au moyen d'un défoncement profond à la charrue, qu'ils seraient bien garnis à dire d'expert, et que les troupeaux ne seraient jamais entrés dedans, même pour pâturer les regains.

Je pense qu'il trouverait son compte à laisser à ces conditions sa ferme bien garnie de fourrages, qui deviendraient, pour le bail suivant, la base d'un bon assolement. Tel est, par exemple, dans le pays dont nous parlons, où les betteraves réussissent admirablement sans arrosage, et où

(1) Puisque, si le fermier jouissait de ces fourrages, il serait obligé de payer la rente.

les pommes de terre ne donnent pas grands produits, l'assolement suivant : 1°. betteraves fumées, ou jachère dans les premières années, et jusqu'à ce qu'il y eût suffisamment de fumier; 2°. blé et trèfle ; 3°. trèfle; 4°. blé; 5°. betteraves ; 6°. blé ; 7°. sainfoin fait au printemps; 8°. sainfoin; 9°. sainfoin; 10°. sainfoin; 11°. blé; 12°. blé.

Cet assolement est très riche en engrais, et très productif; mais dans les terres où la luzerne vient bien, on substituerait ce fourrage à une partie de la sole du sainfoin; le blé doit être répété deux fois après le sainfoin, parce qu'il est sujet à ne pas donner une très bonne récolte la première année.

On pourrait, si l'on voulait, adopter des formules plus compliquées, où le sainfoin reviendrait plus rarement, et où l'on ferait entrer des récoltes de végétaux de commerce, comme la garance ; mais alors on devrait se trouver à portée d'une ville, où l'on pût acheter les engrais. L'assolement proposé deviendrait d'autant plus riche, que, disposant d'engrais abondans, les blés auraient une forte végétation, et qu'on pourrait les fumer à chacun de leurs retours, outre la fumure destinée aux betteraves.

. Si le terrain du domaine est propre à la lu-

zerne, il faut aussi s'assurer les moyens d'y introduire cette excellente plante; mais comme
les frais de culture en sont un peu plus chers
que ceux du sainfoin, les conditions doivent
aussi différer. Chaque hectare devrait se payer
au fermier la valeur du fourrage, plus la valeur
de la moitié du fumier employé, et qui profite aux récoltes qui succèdent.

Ainsi la luzerne étant fumée à raison de cinq
cents myriagrammes de fumier par hectare, si
le fumier a une valeur de quatre-vingts centimes
le myriagramme, le fermage de la terre étant
de soixante-dix francs, nous observerons ce
qu'un hectare de luzerne produit dans le pays;
ainsi, supposant que ses récoltes soient :

1re. année. . . . . 2,000 kilog.

2e. année 4,000

3e. année. 4,000

4e. année. 3,000

TOTAL 13,000

En supposant la durée de la luzerne, dans le
pays, de quatre ans seulement, le prix de la
luzerne à cinq francs, nous avons la formule
suivante pour prix de l'indemnité à promettre :

	Valeur du fourrage.	Fumier.	Fermage.	Prime.

Luzerne de l'année. (100f.+200+200+150) +200—280=570f.

Luzerne d'un an............(200+200+150) +200—210=540

Luzerne de deux ans............(200+150) +200—140=410

Luzerne de trois ans ....(150) +200— 70=280.

On sent que les conditions changeraient avec les données du problème, et qu'ainsi d'autres valeurs du fumier, du fourrage, du fermage donneraient d'autres valeurs pour l'indemnité.

En livrant ces fourrages établis à un nouveau fermier, dans ce cas comme dans le précédent, la seule clause nécessaire est qu'à sa sortie il en présentera une égale quantité du même âge, et faite avec les mêmes soins; que pour chaque hectare de déficit il paiera un prix égal à celui qui a été réglé avec l'ancien fermier; que pour chaque hectare de surplus jusqu'à une mesure donnée il jouira de cette même indemnité. Dans les deux cas, des experts doivent être appelés pour examiner les fourrages et juger s'ils sont recevables.

Quand les fourrages seront abondans, et par conséquent les engrais, les bons assolemens s'établiront d'eux-mêmes.

Ainsi, ce ne sera pas d'une clause absolue qui dicte un assolement à un fermier que nous attendrons ce résultat important; nous ne prétendrons pas être doué de cette force créatrice

qui fait quelque chose de rien; nous nous per-
suaderons bien que s'il est vrai que l'introduction d'un assolement est un des plus grands
bienfaits pour un domaine, s'il augmente la
valeur de la terre et le prix du fermage, c'est
par une avance de capitaux qu'on obtient ce
résultat, et qu'il y a de la témérité ou trop de
confiance dans l'imbécillité de ceux avec qui
l'on traite, pour croire qu'on réussira en leur
disant l'équivalent de ceci : « mon ami, voilà un
» plan excellent, tu vas l'exécuter, tu y dépen-
» seras ton argent, et dès que tu commenceras
» à en jouir, j'augmenterai ton fermage, ou je te
» chasserai. »

Mais, par le système des primes que nous
proposons, je pense qu'il sera toujours possible
d'arriver à un résultat prévu, et que l'on pourra
changer, en peu d'années, la face de l'agriculture d'un pays. Ce système venant d'être indiqué pour deux cas, les plus fréquens qui se présentent dans la pratique, nous nous abstien-
drons de rien ajouter à cet essai, et le lecteur
bien pénétré de nos principes pourra les appliquer aux autres circonstances de culture et de
localité qui pourraient se présenter.

ARTICLE III.

NOUVELLES CULTURES.

Ce n'est guère par le moyen d'un fermier que l'on peut introduire une culture étrangère à un pays. Le succès de cette entreprise tient à trop d'élémens divers pour qu'il soit possible d'en être sûr, même après s'être entouré de tous les renseignemens que la science peut offrir; à plus forte raison, un homme dépourvu de ces ressources, et qui n'aura pas vu exécuter ce qu'on lui propose, craindra-t-il de faire un essai coûteux et problématique.

En effet, la réussite d'une pareille importation tient d'abord, au climat qui doit être favorable à la plante sous le rapport de la convenance de l'ensemble des phénomènes météoriques à sa végétation, et non pas seulement sous celui de la moyenne de température; au terrain, surtout quand on recherche dans les plantes à introduire certaines qualités de goût ou de couleur que tous les sols ne donnent pas également; au genre de culture que cette plante exige, et qui peut nécessiter plus ou moins de bras à la fois, qu'il faut être assuré de pouvoir se procurer; à la connaissance parfaite de la culture qui lui est le plus avantageuse, ce qui

fait éviter les tâtonnemens; à la facilité avec laquelle elle s'intercale aux autres cultures et
aux autres travaux sans les troubler; à la facilité de trouver un débouché pour la vente des
produits, etc.

Prenons pour exemple la culture de la garance : il semble que rien n'est plus facile que
de s'emparer d'une telle branche de culture, et
de la transporter partout. D'abord quant au
climat, elle réussit dans les points les plus opposés de l'ancien continent, à Alexandrette et
à Flessingue ; et elle est d'un usage général
dans toutes les manufactures de tissus du
monde. Cependant elle ne pourra pas être introduite avec succès dans les terres fortes, où
les frais de récolte deviennent excessifs; dans
les pays où l'on ne peut réunir simultanément
une grande quantité de bras pour opérer l'arra-
chement de la racine; dans ceux où cette opération se rencontre avec les travaux de la semaille
du blé; dans ceux enfin où il n'y a pas déjà des
établissemens de commerce, des négocians spé-
culant sur cette marchandise, des moulins pour
la réduire en poudre. Ainsi *Arthur Young*
était réduit à envoyer à Londres ses premières
récoltes de garance, où on la recevait aux
conditions onéreuses qu'il plaisait aux négo-

17.

cians de lui imposer; on la trouvait trop humide, il éprouvait une perte sur le poids, on
la recevait par complaisance, et on lui en don-
nait un bas prix, il avait fait faire un transport
et un emballage coûteux : sa culture ne lui pré-
senta que de la perte (1).

Voilà pourtant une partie des mécomptes
que l'on peut éprouver sur chaque nouvelle
culture que l'on essaie; il est donc prudent de
ne les tenter qu'en petit, et par ce mot je n'entends pas une expérience en miniature faite
sur un carreau de jardin; j'entends une étendue
suffisante pour qu'on doive n'y employer que
les moyens et les agens ordinaires de l'agriculture; pour qu'on n'y consacre pas des terres
dans un état particulier de bonification et d'a-
mendement; enfin un demi-hectare environ de
terrain, plus ou moins, selon le genre de
plantes que l'on doit essayer.

Il est juste que le propriétaire prenne entièrement sur lui les frais de cet essai, dont il fera
cependant soigner et diriger la culture par son
fermier, pour que celui-ci apprenne à connaître la plante, et puisse s'en former une opinion exacte. Les comptes de frais et de produits

(1) *Arthur Young*, t. XIII, p. 11.

doivent être tenus en toute rigueur, et c'est par leurs résultats qu'on se décidera sur l'adoption ou le rejet de la nouvelle culture.

En prescrivant ces précautions, nous sommes bien loin de blâmer l'introduction des nouvelles cultures dans un pays. Nous avons vu, de nos jours, la garance enrichir le Comtat, la soude procurer de grands bénéfices à ses premiers cultivateurs, et promettre l'opulence à nos côtes méridionales, promesses que la découverte des procédés chimiques pour l'extraire du sel marin ne permit pas de se réaliser; les plantes oléagineuses faire des progrès immenses dans nos provinces du nord et de l'ouest: ce n'est pas environnés de ces grands exemples, qu'il nous serait permis de recommander une timidité qui s'opposerait à des succès pareils. Si nous parlons de prudence, c'est parce qu'elle est le véritable chemin de ces succès, c'est parce que nous pourrions citer des exemples aussi frappans et bien moins heureux d'une précipitation inconsidérée. Nos principes sont d'essayer souvent, d'essayer dans des proportions qui ne compromettent pas la fortune de l'expérimentateur, et d'avoir du courage et de la persévérance dans les essais : ceux qui

auront été constamment heureux ne manqueront pas d'imitateurs.

Il n'est pas toujours question de l'introduction d'une nouvelle plante dans l'agriculture,
il ne s'agit bien souvent que de se procurer de
meilleures variétés que celles qui sont répandues dans le pays. Ici, on éprouve beaucoup
moins de résistance, et les tentatives peuvent
être plus hardies et plus étendues. Le propriétaire se bornera le plus souvent à proposer
l'essai de la nouvelle variété à son fermier, et
lui aplanira les voies pour se la procurer par
le moyen de ses relations et de ses correspon-
dances. On ne saurait croire combien un meilleur choix de semences peut changer la face
d'une culture : quand des plantes abondantes
et productives succèdent tout à coup à une
espèce abâtardie et chétive, on voit une culture
négligée reprendre un essor dont on ne la
croyait pas capable. Ainsi un changement dans
les cépages a rendu la culture de la vigne à des
pays où elle déclinait sensiblement; le choix
d'une bonne variété de pomme de terre a introduit cet aliment dans la nourriture des
hommes là où une mauvaise variété était destinée seulement à la nourriture des bestiaux.

L'introduction des semences de lin de Riga a fait prospérer la culture de cette plante, qui déclinait avec celles du pays.

Il y a des changemens incroyables à opérer dans la culture du blé par ce seul genre de perfectionnement. En étudiant les pays où une culture a de l'extension et de la réputation, en en faisant venir des semences, les propriétaires rendront des services éminens à tout leur canton et à eux-mêmes. Nous ne pouvons trop les engager à méditer sur cette importante considération et à mettre en pratique cet utile conseil.

Les changemens de semences de blé doivent être fréquens dans les pays où il est sujet à devenir chétif, rétréci, peu abondant en farine; et on doit toujours choisir la semence que l'on veut se procurer dans les pays qui ont la réputation d'en produire de beaux. Mais ce changement, fait sans but et sans motif, comme je le vois quelquefois pratiquer, n'est plus que le fruit d'un préjugé que rien ne justifie. Souvent même, tandis que la masse d'une ferme produit du blé peu nourri, le propriétaire possède dans son domaine telle portion de terrain qui lui fournirait le meilleur blé de semence, et qu'il suffirait de reconnaître et de battre à part.

Dans les pays où la culture est imparfaite, on change de semence, parce que les grains se souillent, en peu d'années, d'une foule de mauvaises graines; ici, un bon tarare suffirait souvent pour avoir de la bonne semence, s'il était employé chaque année.

C'est au propriétaire à surveiller ces détails, et à indiquer au fermier peu vigilant les moyens simples par lesquels il peut faire d'importantes économies. Les momens qu'il consacrera à cette légère surveillance, et les pensées qu'il y donnera, ne seront pas perdus pour lui.

CHAPITRE V.

SOINS A DONNER AU CAPITAL DE CHEPTEL.

Que le cheptel d'un domaine appartienne ou n'appartienne pas au propriétaire, comme en définitive toutes les améliorations qui s'y introduisent en augmentent le produit total, et finissent par accroître la rente, il ne négligera pas de s'en occuper, et cherchera à y introduire les perfectionnemens qui lui sembleront être avantageux. Si les bestiaux lui appartiennent, il lui sera facile d'y opérer des changemens sans avoir recours au fermier; mais s'ils sont la propriété de celui-ci, c'est par la voie de conseil, et en facilitant par tous les moyens qui sont en son pouvoir les essais qu'il croit que l'on doit tenter, que le propriétaire pourra agir dans cette circonstance. Ainsi, procurer l'acquisition de beaux taureaux, de beaux étalons; obtenir un dépôt d'étalons du haras voisin; introduire des moutons à laine superfine, sont quelquefois des affaires impraticables pour le fermier, qui est sans relation au dehors, et qui sont très aisées pour le propriétaire éclairé. Nous allons, dans ce chapitre, tracer rapidement quelques conseils sur la direction que l'on doit donner aux améliorations du capital de cheptel. Nous parcourrons donc successivement ce qui a rapport 1°. aux instrumens agricoles; 2°. aux chevaux; 3°. aux bêtes à cornes; 4°. aux bêtes à laine; 5°. aux cochons; protestant toujours que ce ne sont pas des traités que nous donnons ici sur chacune de ces parties, mais des directions générales, qui doivent être aidées par l'étude approfondie des ouvrages spéciaux qui traitent de ces matières.

ARTICLE PREMIER.

DES INSTRUMENS AGRICOLES.

Nul doute que l'on n'ait beaucoup d'acquisitions importantes à faire, dans nos fermes, sous le rapport des instrumens agricoles. Dans la plupart des pays, ils sont lourds, peu propres à remplir l'usage auquel on les destine, et semblent être assemblés par le hasard plutôt que par l'intelligence.

On en sera peu étonné quand on saura que les principes de leur construction sont encore mal connus, et qu'il est peu d'agriculteurs instruits qui, à la vue d'une charrue, osassent, *à priori,* prononcer sur sa supériorité ou son infériorité à l'égard d'une autre, et pas un de ceux qui seraient doués de cette aptitude intuitive, qui pût en donner des raisons satisfaisantes, non sujettes à contestation.

Dans cet état de la science, ce que l'on peut faire de mieux, c'est de choisir les meilleures machines déjà éprouvées.

Quand on observera les instrumens d'une ferme, on songera d'abord à lui procurer ceux qui lui manquent complétement, et qui n'y sont suppléés par rien. Il n'y aura aucune ob-

(267)

jection possible contre leur introduction, et elle
sera reçue comme un bienfait, si l'opération à
laquelle on les destine est vraiment utile et
praticable. Ainsi j'ai vu adopter sans contradiction le rouleau, qui manquait à l'agriculture de
mon pays et dont on sentait la nécessité; le
cylindre à fouler le raisin a été reçu aussi avec
reconnaissance et sans aucune opposition; ainsi
l'usage du shim ou sarcloir à biner les récoltes-
jachères a aussi été apprécié, quoique avec plus
de difficulté, parce qu'il diminuait le travail
des manouvriers.

On cherchera à substituer ensuite de bons
instrumens à ceux qui font le plus mal leur
devoir. Ainsi la charrue du pays exige-t-elle
beaucoup de force de tirage; creuse-t-elle mal
son sillon, le nettoie-t-elle mal, on fera choix
de celle qui doit la remplacer et on la mettra
entre les mains du valet le plus habile, auquel
on fera considérer cette marque de confiance
comme une distinction (1). Au reste, on n'en fera
l'acquisition qu'après l'avoir beaucoup fait désirer par le fermier lui-même, de sorte qu'il
prenne grand intérêt à sa réussite; sans quoi, on

(1) Voyez d'excellentes réflexions à ce sujet dans la qua—
trième livraison des *Annales de Roville*, p. 492.

s'exposerait à le voir à la tête de l'opposition.

Dans les pays où l'on se sert habituellement d'une charrue à avant-train, on a quelquefois beaucoup de difficulté à introduire l'usage des araires; mais comme je vois que cette substitution a parfaitement réussi, en Suisse et ailleurs, à ceux qui ont eu un peu de constance, et que je pense que l'avantage de ces derniers est très grand, je crois que c'est principalement à ce genre d'instrumens que l'on doit s'attacher et parmi ceux-ci à la charrue belge, ou à celle de M. *de Dombasle,* qui paraissent être jusqu'ici les deux plus parfaites que l'on connaisse.

On ne procédera à aucun changement nouveau, jusqu'à ce que l'instrument que l'on aura d'abord choisi pour l'introduire soit complétement établi dans le pays. On ne saurait brusquer de telles innovations, et leur multiplicité nuirait à leurs succès ; tandis que le succès bien assuré d'une machine fait désirer les autres et favorise leur réussite. D'où l'on voit combien il importe de bien choisir dès le principe celle qui produira le plus de sensation, et dont l'utilité sera la mieux sentie, puisqu'elle est la clef des perfectionnemens à venir.

Après la charrue, on peut essayer d'introduire l'extirpateur, qui facilite si éminemment les la-

bours de printemps et économise tant de temps
et de frais. Celui de M. *de Dombasle*, importé
d'Angleterre, me semble le meilleur, et tout fermier judicieux ne manquera guère de l'apprécier tout de suite. C'est une machine dont l'effet
est infaillible sur tout esprit bien disposé et
non prévenu. Si la charrue du pays est passable,
c'est par cet instrument que l'on doit débuter.

Si l'on cultive des récoltes sarclées, les fermiers apprécieront aussi le mérite des sarcloirs
à cheval; et si ces récoltes sont butées, celui
de la houe à cheval.

Les semoirs ont plus de peine à s'introduire,
d'autant plus qu'ils exigent une culture parfaitement soignée, on n'y songera donc pas que
l'on ne soit parvenu à ce point.

Dans les pays où le dépiquage des grains
rend les récoltes de blé si coûteuses, on pourra
se procurer une machine à battre, si l'étendue
du domaine comporte l'usage économique de
cette machine. La meilleure connue est l'écos-
saise, qui vient d'être introduite en France;
mais elle est coûteuse, et jamais un fermier ne
se décidera à en faire l'acquisition; cet instrument doit appartenir au capital du fonds du
domaine. Si donc, par le succès des conseils
que le fermier aura reçus de vous pour l'in-

troduction prudente et mesurée des instrumens précédens, il a pris assez de confiance pour consentir à payer l'usage de la machine à battre, sur le pied de dix pour cent de sa valeur, vous pouvez l'acquérir et l'introduire sur vos terres, avec la précaution de la faire construire sur les meilleurs modèles et par les meilleurs ouvriers. Mais cette résolution, comme toutes les autres, ne doit pas être précipitée et inconsidérée; il faut qu'elle soit mûrie, éclairée par des calculs exacts; il faut avoir habitué le fermier à faire son compte des frais annuels de ses récoltes de blé; lui avoir fait sentir, chaque année, qu'il paie très cher cette opération, et l'avoir convaincu qu'il y aura pour lui de l'économie à y substituer le travail de la machine. Ce n'est qu'en le forçant à s'éclairer lui-même que vous le convaincrez de la nécessité des perfectionne-mens (1).

Mais que le propriétaire ne perde jamais de vue que le mauvais succès d'une de ces entreprises jettera le discrédit sur toutes ses propositions ultérieures, et que, s'il lui est facile de

_____

(1) Voyez le *Rapport sur le battage des grains*, dans les *Mémoires de la Société royale d'Agriculture pour* 1827.

résister au torrent de cette improbation quand il est le maître absolu et qu'il mène le domaine à sa main, ce n'est que par voie de conseil, de persuasion qu'il peut agir sur un fermier, en faisant naître en lui la conviction qu'on travaille dans ses intérêts, et sans employer la voie d'autorité qui serait contestée ou tout au moins entravée.

ARTICLE II.

LES CHEVAUX.

L'élève des chevaux se trouve rassemblée dans l'ouest de la France, qui, par son climat plus humide et plus doux, possède des pâturages riches et de bonne qualité. Le reste de ce pays ne participera aux avantages de cette éducation qu'autant qu'il surmontera, au moyen de la science des assolemens, la difficulté de se procurer des fourrages à bon marché.

On peut distinguer les chevaux en trois classes principales, les chevaux de selle, les chevaux de voiture, les chevaux rustiques. Ces derniers, qui ne sont pas distingués des seconds dans tous les pays où l'on soigne les races de chevaux, sont très distincts en France, où des pays entiers ne possèdent que cette espèce, dénuée de formes et de qualités, et qui n'est, dans le fait, que le rebut de toutes les autres races tombées dans la dégradation et l'avilissement.

Les meilleurs rejetons des chevaux rustiques sont employés, soit aux remontes de cavalerie légère, soit à l'attelage de cette foule de petits équipages de nos petites villes; mais la grande masse de ces chevaux reste destinée aux seuls travaux du labourage.

Dans les pays où il n'existe que des chevaux de cette race bâtarde, le soin du propriétaire doit être d'en améliorer ou plutôt d'en changer l'espèce. Il ne doit pas choisir, pour ce remplacement, des chevaux fins, mais de bons chevaux de voiture d'une taille plus ou moins élevée, selon les ressources en nourriture du pays. Ainsi, ceux du Perche ou du Poitou lui fourniront de bons types de race très solides, propres aux travaux des champs, et susceptibles d'être attelés aux équipages et aux voitures publiques; ce qui est le service qui consomme le plus grand nombre de chevaux et les paie le mieux. Le débouché de cette espèce est toujours ouvert; partout on trouve à la vendre proportionnellement mieux que toutes les autres. Elle n'exige pas ces soins particuliers, et cette parfaite connaissance du maqui-

gnonnage qui sont nécessaires pour se défaire
avantageusement des chevaux de luxe.

De plus, en s'adonnant aux chevaux de selle,
on n'a, pour ainsi dire, qu'un seul acheteur,
le Gouvernement ; l'équitation n'est pas en
honneur en France. Les chances de l'élève de
ces chevaux sont très nombreuses et très défavorables; on exige d'eux beaucoup plus sous le
rapport de la tournure, de la figure; la moindre
tare les éloigne du service; enfin les jumens et
les poulains qui ont peu de taille sont mauvais
laboureurs, et sont comparativement peu utiles à
la ferme où on les élève. C'est donc aux chevaux
de voiture, de taille propre au service des mes-
sageries, et qui, en se perfectionnant, pourraient
aussi fournir de bons chevaux de troupe, que je
crois que le cultivateur doit s'attacher de préférence.

Quant aux chevaux que l'on peut vraiment
appeler de luxe, la spéculation n'en est jamais très étendue, même dans les pays d'é-
lève. Quelques fermiers particulièrement soigneux en élèvent quelques uns en Norman-
die, dans le Limousin, dans la Navarre; mais
dans ces pays, ils sont accoutumés, depuis
long-temps, aux soins à donner à ces chevaux,
les acheteurs savent qu'ils les y trouveront ;

enfin le capital de belles jumens et de beaux étalons y existe déjà, et il est facile d'y remplacer les pertes.

Au premier aperçu, il semblerait qu'il vaudrait mieux élever des chevaux de quinze cents à deux mille francs que des chevaux d'un prix inférieur ; mais alors on forme un haras, on ne monte plus une ferme ; des jumens de prix ne seront plus destinées aux travaux rustiques ; à la valeur de chaque poulain il faudra ajouter le prix de la nourriture de la mère ; il faudra des palefreniers particuliers ; car on ne pourrait confier un tel capital aux soins d'un valet de ferme ; enfin, dans notre cas spécial, travaillant avec un fermier, il sera bien difficile de le résoudre à cette série de soins et de dépenses, qui s'écartent tout à fait de sa besogne accoutumée.

Mais avec de belles et bonnes jumens et un bon étalon propres au travail des champs, on ne change rien au détail de la ferme, on ne fait que remplacer des chevaux déjà existans par d'autres individus. C'est donc à cette spéculation que je pense que l'on doit s'arrêter dans le plus grand nombre de cas ; et l'importation considérable qui se fait, malgré les droits de douanes, est un sûr garant que l'on n'a pas à craindre de long-temps de voir tarir cette branche de richesse.

Les pays où l'on ne peut donner aux chevaux que des pâturages peu abondans, et avec une petite quantité de nourriture supplémentaire, ne pouvant produire que des animaux d'un moindre volume, pourront encore fournir des chevaux de selle.

Dans tous les pays où les travaux se font au moyen du genre de chevaux que nous avons appelés rustiques, nous pensons que la substitution d'une bonne race de chevaux de trait propres au service des postes et des diligences sera très avantageuse; mais il n'en est pas de même dans ceux où l'on cultive avec des mulets ou des bœufs, dont la sobriété semble annoncer que le cultivateur ne possède pas d'abondans fourrages, ou qu'il les paie à un très haut prix. Pour se faire une idée de la possibilité et de la convenance de l'opération, il faut savoir d'abord que les chevaux de trait dont nous parlons sont vendus généralement à trois ans accomplis, époque à laquelle ils ont obtenu toute leur taille quand ils sont bien nourris; qu'à l'âge de deux ans accomplis, on commence à les accoutumer au tirage en leur faisant faire quelques reprises à la charrue, ce qui fait plus

18.

que compenser la privation du travail de la mère, que l'on a éprouvée dans les derniers temps de la gestation et les premiers temps de l'allaitement ; et que ces chevaux coûtent la quantité suivante de fourrages pour leur nourriture, en supposant qu'elle soit toute réduite en foin.

La première année, vingt-trois quintaux de foin. . . . . 23 quintaux.

La deuxième année. 58

La troisième année. 80

TOTAL. 161 qx. de foin.

Comme dans cette position les jumens et l'étalon paient leur nourriture par leur travail, il n'y a rien à ajouter à ces frais. Je pense qu'en choisissant une bonne race on peut arriver facilement à avoir des chevaux qui, à trois ans, se paieront cinq cents francs les uns dans les autres, compensation faite de la mortalité et des tares ; et l'on voit qu'alors ils paieraient leur fourrage trois francs le quintal métrique.

On m'objectera que les pères et mères étant d'un plus haut prix que les chevaux rustiques dont on se servait, l'intérêt de ce prix devrait entrer dans celui des poulains ; mais je répondrai que nous n'avons rien donné au luxe, que nous n'avons payé que de la force et de l'agilité

en sus de celles que possédaient les bêtes du
pays , et que l'on retrouve ces qualités dans
leur service. Ainsi, tant que la rareté de l'espèce
des bons chevaux de voitures soutiendra leur
prix à ce niveau, et je pense que c'est pour
long-temps encore en France, cette spéculation
me paraît une des manières les plus lucratives
dont on puisse faire consommer du fourrage (1).

Si au contraire on voulait élever des chevaux
fins, auxquels il faudrait imputer la nourriture
de la mère et de l'étalon, le compte serait bien
différent. Ces chevaux d'abord ne se vendent
pas avant quatre ans, ainsi leur dépense serait :

Le poulain pour trois ans. 161 qx. de foin.
Quatrième année. 80
                  —————
                241 quintaux.
Plus pour la mère, qui ne
fait rien sur la ferme, ci deux
ans de nourriture. 160
Plus un vingtième de la
nourriture d'un étalon. . . 5
                —————
              406 quintaux.

---

(1) Voyez, sur la même question, une note très instruc-
tive de M. *Huzard* fils, dans le t. XL de la 2e. série des
Annales d'Agriculture, p. 201. On verra combien nos
idées se rapprochent, quoique nous ne nous les soyons
pas communiquées.

Ainsi, en supposant le foin à trois francs comme il nous est revenu dans le cas précédent, nous avons d'abord. . . . . . 1,218 fr.

Plus pour intérêt de capital et dégradation d'une jument de quinze cents francs, pendant deux ans. . . 300

Plus un vingtième de l'intérêt et dégradation d'un étalon de deux mille francs. 100

Plus un vingtième de la dépense d'un palefrenier, qui reviendra à six cents francs par an, ou pour quatre ans deux mille quatre cents francs. 120

TOTAL 1738 fr.

On voit que le poulain reviendra à dix-sept cent trente-huit francs, prix que l'on pourra retirer de ceux qui arriveront à bien, mais qui est tout à fait douteux comme prix moyen d'une éducation nombreuse.

Plus la race des chevaux est tardive dans sa croissance, et plus l'éleveur sera en perte ; c'est par cette raison que les beaux chevaux limousins sont si rares et si chers. Il paraîtrait que la race anglaise, qui est formée de bonne heure, offrirait quelque avantage à cet égard.

Dans cette opération, le propriétaire ne peut agir le plus souvent que par ses conseils. Ce-

pendant il pourrait coopérer activement à l'entreprise, en proposant au fermier de fournir le
capital des jumens et de l'étalon, dont celui-ci
paierait annuellement l'intérêt à six pour cent,
et lui fournirait de plus un jeune cheval en
provenant de l'âge de trois ans fait à son choix ;
les autres produits des jumens appartiendraient
au fermier, ainsi que la jument elle-même, dès
le moment que le remplacement aurait eu lieu.

Quant aux étalons, je crois qu'il est important d'en acheter de nouveaux, pris hors de la
ferme, quand on veut les renouveler, l'expérience ayant appris que les accouplemens du
même sang finissent par dégénérer et par être
moins productifs.

ARTICLE III.

DES BÊTES A CORNES.

Nous possédons en France des races de bêtes
à cornes, très belles et très productives; on y
en trouve d'autres, chétives et presque sans valeur. Il serait sans doute impossible à l'homme
le plus industrieux de parvenir à naturaliser
partout les bonnes races sous l'influence des
circonstances agricoles actuelles; leurs qualités
tiennent le plus souvent à une meilleure nour-

riture et à un meilleur traitement; et leur importation dans des lieux où elles ne trouvent
pas ces avantages n'est souvent qu'une source
de mécomptes. Alors les animaux les plus beaux
et du produit le plus considérable dépérissent,
perdent toutes leurs qualités, et tombent même
souvent au dessous de la race du pays, dont la
constitution s'est formée sous des conditions
plus rigoureuses. C'est donc encore plus des
progrès de la culture que de quelques tentatives isolées d'importation et de croisement que
nous devons attendre les progrès les plus importans de cette branche de notre industrie,
qui fait la base de l'agriculture du plateau cen-
tral de la France, et de quelques autres pays
dont les herbages sont abondans (1).

Les bêtes à cornes peuvent être considérées
sous trois points de vue différens: comme bêtes
de trait, pour la production du lait, et pour la
faculté de s'engraisser. Les convenances mercantiles du pays doivent faire donner la préférence à l'une de ces propriétés; il est rare que
l'ensemble d'une race puisse les posséder toutes

(1) Voyez les Mémoires de M. *Desmarets* sur le gros
bétail, dans ceux de la Société centrale d'agriculture, 1816,
page 197.

les trois à la fois dans une haute proportion, quoiqu'on puisse trouver des animaux isolés qui font exception.

La nécessité d'employer les bœufs destinés à l'engrais pendant plusieurs années de leur vie et jusqu'à ce qu'ils aient atteint l'âge le plus favorable à l'engraissement empêche, en général, de faire une distinction sérieuse entre les animaux destinés au trait et ceux que l'on élève pour la boucherie. Aussi, n'a-t-on pas ce qu'il y a de plus parfait dans l'un et dans l'autre genre, parce qu'il est difficile de remplir ces deux buts à la fois, et d'avoir des bœufs qui aient le nerf et la légèreté propres au travail, et les formes et la mollesse de muscles qui caractérisent les bonnes bêtes d'engrais.

Les Anglais, qui ne se servent pas de bœufs au labourage, ont pu s'adonner spécialement à former des races propres à l'engrais; mais chez nous on manquerait peut-être le but en s'y appliquant à la manière de *Backwell*, et en cherchant à atteindre la double destination que l'on exige d'eux en France, on risquerait de manquer la vente de ceux qui résulteraient de cette coûteuse entreprise, et qui ne paraîtraient pas d'une construction propre au labourage. Il en résulte cependant en général que nous n'avons que des bœufs de trait bien caractérisés pour cette besogne, mais dont l'engrais est peu profitable, ou des animaux d'engrais d'une assez bonne qualité, mais qui font peu d'ouvrage et déploient peu de force. Je regarde cette double destination comme l'obstacle essentiel au perfectionnement des races de bêtes à cornes dans ce pays.

Quant aux vaches laitières, leur séparation des autres races est un peu plus prononcée, mais ne l'est pas encore suffisamment. Les bonnes vaches à lait sont rarement de beaux animaux. M. *Crud* remarque même que ce sont souvent les plus défectueuses et les plus laides d'un troupeau (1), et quand on veut unir l'industrie de l'élève des veaux à celle de la laiterie, il est bien difficile de ne pas sacrifier souvent l'abondante production de lait à la beauté des formes.

Ce serait donc dans la destination spéciale d'une race que l'on voudrait former à une de ces fonctions distinctes que l'on trouverait le moyen de la perfectionner et de la rendre éminemment propre à cette destination. Tant

_____

(1) *Économie de l'Agriculture*, § 299.

que l'on regardera les bœufs de travail comme
des bêtes que l'on destine à l'engrais, il n'y aura rien à faire sous ce rapport ; mais je pense
que l'on pourrait trouver de l'avantage, dans les
pays à herbages, à rechercher une race qui eût
les formes les plus propres à la boucherie, qui
eût une croissance prompte et qui pût s'engraisser de bonne heure, et que, sans aller chercher bien loin, on trouverait, dans le pays même,
des individus qui pourraient devenir la souche
d'une telle race, si l'on ne préférait les aller
chercher en Angleterre pour naturaliser tout à
coup une race perfectionnée.

Quand on voudra multiplier des bœufs propres à l'engrais, il sera important d'abord d'apprendre les signes auxquels on les reconnaît.
On devra donc faire choix de jeunes bœufs et
de génisses qui se maintiennent, dès leur jeune
âge, dans un état satisfaisant d'embonpoint, qui
aient l'épine du dos droite et sans arqûre, le
dos plat et large, la poitrine ouverte et le cof-
fre large, et proportionnellement peu de ventre.
Les auteurs anglais comparent la conformation
de ces bêtes à celle d'un tonneau. Ils seront bas
sur leurs jambes et auront les os petits comparativement aux autres animaux. Ces caractères
sont ceux de la fameuse race de Backwell ; mais

avec l'attention de n'admettre dans la généra-
tion que des animaux conformés de la sorte, je
ne doute pas qu'on ne pût atteindre assez rapidement, avec nos races, le double point de vue
d'avoir des animaux qui prissent facilement la
graisse, et qui la prissent de bonne heure; on
économiserait ainsi beaucoup sur les frais de
nourriture que l'animal devrait consommer
avant d'être en âge de s'engraisser.

Il est essentiel de ne pas choisir toujours le
taureau parmi les bêtes de sa propre race, les
accouplemens où il y a trop de consanguinité
finissent par faire dégénérer les produits en
taille, en force et en propriété prolifique. La
castration, faite dans un âge fort jeune, est très
favorable au développement de la graisse que
l'on veut obtenir dans la suite.

Quant aux vaches laitières, c'est à l'abondante production du lait que l'on doit tout sacrifier. On peut les importer de pays renom-
més par leur laitage, ou chercher à former
soi-même une race par la reproduction des
vaches les meilleures du pays ou des environs. Pour que la spéculation soit profitable, il
faut en outre connaître la proportion qui se
trouve entre le lait et le fourrage consommé, et
la composition du lait, qui peut être plus ou

moins riche en parties butireuses ou caséeuses.

Un animal consomme toujours une partie quelconque de son fourrage pour le soutien de son existence ; ce n'est que ce qu'on lui donne au delà de cette portion qui porte une rente : ainsi il n'est pas indifférent de nourrir trois animaux ou seulement deux pour obtenir la même quantité de lait. Il paraît, d'après les expériences exactes, qu'il faut, dans les herbivores, environ quatre et demi de poids de foin pour nourrir pendant vingt-quatre heures cent livres du poids de l'animal (1). Ainsi, tout ce qui est donné au delà de cette quantité doit, dans les bonnes laitières, se reproduire en lait; tandis que chez les animaux autrement conformés il passe souvent en graisse.

On estime, en Suisse, qu'une vache qui mange trente livres de foin par jour doit produire en moyenne, sur toute l'année, $11^{1,\frac{5}{8}}$ de lait (2), qui contiennent dans les bonnes vaches, sur mille parties de lait,

---

(1) *Bibliothèque britannique.* Agriculture, t. XV ; Expériences de *Crud, id.*, t. VII, p. 446.

(2) *Crud, Économie*, § 325.

Crême. 100

Caséum. 110

Serai. 50

Sucre de lait. . . 77

Eau. 663

————

1000.

Ces produits fabriqués ont donné :

Fromage frais.. 110

Serai. 50

Beurre. 24

Sucre de lait. . 77

Eau. 739

————

1000 (1).

Avec ces données, on pourra toujours comparer le produit des vaches d'un pays à celui
des vaches suisses qui ont fourni ces résultats,
il ne s'agira que de connaître leur consommation, d'avoir la mesure exacte du lait produit
par chacune chaque jour, détail indispensable pour les apprécier individuellement, et de
faire de temps en temps l'analyse de leur lait,
analyse rendue très facile par le galactomè-
tre de *Néandre*, dont voici l'usage : prenez un

————

(1) Voyez l'analyse du lait par *Schübler*, dans les feuilles
d'Hofwyl, et la traduction dans la *Bibliothèque universelle*,
Agriculture, t. II, page 241 et suivantes.

tube de verre de dix à douze pouces de hauteur et d'un pouce de diamètre, fermé à sa partie inférieure et divisé en cent parties égales ;
la crême ne tardera pas à monter au dessus , et
l'on en estime la quantité par cent ; on ajoute
de la présure, et le caséum se précipite ; ensuite
on ajoute quatre centièmes de vinaigre, qui pré-
cipitera le serai. On connaît alors individuellement les vaches , et l'on peut se décider à garder
celles qui sont réellement les plus productives,
pour en faire la souche de l'amélioration. Le
prix vénal des produits et celui du fourrage, dans
le pays, indiquent les avantages que l'on en peut
espérer.

Si l'on se décidait à remplacer les vaches du
pays par une importation de vaches étrangères
et surtout de vaches suisses, on ne saurait trop
se dire qu'on ne réussira qu'en rapprochant leur
traitement de celui qu'elles reçoivent dans leur
pays ; qu'il n'y a point d'animal plus sujet à
recevoir les impressions des circonstances extérieures, de l'air, de la nourriture, des soins ;
et que, faute de respecter ces habitudes, les
animaux les plus beaux et les plus productifs
ne tardent pas à se détériorer, à tomber, pour
les produits , au dessous de ceux des races du
pays. Ainsi, si l'on n'a pas à donner à ces vaches
l'équivalent de trente à trente-six livres de bon

foin sec; si les écuries ne sont pas chaudes et aérées; si les eaux ne sont pas bonnes; si l'importation n'est pas assez considérable pour que les produits puissent supporter les frais de l'achat et de l'entretien d'un taureau, c'est à dire si elle n'est pas au moins de douze vaches; enfin si on ne les accompagne pas d'un bon vacher, choisi dans le pays d'où on les tire, et qui puisse initier les habitans de leur nouveau domicile aux soins qu'elles exigent, je crois que l'on fera bien de renoncer à l'importation de vaches suisses, qui risqueraient de ne produire que des mécomptes, et qu'on doit s'en tenir à l'amélioration des vaches du pays.

Quant aux bêtes de trait, la France est un des pays les mieux partagés, et l'on peut facilement y choisir de superbes animaux propres à devenir la base d'une amélioration. L'Auvergne en fournit de très beaux, qui ne sont pas dénués d'ailleurs de toutes les qualités qu'on recherche dans les bœufs d'engrais, et qui, par la supériorité de leur marche et la force qu'ils déploient dans le travail, méritent la préférence sur presque toutes les autres races; celle-ci acquiert son plus grand développement sur les bords de la Garonne, et les environs de Bordeaux sont peuplés de bœufs qui font l'envie

des étrangers, et ont souvent été, pour les Anglais, l'objet d'une importation faite dans le but
d'améliorer leurs propres races.

Mais on doit s'abstenir de toute introduction
de ce genre, si les fourrages secs dont on dispose
ne permettent pas de donner à l'animal au moins
quatre livres et demie de fourrage par cent livres
de son poids, ou si, en le mettant au pâturage,
il ne peut y trouver dans la journée l'équivalent
de cette nourriture; car ici il ne suffit pas toujours d'agrandir l'espace qu'on lui accorde, il
faut aussi que l'herbe soit assez épaisse et assez
haute pour que, dans sa journée, il puisse y
paître à l'aise cinq fois le même poids d'herbe
fraîche.

Voilà bien des soins pour un propriétaire
qui afferme ses biens dans l'intention de s'en
décharger. S'il veut améliorer ses bêtes à cornes,
il ne peut se dispenser de prendre tous ceux
qui concernent la partie théorique et d'observation, mais quant aux détails matériels, il doit
sans doute les remettre à son fermier; et c'est
encore ici le cas de conclure avec lui une espèce
de bail de cheptel pour les animaux améliorés
qu'on lui confie. Quant aux vaches à lait, on
peut l'intéresser, par une prime, à leur amélioration, en convenant d'une somme à lui payer

19

pour chaque cent pots de lait que chacune de ses jeunes vaches, ou que la moyenne de toutes ses vaches produira de plus annuellement que dans l'état ancien, sous la condition qu'il suivra les directions qu'on lui donnera pour le choix des mères et des taureaux.

ARTICLE IV.

DES BÊTES A LAINE.

Nous manquons entièrement en France d'un bon traité sur les bêtes à cornes. Il semble que cette branche d'industrie agricole y ait toujours été dédaignée des savans, et qu'ils aient trouvé qu'il n'y avait rien à faire pour l'améliorer. Il n'en est pas ainsi des moutons : l'importation des mérinos a été une époque si remarquable, qu'elle a éveillé tous les esprits, et que nous possédons une masse très recommandable de renseignemens sur cette matière. MM. *de Lasteyrie, Flandrin, Tessier* d'abord, et plus récemment MM. *Pictet, de Morel Vindé, Perrault de Jotemps, Mathieu de Dombasle* et quelques autres, ont porté de vives lumières sur tout ce qui concerne les bêtes à laine, et c'est à leurs ouvrages que devront recourir les propriétaires qui voudront s'instruire à fond sur cette matière. Nous ne leur présenterons ici, à défaut d'une instruction plus complète, que quelques idées générales sur la direction qu'ils doivent prendre.

Les bêtes à laine ont deux destinations différentes, opposées même, qui n'ont pas peu contribué à retarder leur perfectionnement sous chacun de ces deux rapports. On a voulu avoir des bêtes bien qualifiées à la fois pour la boucherie et pour la laine, et ces deux buts sont difficiles à remplir à la fois; mais, sans contredit, nos beaux mérinos français ont le plus approché de la solution de ce problème. On a vu à la fois chez eux un volume de corps considérable, une forte toison, présentant beaucoup de finesse, de force, d'élasticité. Cette race réunit donc à un fort haut degré les qualités les plus désirables : c'est d'ailleurs un type tout formé, qui atteint un degré de perfection auquel les soins des propriétaires et des fermiers s'élèveraient difficilement par des croisemens qui demandent une longue persévérance. D'ailleurs, avec ces soins, on peut en obtenir aussi ce degré de superfinesse, que la mode rend aujourd'hui l'unique but des éleveurs, mais que l'on n'atteint trop souvent qu'aux dépens de la solidité et du ressort de la laine.

On se déterminera à produire de la belle

19.

laine, ou des bêtes d'engrais, suivant la nature
du climat, celle des pâturages, et principalement d'après la direction que suit l'industrie
du pays qu'on habite. Des pâturages gras,
abondans, favorables à l'engraissement des bestiaux, paraissent peu favorables à la production
de la laine superfine; on y élèvera de préférence du bétail d'engrais; des pâturages trop
maigres, sans nourriture supplémentaire, ne
donnent que des moutons d'une laine sèche,
et les mérinos paraissent ne pouvoir pas y subsister. Le poids des bêtes du pays indique suffisamment si la nouvelle race que l'on veut y
introduire pourra y subsister. Ainsi, en pesant
un mouton du pays et un de ceux de la race à
introduire, chacun sous leur laine, on s'assure-
ra, s'il y a égalité, que cette dernière peut y
vivre; car les bêtes du pays, soumises depuis
long-temps aux influences locales, ont fini par
équilibrer leur masse à la subsistance qu'elles y
trouvent.

Les pays trop chauds ne conviennent aux
mérinos qu'à la condition qu'on les fera trans-
humer en été, ou qu'on les nourrira pendant
cette saison, soit à l'étable, soit sur des pâturages
très riches (luzerne, sainfoin, prairies naturelles), qui soient rapprochés de leur berge-

nie., et sur lesquels ils puissent prendre toute
leur nourriture avant la grande chaleur du jour.

Les bêtes que l'on choisira pour l'engrais
doivent avoir toutes les marques extérieures
que nous avons indiquées pour les bœufs. On
parvient, par une attention soutenue dans les
croisemens, à se procurer des races qui s'engraissent de bonne heure et à peu de frais;
mais peut-être les soins que l'on prendrait pour
les créer ne seraient-ils pas payés en France
comme en Angleterre, faute de fermiers intelligens et riches, qui sussent apprécier à leur
juste valeur l'avantage de se procurer à haut
prix des animaux qui possédassent ces avantages. On serait donc réduit à engraisser soi-
même toutes les provenances du troupeau ; ce
qui présente une double spéculation, celle de
la création d'une race, et celle de l'engrais des
moutons. Cette entreprise, faite par le fermier
lui-même, réussirait sans doute très bien ; car il
est facile, d'après mon expérience, de se procurer des bêtes qui s'engraissent fort bien à la
fin de leur seconde année, quand elles sont bien
conformées pour cet usage et qu'on a fait la
castration de bonne heure.

Mais les qualités qui rendent un animal
propre à l'engrais ne peuvent s'apprécier que

par intuition ; elles n'ont pas de mesure com-
parable. Ainsi, le propriétaire remettant un troupeau perfectionné, sous ce point de vue, à son
fermier ne pourra constater d'aucune manière ,
à la fin du bail, les progrès ou les dégradations
de son troupeau; il ne pourra donc promettre
aucune prime ni exiger de dédommagement. Je
ne vois donc pas trop l'action qu'il peut avoir sur
ce genre d'amélioration, si ce n'est qu'il voulût
importer de suite sur sa ferme des animaux améliorés, pour en former son cheptel, et qu'il le
laissât au fermier, à condition de suivre ses directions dans les accouplemens.

Quant à l'amélioration des laines, M. *Perrault
de Jotemps* nous ayant fourni une mesure com-
parable, l'action du propriétaire peut être beaucoup plus directe. Mais avant d'en parler, il
nous faut entrer dans quelques détails sur ce
qui constitue la valeur positive des toisons.

Depuis que les caprices de la mode, et peut-
être aussi les habitudes tranquilles qu'une longue paix donne à l'Europe, nous font rechercher dans le drap sa souplesse et sa finesse bien
plus que sa solidité, on néglige trop dans les
laines cette ténacité et cette élasticité qui, réunies
à la finesse, donnaient autrefois les plus beaux
draps. Les goûts des consommateurs actuels ne

(295)

portent que sur la superfinesse. La valeur des toisons se compose donc aujourd'hui de trois élé-mens, leur quantité absolue, leur finesse et leur prix. La finesse est prise, non pas sur une partie de l'animal, mais sur l'ensemble de la toison. Ainsi, pour la fixer, on doit prendre la moyenne de la laine de plusieurs parties du corps, comme, par exemple, ainsi que le pratique M. *de Dombasle*, au haut de l'épaule, au dessous du milieu du plat de la cuisse et au toupet. Le poids est donné immédiatement par le pesage de la toison après sa tonte. Les prix paraissent être dans la proportion de 2 : 3 : 4 de la laine ordinaire à la superfine.

La finesse s'estime, selon M. *Perrault de Jotemps*, par le nombre des ondulations que présente la laine (1); il regarde comme ordinaire la laine qui présente moins de vingt-quatre ondulations par pouce de longueur, sans être alongée par le tiraillement; comme fine, de vingt-quatre à vingt-neuf ondulations ; comme superfine celle qui présente vingt-huit ondulations et au delà. Ainsi, en supposant qu'un animal donne huit livres de laine ordinaire, la valeur de la toison sera représentée par 8 poids $\times$ 2, valeur relative $=$ 16.

(1) *Nouveau Traité sur la laine,* p. 75 et 76.

Mais ce nombre ne représenterait nullement la valeur réelle de l'animal; car il n'est pas indifférent de nourrir, pour l'obtenir, cent livres ou quatre-vingts livres de chair; c'est la proportion de la valeur de la laine au poids du corps, qui établira la valeur réelle d'un mouton. Ainsi, en supposant que les huit livres soient fournies par un animal de quatre-vingts livres de poids, c'est une livre pour dix du poids, et chaque livre de poids aura une valeur égale à deux degrés (1); tandis que la valeur d'un animal qui porterait six livres de laine de première finesse, sur quatre-vingts livres de poids, serait exprimée par $\frac{6}{80} \times 4 = 0,30 = 3^{\text{d}},00$. Cette expression, indépendante de la valeur annuelle des laines, est plus propre à guider l'observateur que celle de M. *de Dombasle,* qui fait entrer cette valeur dans la sienne.

Mais on n'obtient de cette manière qu'un type idéal, et ce n'est réellement que du poids de la laine lavée et de son assortissage que l'on

---

(1) L'expression résulte de cette formule

$$10 \times \left(\frac{\text{poids de la toison}}{\text{poids de l'animal}} \times \text{valeur de la laine} \right);$$

on a donc ici $\frac{6}{80} \times 2 = 0,2$, et multipliant le résultat par 10, nous avons 2,00 degrés.

pourrait déduire la véritable valeur de l'animal.
Il nous suffit, dans ce moment, que cette règle
puisse nous guider dans l'amélioration du troupeau que nous voulons perfectionner, et elle a
tout ce qu'il faut pour cela.

On voit qu'elle nous conduit à obtenir la
plus grande quantité de laine, la plus fine possible, sur les animaux du moindre poids, et que,
par le balancement de toutes ces conditions,
elle nous avertit toujours du point où doivent
s'arrêter les diverses parties de ces améliorations.

Ainsi, si nous avions un animal superfin du
poids de soixante livres, mais qui ne portât que
trois livres de laine, son degré résultant de
$10 \times (\frac{3}{60} \times 4) = 2,00$ degrés, nous avertirait
que nous sacrifions trop à la finesse, et qu'un
rendement plus considérable en laine pourrait
être plus avantageux; de même qu'une bête
commune qui rendrait dix livres de laine sur
quatre-vingts livres de poids, nous donnant
pour résultat un degré vingt-cinq centièmes,
nous apprendrait que nous sacrifions trop au
poids de la toison.

C'est donc à la race qui, sous ces différens
rapports, offre le plus d'avantages, que le propriétaire doit s'attacher pour conduire son amé-

lioration ; et ce n'est encore qu'en créant lui-
même un cheptel, et le confiant à son fermier
sans cesser de le surveiller lui-même, jusqu'à
ce que ce dernier en sente l'importance, et surtout en se réservant toujours le choix des mâles
que l'on destinera à la propagation, qu'il peut
agir efficacement. Mais le fermier saisira-t-il
aisément ce triple point de vue sous lequel
nous venons d'envisager la valeur des animaux?
Non sans doute, et il y aurait folie de l'exiger
dans l'état actuel de l'instruction de cette classe.
Mais si le propriétaire choisit lui-même la taille
des animaux qui doivent faire la souche de
sa race, il peut être sûr que le fermier ne négligera pas ce qui concerne le poids de la toison,
et s'il se réserve le choix des mâles qui doivent
concourir à la reproduction, et qu'il dirige ce
choix vers la finesse d'après les principes de
M. *Perrault de Jotemps* (*Traité sur la laine et
les moutons*, pag. 75,76), il ne pourra manquer
de réussir ; mais en réunissant ces deux points
de vue, peut-être n'arrivera-t-il pas au même
résultat que cet auteur, et se trouvera-t-il plus
près des mérinos français que de ceux de Naz.

On trouvera peut-être encore long-temps un
grand obstacle à l'entreprise de former des laines
superfines dans la répartition de nos fabriques

françaises. Celles du nord fabriquent des draps
fins ; mais ces fabrications n'ont pas lieu dans
le midi. Aussi , les fermiers de ces contrées qui
élèvent des mérinos peuvent-ils souvent se
trouver embarrassés pour vendre leurs produits
à leur véritable valeur. Espérons que la concurrence s'élèvera aussi pour les acheter , et que
des lavoirs et des assortissages pourront s'établir
dans ces contrées et favoriser cette branche
d'industrie. Mais ces considérations doivent entrer pour beaucoup dans la détermination du
propriétaire qui veut adopter telle ou telle branche d'amélioration, et qui ne veut pas engager
son fermier dans une voie où il ne trouverait
que de la perte.

Il peut être profitable de se borner au métis-
sage quand on possède une mauvaise race de
bêtes à laine , qui produit peu de laine et de
mauvaise qualité , si d'ailleurs on a les ressources
nécessaires pour nourrir des bêtes d'un plus
grand poids, et que l'on ne soit pas assuré des
soins assidus de son fermier pour affiner considérablement le troupeau. On gagne alors ordinairement et sur le poids des moutons et sur
celui des toisons , et sous le rapport de la finesse :
ce premier pas est considérable sans doute , et
c'est celui auquel on est obligé de se borner

dans le plus grand nombre des cas; mais si l'on peut compter sur les soins du fermier , c'est vers l'affinement qu'il faut tendre; c'est lui seul qui peut donner des bénéfices considérables et en proportion avec les sacrifices que l'on fera. Mais, dans tous les cas, on ne peut avoir trop d'attention à choisir les mérinos à importer, d'une grosseur égale à celle des bêtes naturelles au pays, qui donnent la mesure de ce que l'on peut espérer de nourrir sur ses pâturages.

Tels sont les principes qui nous paraissent devoir être la base d'une amélioration dans les bêtes à laine; amélioration si répandue depuis quelque temps, et souvent si peu réfléchie. Quant aux détails d'exécution, nous ne pouvons que renvoyer aux excellens ouvrages des auteurs que nous avons cités en commençant cet article, dans lesquels on acquerra toutes les lumières que le défaut d'espace nous empêche de transmettre ici à nos lecteurs.

ARTICLE V.

DES PORCS.

Les domaines entourés de forêts où se trouve une abondante glandée, ceux qui sont situés au milieu de terrains marécageux ou dont les pâturages, trop aqueux, menacent la santé des bêtes à laine, enfin ceux qui élèvent un grand nombre de vaches et fournissent beaucoup de petit-lait, me semblent éminemment propres à l'élève des cochons, qui présente alors des avantages bien plus grands que toute autre espèce de bétail.

Cette branche d'industrie a été poussée très loin en Allemagne, où l'on fait un grand usage de la chair de ces animaux, et j'ai vu avec beaucoup de plaisir les belles éducations qu'a faites M. *de Loys* dans sa ferme près de Lausanne, où ils sont gardés en troupeaux sur les trèfles et dans les prés bas de ce domaine, dont ils consomment en outre le petit-lait.

Si l'on ne se trouve pas dans une des conditions indiquées, il est rare que la propagation et l'entretien des cochons soient une spéculation profitable, parce qu'alors on se trouve en concurrence avec les pays mieux placés pour l'entreprendre, et qui peuvent les livrer à meilleur marché que ceux où on est obligé de les nourrir de fourrages cultivés ou de racines.

Quand on a beaucoup de jardinage, on peut cependant élever encore avec profit un nombre proportionné de cochons, pour en consommer les débris ; mais rarement trouve-t-on son compte à les engraisser avec des denrées que l'on achète, ou que l'on pourrait vendre à un prix déterminé. Une expérience réitérée me prouve qu'il est bien rare que le compte ne se balance pas à perte; tandis qu'il donne réellement de grands profits quand il sert à consommer un genre de nourriture qui ne convient pas au même degré aux autres animaux.

Il faut convenir, cependant, que cette perte peut venir en partie de ce que nos races françaises sont généralement lentes à croître et difficiles à engraisser, et que l'introduction d'une meilleure race pourrait bien remédier à ces inconvéniens. Ainsi, les cochons chinois, qui croissent vite et s'engraissent à tout âge, résoudraient complétement la question, si les chairs entrelardées convenaient aux goûts des consommateurs; mais il paraît que leurs croisemens avec le cochon anglais ou bavarois ont produit d'excellens résultats, et ce sont ces races métisses que l'on élève maintenant dans les exploitations soignées de l'Angleterre et de l'Allemagne.

C'est donc à des croisemens bien ntendus que doivent s'adonner les cultivateurs intelligens, et les cochons chinois étant maintenant assez répandus, il sera facile de s'en procurer.

Les soins à donner à ces animaux ne sont pas encore bien connus, et aucun ouvrage spécial n'en traite convenablement; on peut voir cependant ce qu'en dit *Thaër*, § 1454 et suivans; mais on pourrait avoir quelque chose de plus complet, si M. *de Loys* voulait s'en occuper, et nous donner le détail de ses éducations, ainsi que le plan des bâtimens construits pour contenir ses troupeaux, et pour séparer et nourrir les bêtes à l'engrais, ainsi que les précautions par le moyen desquelles il rend leur fumier supérieur à celui que donnent ordinairement ces animaux, et égal en valeur à celui des vaches; moyens qui consistent principalement à donner de l'écoulement à leurs urines, et à ne pas les laisser croupir dans l'humidité, comme cela arrive dans la plupart de nos étables à porcs. Aucun homme en Europe n'est aussi capable maintenant de donner une instruction solide sur cette partie importante de l'économie rurale, et sur les avantages que des soins bien appliqués peuvent en obtenir.

Je finis ici cette partie sans avoir parlé de divers autres animaux domestiques, dont l'éducation peut trouver place dans un domaine. Quand les avantages des chèvres de Cachemire seront bien constatés; quand on aura reconnu

que ceux que présentent ces animaux, nourris
à la manière du Mont–d'Or, avec des feuilles de
vignes conservées pour l'hiver, peuvent être éten-
dus à d'autres pays, et que des propriétaires auront
essayé de cette méthode, décrite avec soin par
M. *Grognier* dans les *Mémoires de la Société
d'agriculture de Lyon* : alors sans doute ces animaux pourront devenir l'objet d'un article spécial ; mais, dans l'état actuel de cette industrie,
nous croyons que le propriétaire ne peut pas en
faire l'objet d'une transaction avec son fermier,
et qu'il suffit de la recommander à l'attention de
ceux qui exploitent par eux-mêmes et peuvent
diriger des essais dispendieux, dont le succès
est souvent douteux. Après avoir rappelé dans
cette partie tout ce qui peut contribuer à l'a-
mélioration du domaine, nous allons passer,
dans la suivante, à ce qui concerne le personnel
du fermier qui doit y présider.

TROISIÈME PARTIE.

CHOIX DU FERMIER.

Les combinaisons les plus habiles, les plus savantes que l'on pourrait imaginer pour rendre un bail à ferme avantageux; les améliorations les mieux appliquées; les capitaux disposés le plus utilement; tous ces soins matériels que nous venons de prescrire au propriétaire deviendraient inutiles, si le choix d'un fermier n'était pas dirigé par la même sagesse.

Ce choix fait naître plusieurs questions importantes : 1°. quelles sont les qualités morales à rechercher dans un fermier? 2°. Quels sont les moyens de s'assurer qu'il les possède? 5°. Quels capitaux doit posséder le fermier et quelle garantie doit-il offrir? 4°. Quel degré de valeur doit-on attacher aux qualités du fermier? 5°. Quand doit-on chercher à retenir un ancien fermier et quels sacrifices peut-on faire dans ce but? La solution de ces questions va nous offrir l'occasion de développer toutes nos idées sur ce point important de nos études.

20

CHAPITRE PREMIER.

QUALITÉS MORALES À RECHERCHER DANS UN FERMIER.

La terre est une grande manufacture, celui qui l'exploite doit avoir toutes les qualités que l'on exige du manufacturier; mais, et l'on s'étonnera sans doute de l'assertion, il doit les avoir à un degré bien plus éminent et avec des modifications bien importantes.

Ainsi l'activité, la prudence, l'ordre, la prévoyance sont sans doute utiles au fermier comme au fabricant, mais les combinaisons de ce dernier sont bornées dans un cercle régulier, qui, chaque année, chaque jour même, ramène les mêmes soins, les mêmes pensées, les mêmes sollicitudes; pourvu qu'il suive les perfectionnemens lents de l'industrie, qu'il sache se maintenir au courant des découvertes et les appliquer à ses fabrications, sa tâche est remplie. S'il se sert des forces de la nature, c'est dans une direction toujours la même; il l'a assujettie depuis long-temps au petit nombre d'opérations uniformes qu'il lui demande. Ainsi, ses matériaux il les choisit, les adopte ou les rejette selon ses besoins; ses forces motrices,

(307)

leur mode d'action est prévu et invariable pour lui; ses roues sont mises en mouvement par l'eau ou la vapeur sous des conditions bien étudiées d'avance; les combinaisons économiques seulement éprouvent des variations que le cours du marché leur fait subir et qui constituent la vraie partie intellectuelle de son art.

Il n'en est pas de même du fermier : en combat perpétuel avec les forces les plus variables de la nature, celles de l'atmosphère, il lutte péniblement contre elles ; il n'est jamais sûr du résultat de sa fabrication, et ne peut jamais affirmer qu'il produira tant d'hectolitres de blé, comme le fabricant annoncera à l'avance le nombre d'aunes de toiles qui sortiront de ses ateliers; il lutte, comme celui-ci, contre les cours du marché, mais il ne peut se prémunir de loin contre leurs effets ; de bonnes saisons peuvent doubler la production, des intempéries peuvent la réduire beaucoup plus encore, et ces causes irrégulières, arrivant différemment sur tant de points différens où la manufacture agricole est étendue, ne lui laissent aucune possibilité d'entrevoir les résultats de l'année : de sorte que ce n'est qu'à force d'industrie, de ressources dans l'esprit et de variété dans les chances qu'il fait naître, qu'il peut avoir quel-

20.

que espérance de ne pas être ruiné entièrement pendant la durée d'un bail.

Ainsi, la prévoyance, la prudence, l'ordre, l'activité doivent être déployés à un plus haut degré encore dans cette profession que dans celle du manufacturier, et il faut y joindre cette flexibilité de combinaisons, qui est aussi le don particulier de cette classe de fabricans, dont les produits variés sont exposés à toutes les chances de la mode et du caprice.

On se fait difficilement une idée de tout ce qu'un fermier habile emploie de talens et de ressources d'esprit. Cet homme, grossier en apparence, combine sans cesse et souvent avec un talent et une justesse de vues qui font l'admiration de ceux qui savent les comprendre. Sans doute dans un assolement donné et aussi simple que l'assolement triennal, par exemple, toutes les combinaisons sont faciles et prévues, et nos fermiers ne savent le plus souvent que se résigner aux pertes qu'un peu d'intelligence eût fait prévoir; mais avec un système plus compliqué, où les combinaisons sont multipliées, il faut bien plus de réflexions et je suis loin de m'étonner de l'assertion de M. *Crud*, qui, après avoir long-temps dirigé des exploitations, disait, dans son enthousiasme agricole : « Je de-

» mande pardon aux hommes d'état si j'ose
» avancer ici qu'il est peut-être moins difficile
» d'organiser le gouvernement d'un pays qu'une
» économie rurale parfaite. Celle-ci exige des
» talens distingués et une fermeté de caractère
» plus grande. Pour la première, on trouvera
» sous ses pas les hommes les plus intelligens
» et les plus dévoués ; pour la seconde, au con-
» traire, il faut tout tirer de son propre fonds
» et agir par le moyen d'instrumens qui, pres-
» que tous, ont une tendance contraire à celle
» qu'on voudrait leur donner; il faut vaincre
» les préjugés et obtenir de grands résultats
» avec de chétives ressources ; il ne faut pas se
» borner à satisfaire aux besoins de la popula-
» tion, souvent il faut savoir proportionner la
» production aux besoins ; il ne suffit pas de
» corriger les fautes, il faut les prévenir, parce
» qu'une seule peut souvent ôter les moyens
» de continuer l'entreprise. » (*Économie*, § 31.)
Sans doute il entre dans ce passage un sentiment bien plus profond des difficultés agricoles
que l'auteur avait éprouvées, que de celles de
la science du gouvernement ; mais il n'était pas
inutile de montrer quelle idée les hommes qui
ont exercé l'art de la culture se font des qualités nécessaires pour y réussir.

Les facilités que la division du travail introduit dans le travail des manufactures ne
sont que très imparfaitement à l'usage du fermier, et c'est là encore une des causes qui rendent sa position plus pénible. En effet, une fois
les travaux distribués entre les ouvriers d'une
fabrique , ils restent les mêmes pendant toute
la durée de leur service, et le directeur de
l'entreprise se borne à savoir qu'il lui faut tant
d'hommes aux cardes, tant au tissage, tant à la
teinture, etc.

Mais, dans l'agriculture, ce même ouvrier qui
labourait le matin ira charger du foin le soir,
fauchera le lendemain ; sans cesse de nouvelles
combinaisons se présentent, et les combinaisons les mieux réfléchies, une pluie, un coup
de soleil viennent les changer ; et quels détails de
surveillance n'exige pas ce mouvement conti-
nuel pour qu'il y ait le moins de temps perdu
possible ! Quelle fermeté et quel art dans la
conduite des hommes pour être obéis avec ponctualité dans cette variété de travaux, dont les
uns conviennent moins aux ouvriers que les
autres !

Ainsi, je ne craindrai pas de le dire, si la
conduite d'une exploitation dirigée selon un
système simple et connu, dont toutes les com-

binaisons sont prévues d'avance, n'exige pas un esprit transcendant, le changement de système, qui déroge aux habitudes d'un pays, est une opération qui exige une grande force de tête, et dans ce cas l'opinion de M. *Crud* peut ne rien avoir d'extraordinaire.

Cependant nous exigeons encore du fermier ordinaire un certain nombre de qualités qui sont indispensables à ses succès : 1°. la probité, sans laquelle on ne doit jamais espérer aucune bonne réussite dans aucune espèce d'affaire; 2°. l'ordre, qui lui fait distribuer ses capitaux, ses soins, son intelligence de la manière la plus utile; 3°. la prudence, qui l'empêche d'entreprendre au delà de ses forces et des bornes du possible; 4°. l'esprit d'entreprise, qui lui fait adopter ou essayer les innovations utiles ; 5°. la prévoyance, qui dirige ses entreprises selon les règles des probabilités; 6°. l'activité, qui doit présider à l'exécution, et le rend présent à tout pour animer tout par ses exemples et son autorité ; 7°. la fermeté, qui lui donne les moyens de se faire obéir et respecter de ses subordonnés, et prévient une anarchie aussi funeste aux familles qu'aux États. Sans doute, on ne trouvera pas toutes ces qualités réunies au plus haut degré dans le fermier que l'on choisira ; mais il en est d'indispensables , et d'autres sur lesquelles il faut bien accepter un lot de la faiblesse humaine : nous avons peint ici un type idéal , dont on doit toujours chercher à se rapprocher.

CHAPITRE II.

CONNAISSANCE DES QUALITÉS DU FERMIER.

Espérer de connaître à fond le caractère et les qualités du fermier que l'on veut prendre, ce serait une véritable chimère. La science des *Gall* et des *Lavater*, qui serait si utile à tous ceux qui veulent choisir des hommes, sera peut-être toujours une science vaine et sans application utile. Observer quelques symptômes des dispositions que nous voulons connaître, voilà tout ce qu'il nous est permis d'attendre. Tâchons donc de mettre à profit ces faibles lueurs, pour soulever un coin du voile qui cache à nos yeux cette vérité qu'il nous serait si important d'atteindre, mais qui ne nous sera révélée complétement que quand des engagemens irrévocables la rendront trop tardive.

La première démarche à faire dans ce but, c'est sans doute de s'adresser au propriétaire de la ferme que quitte le fermier, pour en obtenir des renseignemens. Il est bon de le faire de vive voix, une conversation ne pouvant être suppléée que fort imparfaitement par une lettre. Aucun homme honnête ne doit refuser ces communications, elles sont dans l'intérêt réciproque de chacun ; et c'est un procédé mutuel que les propriétaires se doivent en pareil cas. On fera porter les investigations sur la série de qualités que nous avons dit être essentielles, et l'on s'attachera à faire préciser par des faits toutes les inculpations vagues que l'on mettrait à la charge du fermier.

On suivra la même marche en demandant ensuite ces renseignemens aux compatriotes et aux voisins du fermier. Avoir des faits pour pouvoir en faire une juste appréciation, voilà ce qui importe surtout ; car il pourrait fort bien se faire que ce que l'on vous donne pour de l'imprudence ne fût à vos yeux qu'un véritable esprit d'entreprise ; que celui que l'on qualifie d'homme dur ne fût qu'un homme ferme pour vous. Mais en se défiant du vague des expressions et en jugeant sur des faits positifs, on pourra former ses jugemens indépendamment de l'opinion des autres.

Il est convenable ensuite de visiter le fermier lui-même dans son ancienne ferme et sous un prétexte plausible. L'état de cette ferme peut en apprendre beaucoup à des yeux exercés; on juge ainsi de son goût pour l'ordre, par l'arrangement de ses cours, de ses bâtimens, de ses greniers, par la tenue de ses comptes, dont on lui demande à connaître au moins le mécanisme.

On peut augurer de son esprit d'entreprise par ce qu'il a exécuté sur la ferme qu'il quitte, par les tentatives qu'il a faites pour sortir de l'ornière commune, par les spéculations accessoires à sa ferme; on connaît son activité par l'état d'action ou de mollesse que l'on trouve répandu chez lui. Ainsi, si vous voyez errer dans les cours, dans les écuries, des valets indolens qui vous suivent en vous regardant, font semblant de commencer un ouvrage et le quittent, dont les préparatifs d'attelage sont longs et mous, vous pourrez juger qu'ils manquent de ce nerf que l'activité du maître sait imprimer à tout ce qui lui obéit. On peut enfin conjecturer le degré de fermeté du fermier par la manière dont lui répondent et lui obéissent ses subordonnés : s'il est obligé de leur répéter ses ordres, s'ils se permettent des observations déplacées, s'ils exécutent ce qu'il a commandé comme à contre-cœur, vous pourrez compter que vous avez affaire à un homme faible et que sa ferme doit mal s'en trouver.

Sa prudence, sa prévoyance vous seront dévoilées, dans le courant de vos négociations, par sa manière de contracter, par les engagemens qu'il croit pouvoir prendre, par ceux auxquels il répugnera.

Les qualités de la maîtresse de la maison doivent être aussi un des objets importans de vos recherches; la propreté de son intérieur, l'ordre de sa maison, l'attachement qu'on lui témoigne seront autant de signes qu'il ne faut pas manquer d'observer.

La situation de la famille du fermier ne doit pas non plus vous échapper. L'union d'une famille témoigne des bonnes qualités de ses membres, comme aussi du bon état de ses affaires. Quand la fortune du père va mal, les enfans se détachent de lui et cherchent à se faire un sort indépendant. La soumission des enfans à leurs parens est donc encore un symptôme que vous devez remarquer.

Il ne faut pas non plus négliger l'opinion des valets, si on trouve l'occasion de les faire causer en particulier sur leur maître, et apprécier le degré d'affection et d'estime que celui-ci a obtenu de ses voisins.

On ne saurait disconvenir qu'on ne puisse
se tromper dans toutes ces appréciations : un
esprit juste réduit les petites circonstances à
leur juste valeur, et ne s'attache qu'aux choses
essentielles. Par exemple, on voit souvent des
hommes qui, dérangés dans leurs meubles, ne
le sont pas dans leurs affaires; des hommes
qui, absorbés par la direction générale d'un
vaste ensemble, perdent de vue les détails : ces
dispositions sont fâcheuses sans doute, mais
on trouve partout le côté faible, et c'est dans
les compensations que réside l'œuvre du jugement à porter. En réunissant toutes ces données,
on pourra apprécier jusqu'à un certain point
l'homme avec qui l'on veut contracter une
liaison d'affaires.

CHAPITRE III.

CAPITAUX DU FERMIER.

Ce n'est pas assez sans doute de connaître les
qualités morales du fermier : si elles nous répondent de ses succès dans son exploitation et
de la confiance qu'on peut avoir en lui, ces
succès ne s'obtiennent pas sans capitaux convenables, et il faut être sûr qu'il les possède,
pour lui confier l'exploitation d'une ferme.

Ce que nous avons dit plus haut peut nous

servir jusqu'à un certain point de règle pour le taux auquel ils doivent être portés. Ainsi, veut-on rester dans la routine de l'assolement triennal, le fermier doit posséder par hectare de terre :

    1°. En capital de cheptel. . . 60 fr.
    2°. En capital circulant. . . . 50
                            110 fr.

Plus une année de fermage.

Dans le midi et avec l'assolement biennal, le cheptel devrait être de cent trente-quatre francs et dans les pays où l'on cultive avec des bœufs, un peu moindre de soixante francs.

La culture est-elle perfectionnée et réduite à l'assolement quadriennal, il devra possséder :

    1°. Capital de cheptel. . 300 fr.
    2°. Capital circulant. . . 100
                            400 fr.

Plus une année de fermage.

Si le domaine est sous l'assolement plus com-pliqué des cultures sarclées, on exige par hec-tare :

1°. Capital de cheptel. .   150 fr.

2°. Capital circulant. . . $\begin{cases} \text{fumier. } 130 \\ \text{travaux. } 150 \end{cases}$

                              430 fr.

Plus une année de fermage.

Il est facile de s'assurer si le fermier possède le cheptel convenable, en visitant la terre qu'il exploite : on verra bientôt, en effet, s'il y a une grosse bête pour trois hectares dans l'assolement triennal, en comptant huit moutons pour une grosse bête; une bête de gros bétail par hectare de l'assolement quadriennal, etc.

Quant à son capital circulant, l'état de ses travaux et leur activité dans la ferme qu'il quitte annoncent aussi s'il est suffisant. Mais si la ferme qu'il va prendre est plus considérable que la précédente, son capital de cheptel n'étant plus proportionné à sa nouvelle entreprise, il règne sur cet objet le même vague que sur les autres fonds qu'il doit avoir, c'est à dire sur les fonds destinés aux travaux et nécessaires aux avances de fermage.

Ce vague ne peut être dissipé d'une manière directe. Cependant on doit conjecturer qu'un homme qui a une bonne réputation de probité et de prudence ne s'engage pas dans une spé-

culation qui dépasse ses moyens ; et en cas que
l'on eût des soupçons à son égard, il ne reste-
rait que le moyen de faire prendre l'engagement par sa caution qu'à l'époque de son
entrée en jouissance il aura une quantité fixée
de bétail sur la ferme.

Quelquefois aussi les fermiers possèdent des
biens-fonds en leur propre, et quoique cette
circonstance ne soit pas ordinairement très favorable à la ferme qu'ils amodient, on peut
s'en servir dans cette occasion en se faisant con-
céder une hypothèque pour servir de garantie
à leurs obligations. On ne peut guère prendre
d'autre précaution pour s'assurer de l'existence
du capital du fermier ; une certitude parfaite
n'appartient pas aux choses humaines. Les négocians contractent souvent des affaires considérables sur des assurances bien plus légères,
et celles-ci sont telles qu'à moins de circonstances tout à fait extraordinaires on ne peut
guère y être trompé d'une manière grave.

CHAPITRE IV.

APPRÉCIATION DES QUALITÉS DU FERMIER.

On conçoit que les qualités que l'on a re-
connues dans le fermier ont différentes valeurs
selon les projets du propriétaire. S'il veut rester
dans l'ornière du système suivi dans le pays, il
pourra attacher beaucoup moins d'importance
à certaines qualités, et ne chercher qu'un
homme d'un esprit commun. Ainsi, dans cette
hypothèse, il pourra se contenter de trouver
dans son fermier la probité, la ponctualité,
l'ordre, la fermeté et l'activité; ces deux dernières qualités sont même son affaire et non
pas la nôtre, et quant à l'esprit d'entreprise,
il n'y mettra pas un grand prix dans un système
où tout est limité d'avance, non plus qu'à la
prévoyance, quand les usages, les coutumes et
les exemples pourront en tenir lieu.

Que si, au contraire, le propriétaire veut
améliorer et innover, ces deux dernières qualités sont absolument indispensables; mais il
doit prévoir que, par cela même qu'elles sont
plus rares, celui qui les possède voudra en
tirer quelque avantage particulier, sachant bien
qu'il a mille moyens de les mettre utilement

en usage : si l'on trouve donc un homme aussi heureusement doué, je pense qu'il faut lui faire un pont d'or pour se l'assurer, et par son moyen porter le domaine à une haute valeur. Les exemples ne sont pas rares de fermes qui sont sorties d'un état absolu de médiocrité pour s'élever très haut par le seul fait de l'habileté de celui qui dirigeait leur culture : chaque pays en citerait des exemples, et point de proverbe plus vrai que celui qui affirme que *tant vaut l'homme, tant vaut la terre.* Si l'on a le bonheur de rencontrer un de ces hommes privilégiés qui semblent avoir apporté le génie agricole en naissant, ce ne sont pas les conditions du fermage seulement qu'il faut calculer , mais aussi les avantages de l'amélioration et ceux de la réputation que prendra la ferme, bien sûr qu'à l'expiration du bail il appréciera lui-même ses travaux à un haut prix, et sera le premier à proposer des augmentations considérables. Dans ce cas, il ne s'agit que de contracter à des conditions qui assurent la durée des perfectionnemens, et de tenir la main à leur exécution.

Il faut bien se dire aussi que cette activité, cet esprit d'entreprise ne marchent guère sans cupidité, et c'est à l'ambition du fermier qu'il faut s'adresser pour en obtenir ces travaux qui doivent changer la face du domaine. Il faut s'accoutumer à l'idée que c'est pour lui qu'il travaille et que ce n'est que secondairement qu'on en profitera, et ne pas vouloir courir après ces vertus romanesques, ce dévouement à notre service, cet enthousiasme désintéressé pour l'art, qui se trouvent bien rarement. C'est son intérêt propre que le fermier consultera, c'est lui qui lui fera découvrir et poursuivre la route des améliorations, et le talent du propriétaire consiste à lier les intérêts de la propriété à ceux du fermier, de sorte qu'ils soient indivisibles. C'est donc le plan d'exploitation que nous avons conçu qui doit déterminer le caractère du fermier que nous cherchons; c'est lui qui nous fera préférer un de ces hommes rares, doués des qualités qui font réussir les entreprises nouvelles, et qui, parce qu'ils sont rares, doivent être payés à un prix d'exception, ou ces hommes bien plus communs qui ouvrent avec exactitude le sillon déjà tracé ; ces caractères sûrs mais timides, qui craindraient de se perdre en s'écartant de la routine, mais qui la suivent fidèlement et avec ordre. D'un côté, la concurrence est contre nous, de l'autre elle est en notre faveur ; mais avec les premiers nous entrons dans une carrière de progrès et d'améliorations, avec les derniers nous restons au même niveau; nous serons ce que nos pères ont été, tant que le nombre de ceux qui perfectionneront ne viendra pas nous mettre dans une position pire et subalterne : car rester en place, c'est reculer quand tout avance autour de nous.

Mais en cherchant ces hommes aussi hardis qu'éclairés, gardons-nous de les confondre avec ces aventuriers imprudens qui compromettent les meilleures opérations par une audace irréfléchie; sachons discerner en eux une prudence égale à l'activité de leur âme; et quand nous nous bornerions aux seconds, gardons-nous de tomber sur des êtres indolens, avec lesquels tout empire faute d'énergie.

CHAPITRE V.

DANS QUEL CAS IL CONVIENT DE GARDER UN ANCIEN FERMIER; SACRIFICES QU'IL CONVIENT DE FAIRE POUR Y PARVENIR.

Ceux qui n'ont jamais changé de fermier ne se font peut-être pas une juste idée du mal que cet événement fait à une ferme. Dès qu'il peut prévoir que son bail ne sera pas renouvelé, le tenancier cesse d'y prendre intérêt, les cultures

21.

deviennent superficielles, les jachères sont à peine travaillées, les sarclages sont totalement négligés, les prairies artificielles sont défrichées, et il se hâte d'épuiser la bonification qui en résulte par des récoltes de grain répétées; les plantations, les fossés d'écoulement se détruisent sans réparation, il ne travaille plus qu'au jour le jour, et son avenir se transporte ailleurs.

Une conséquence naturelle de ce fait est que, si l'on ne se propose pas de grands changemens dans la culture et qu'on soit assez content d'un fermier, il faut le garder, à moins que des conditions avantageuses ne couvrent le mal que l'on peut être sûr de recevoir d'un changement. Qu'on ne croie pas, au reste, que tous ces dommages ne regardent que le nouveau fermier. Celui-ci demande à faire un état des lieux; il exigera que toutes les choses soient laissées en bon état, et alors ou l'on est réduit à des poursuites contre l'ancien fermier pour le rétablissement de ce qu'il a négligé, poursuites dont le résultat est peut-être d'autant plus incertain, que l'ancien état des lieux n'a pas été fait, ou qu'il n'est pas assez détaillé, assez exact, ou enfin qu'il présente une foule de points douteux, comme il n'arrive que trop souvent; ou bien, si l'on néglige ces poursuites coûteuses et désagréables, on est obligé à rétablir la ferme à ses dépens, ou on laisse commencer une série de dégradations qui ira toujours en augmentant.

Des considérations morales se joignent aussi à ces motifs déjà bien graves : nous connaissons sans doute mieux les défauts de l'ancien fermier, mais nous les connaissons tous et nous savons ce que nous avons à en craindre; il n'en est pas de même de celui qui se présente, et c'est une nouvelle expérience à tenter qui, quelquefois, est loin d'être à notre avantage. De plus, si l'on a bien traité l'ancien fermier, il a contracté pour nous et notre famille un attachement que l'on ne peut attendre d'un homme nouveau; il s'est identifié à nos intérêts ; ses fils ont grandi avec les nôtres et se sont regardés comme appartenant tous à ce sol qui les nourrit. Il peut se présenter des circonstances où de telles affections ne sauraient être dédaignées. Je sais combien peu on doit compter aujourd'hui sur le sincère attachement des cliens, et quelles bornes étroites on lui assigne; je sais combien les sentimens se sont individualisés, et comme ils supportent mal l'épreuve des revers; mais c'est au moins autant la faute des patrons que la leur. En réduisant tout à la mesure d'un intérêt

souvent grossier, en cessant d'être attentifs à nos
subordonnés et à leurs enfans, en ne nous imposant jamais aucun sacrifice pour eux ; en les
mettant sans cesse en concurrence avec des
étrangers pour le lucre le plus léger; enfin en
leur donnant nous-mêmes la mesure du prix
que nous mettons à ces liens d'affection qui
devraient unir les hommes de toutes les classes,
c'est nous qui les détachons sans cesse de nos
intérêts, qui leur apprenons à mépriser les sentimens généreux, qui leur enseignons l'égoïsme,
et qui matérialisons toutes nos relations réciproques.

Cependant il faut convenir qu'il est bien rare
que l'on puisse compter sur un ancien fermier
pour changer la culture d'un domaine. Il y a
pris des habitudes difficiles à extirper, et qui le
rendent, en général, impropre à cette tâche.
Sans doute que, si l'on pouvait le décider à entrer franchement dans cette carrière, il faudrait
le préférer ; mais s'il n'entreprend qu'avec défiance, par complaisance, il ne faut pas compter
sur le succès, à moins qu'on ne possède soi-
même cette fermeté, cette activité qui peuvent
suppléer à la sienne : mais presque toujours on
trouvera en lui, dans ce cas, des répugnances

inévitables qui forceront à recourir à un changement de fermier.

Nous ne faisons qu'indiquer ici une matière qui pourrait être plus étendue. Préférer toujours un ancien fermier est un devoir moral ; c'est l'intérêt bien entendu du propriétaire quand il n'a pas, pour s'en séparer, des motifs graves qui compromettraient l'avenir de sa propriété ; prendre un nouveau fermier est quelquefois une nécessité quand on ne peut vaincre l'esprit de routine de l'ancien, et qu'on veut se lancer dans la carrière des améliorations.

CHAPITRE VI.

MANIÈRE DE PROCÉDER POUR PARVENIR A LA LOCATION DU DOMAINE.

Si l'on se décide à garder un ancien fermier, il est essentiel de convenir et d'arrêter les conditions du nouveau bail deux ans au moins avant l'expiration de l'ancien ; la sécurité qu'il y trouvera fera que, loin de chercher à réduire les ressources de la ferme en fourrages, il conservera les anciens s'ils ne sont pas sur leur déclin, et s'en procurera de nouveaux ; qu'il continuera à entretenir avec soin les clôtures, les fossés d'écoulement, etc.

Mais quand on est décidé à prendre un nouveau fermier, il faut commencer à rédiger un
cahier de charges ou un projet de bail , qui contienne toutes les nouvelles conditions que l'on
veut obtenir, en laissant en blanc les prix divers
dont on se réserve de convenir dans la négocia-
tion ; on envoie une copie de ce projet au notaire en qui l'on a confiance, et l'on pose des
affiches qui annoncent le domicile du notaire ,
du propriétaire , la situation de la propriété ,
sa contenance , sa composition , et l'époque où
doit commencer le nouveau bail. Cette démarche doit être faite deux ans ou dix-huit mois
avant l'expiration du bail actuel. Ces affiches
doivent être mises dans la ville où se trouve le
domaine , dans les villes principales du département , dans celles de l'arrondissement, dans
toutes les communes du canton , et dans toutes
les études des notaires des environs : on en fait
insérer l'annonce , à plusieurs reprises, dans les
feuilles locales les plus répandues.

On entre alors en traité avec les différentes personnes qui ont fait des offres. En cédant sur les
conditions accessoires, on maintient soigneusement toutes celles qui sont la base du système
que l'on adopte , à moins que les observations,
qu'ils ne manquent pas de faire, ne soient assez

importantes pour conduire à modifier le système lui-même. On prend note de ces différentes offres, de ces observations, des prix débattus, et l'on se prononce enfin pour celui qui offre les avantages combinés les plus grands.

Je dis *avantages combinés;* car ce n'est pas le prix du fermage seul qu'il faut considérer ici, mais la sûreté du paiement, le caractère du fermier qui assure de l'exécution des conditions, la nature des modifications que chacun des prétendans fait subir au système que l'on juge le plus avantageux.

On rédige alors le bail d'une manière définitive, et le notaire y appose les formules de droit.

C'est maintenant à parcourir les différentes parties et les différentes clauses de cet acte important que nous allons nous attacher dans la partie qui va suivre.

QUATRIÈME PARTIE.

LE BAIL.

Nous nous proposons ici d'examiner la nature du bail à ferme, la législation qui le régit, sa force, et les dispositions principales qu'il doit contenir. C'est enfin de la distribution systématique du plan que l'on a conçu et dont on est d'accord avec le fermier que nous allons nous occuper, et nous ne finirons pas sans donner plusieurs modèles de baux qui nous paraissent remplir en grande partie les conditions que nous en exigeons.

Plusieurs auteurs ont déjà écrit sur cette partie de notre sujet : *Rozier*, dans son *Dictionnaire*; *Jouvencel, Gabiou* dans les *Annales d'agriculture*, et les *Mémoires de la Société de la Seine*; *Crud*, dans son *Économie de l'agriculture*; *Sir John Sinclair*, dans son *Agriculture pratique*, ont tous fourni un grand nombre d'idées saines sur cette matière. Dans ces dernières années, deux Mémoires couronnés par la Société d'agriculture de Genève ont été publiés par cette Société et contiennent des discussions importantes ; enfin M. *Mathieu de Dombasle*, dans ses *Annales de Roville*, a donné le propre bail de ce domaine, qui nous paraît un modèle très précieux et dont on ne saurait trop recommander l'étude.

Ceux qui ne sont pas au courant de l'état de la science agricole penseront peut-être que les discussions dans lesquelles nous allons entrer sont assez inutiles; que le *Formulaire d'actes* contient à cet égard tout ce que l'on peut désirer, et que le premier notaire venu possède toutes les données nécessaires pour rédiger convenablement un bail : cela est vrai sans doute pour les baux dont les conditions ne s'éloignent pas de celles qui sont généralement usitées dans le pays. Les notaires suivent alors certains modèles plus ou moins imparfaits, qu'ils s'occupent peu de perfectionner, et auxquels on ne peut guère reprocher qu'une mauvaise coordination de matériaux; mais dès qu'il s'agit de sortir de la routine, ils se bornent le plus souvent à ajouter quelques articles incohérens à leur formulaire ordinaire sans trop s'occuper de les faire cadrer avec le nouveau système adopté.

Je pense donc que c'est un grand service à rendre aux propriétaires que de chercher la meilleure forme, le meilleur ordre des conditions des baux; il faut qu'à l'avenir ces actes, mieux rédigés, présentent un tableau complet et symétrique du mode de culture adopté dans la ferme et des obligations respectives des parties. Alors les conditions du bail se graveront mieux dans leur esprit et feront évanouir toutes les difficultés d'interprétation qu'un fâcheux désordre ne pouvait manquer de faire naître. Cette matière est encore dans l'enfance, je suis loin de croire pouvoir arriver à la perfection; mais je me trouverai heureux d'avoir communiqué quelques idées, et d'avoir ramené l'attention sur ce sujet important.

CHAPITRE PREMIER.

LÉGISLATION DES BAUX.

La législation des baux est toute contenue aujourd'hui dans le *Code civil*, qui a réuni les dispositions qui se trouvaient éparses dans les anciennes lois.

Les baux sont d'abord soumis aux règles générales des obligations renfermées dans l'article 1103 et suivans de ce code.

La loi française reconnaît quatre sortes de baux : le bail à loyer, qui comprend celui des maisons et des meubles; le bail à ferme, qui concerne les héritages ruraux ; le loyer propre- ment dit, qui est un engagement relatif au tra- vail et au service des hommes ; enfin le bail à cheptel, qui est la location des animaux, dont le profit se partage entre le propriétaire et celui à qui il les confie (articles 1708-1710). Nos baux à ferme participent souvent de toutes ces natures de contrat de louage. Ainsi, en passant un bail à ferme nous louons une habitation et quelquefois une partie de son mobilier, un héritage rural ; quelquefois nous convenons du prix auquel seront payés certains travaux, soit à journée, soit à prix fait ; et enfin nous remet- tons aussi fréquemment un troupeau au fermier, à la charge de tenir compte d'une partie du produit. Tous ces divers genres de transactions peuvent donc se rencontrer dans un bail à ferme.

Toutes sortes de biens meubles et immeubles peuvent être loués par ceux qui les possèdent ou qui en ont la jouissance, avec des restric- tions pour ces derniers dans la durée du bail (595 - 1718 - 1429 - 1430), s'ils sont usufrui- tiers, tuteurs, ou mariés en communauté de biens ; dans ces cas, les baux faits pour plus de neuf ans s'arrêtent à cet espace de temps, et les baux conclus plus de trois ans avant l'expiration du bail courant, pour les biens ruraux, et plus de deux ans pour les maisons, sont sans effet, à moins que leur exécution n'ait commencé avant la fin de la communauté ou de l'usufruit. Toutes personnes peuvent louer toutes choses, à l'exception des mineurs et des interdits ; la femme mariée peut louer avec l'autorisation de son mari.

Le bail peut être fait par écrit ou verbalement (1714-1715); mais ce dernier ne peut être prouvé par témoins, s'il n'a pas reçu un commencement d'exécution, et on ne peut exiger le serment de celui qui le nie.

Mais quand l'exécution a commencé et qu'il n'existe pas de quittance, le serment du propriétaire suffit pour établir le prix du bail verbal, si mieux n'aime le locataire demander l'estimation par experts (1716).

Le bail écrit peut être public, c'est à dire rédigé par un notaire assisté de témoins ou d'un de ses confrères, ou bien il peut être sous seing privé.

Ce dernier est soumis à certaines règles qu'il faut connaître (1322 et suivans). On lui accorde la même foi qu'à un acte authentique, à moins de désaveu de l'écriture, et alors la vérification en est ordonnée en justice. Il doit être rédigé en autant d'originaux qu'il y a de parties ayant des intérêts distincts, et l'acte doit faire mention du nombre d'originaux. S'il y a une caution, son intérêt est-il distinct de celui de la partie qu'il cautionne ? Non en général. Cependant, pour éviter toute contestation, on doit faire un original de plus pour la caution, afin de ne pas laisser d'ouverture à cette difficulté. Un acte sous seing privé qui ne renfermerait pas la mention du nombre des originaux n'en serait pas moins valable, si celui qui le contesterait avait exécuté de sa part la convention portée dans l'acte.

Un acte sous seing privé donne ouverture au paiement du double droit d'enregistrement, s'il n'est pas enregistré dans l'année.

Après avoir ainsi établi quelles sont les qualités des contractans et les divers modes suivant lesquels ils peuvent contracter, il s'agit de fixer la forme de l'acte du bail lui-même, qui dirigera l'examen que nous devons faire des diverses clauses qu'il doit contenir.

CHAPITRE II.

FORME DU BAIL.

Les formes logiques du bail, comme celles d'un discours, ont sans doute leurs principes, et il est bien nécessaire de les étudier pour donner à cet acte la précision et l'ordre qui aident l'intelligence et lui font saisir le sens précis des conventions. Ce ne sera qu'en appliquant cet esprit de méthode aux différentes transactions que l'on fera sortir l'art du notariat de cette espèce de routine aveugle dans laquelle il se traîne de siècle en siècle, et qu'en l'affranchissant du joug des formules uniformes pour des cas si différens, que l'on pourra remplacer par des tableaux synoptiques ces gothiques recueils où les Marculfes modernes torturent également la langue et le sens commun.

Le bail à ferme étant une convention, le premier soin du rédacteur doit être d'établir les conditions qui en font la validité : ces conditions sont 1°. le consentement des parties ; 2°. leur capacité de contracter ; 3°. l'objet qui forme la matière de l'engagement (1101-1133).

Ce préalable exige donc que l'on désigne la nature de l'acte, public ou sous seing privé ;

que l'on fasse mention du nom des parties, et de leur consentement réciproque ; que l'on spécifie leur état social en faisant connaître que les contractans jouissent de leurs droits civils, et ne sont ni mineurs, ni interdits, ni femme mariée ; que l'on désigne la propriété rurale qui va faire la matière du bail à ferme. Ceci formera le préambule de l'acte.

Les obligations que les parties contractent sont de deux espèces, elles sont particulières au cas dans lequel on se trouve, et alors elles sont réglées par leurs conventions expresses, conventions qui en deviennent la loi écrite ; mais en outre elles sont soumises, en leur qualité de bail à ferme, à des règles générales que le législateur a imposées, et alors elles tombent sous l'empire du Code, dont on peut cependant à volonté modifier les dispositions.

Le corps de l'acte doit donc, je pense, être divisé en deux parties : dans la première on établit les règles particulières au cas ; dans la seconde, on énonce les modifications que l'on entend appliquer à la loi commune. Suivons pas à pas cette marche pour nous en faire une idée complète.

22

ARTICLE PREMIER.

PREMIÈRE PARTIE DU BAIL, RÈGLES PARTICULIÈRES
AVEC CAS.

Il s'agit ici de définir le genre de transaction
que l'on entend passer, et d'en poser toutes
les règles ; elles se composent des devoirs que
contractent le bailleur et le preneur (c'est ainsi
que l'on désigne le propriétaire et le fermier).

Ainsi, premier titre de la première partie :
Devoirs du bailleur. Il livre et fera jouir le preneur de tel domaine désigné dans le préambule ;
on désigne ici sa circonscription, son étendue,
la nature de ses différentes parties. La jouissance commencera à telle époque et finira à telle
autre époque, sauf telles exceptions ou réserves
que le bailleur entend faire. Il s'engage à prendre
telle part aux travaux et frais extraordinaires, à
construire tels bâtimens, à faire telle amélioration. Il laisse au fermier tel cheptel, etc.

Titre deuxième : *Devoirs du preneur.* Ils se
composent du paiement du prix de ferme ; on
désigne l'époque de ces paiemens, leur nature,
les menues fournitures qui viennent les compléter.

Le fermier s'engage à résider sur la ferme

avec tel nombre d'ouvriers, de bêtes de travail, de bestiaux, etc.

Il s'engage à suivre tel genre de culture, tel assolement ; il lui est défendu de cultiver tel ou tel genre de plantes.

Il s'engage à laisser le domaine à sa sortie en tel état, à y laisser une certaine quantité de terres semées en fourrage, une telle autre quantité en jachères, etc.

Il s'engage à faire des plantations dont on désigne le nombre de plants et la nature ; à nettoyer les fossés de la ferme, à en entretenir les chemins ruraux.

Il s'engage à employer les foins et la paille provenant de la ferme sur la ferme elle-même ; à distribuer les engrais d'une manière convenue ou à son libre arbitre.

Il s'engage à conserver le cheptel laissé et à le reproduire d'une valeur égale après expiration du bail.

Enfin il s'engage à faire tels ou tels travaux pour l'amélioration du fonds, etc.

22.

ARTICLE II.

DEUXIÈME PARTIE DU BAIL ; EXCEPTIONS A LA LOI
COMMUNE.

Dans cette seconde partie, on ne peut mieux faire que de suivre pas à pas les décisions du *Code* dans le titre huitième, d'en parcourir toutes les dispositions auxquelles on veut apporter quelque changement, en s'attachant à préciser les modifications que l'on entend introduire dans le texte de la loi.

ARTICLE III.

RÉSUMÉ ET TABLEAU SYNOPTIQUE DU BAIL.

Enfin après ces deux parties on termine l'acte par le détail des sûretés que chaque partie donne pour son exécution, hypothèques, cautions, etc.; par le nom des témoins, si l'acte est public; la désignation du nombre des copies, s'il est privé, la date et la signature. Tous les détails dans lesquels nous venons d'entrer nous donnent le tableau synoptique suivant :

TABLEAU SYNOPTIQUE d'un Bail à Ferme.

Préambule réglé par le titre des Conventions. (*Cod. Civ.*)

- Nature de l'acte, public ou sous seing privé; noms des parties contractantes, leur domicile.
- Consentement des parties.
- Etat social des parties, qui leur donne le droit de s'obliger.

PREMIÈRE PARTIE. Conventions spéciales aux parties.

TIT. I.ᵉʳ. Obligations du bailleur.

- Il livre un domaine, que l'on désigne; sa situation, sa circonscription, ses limites, son étendue, la nature de ses différentes parties.
- Le livre à partir d'une telle époque et pour tel temps; cas de résiliation, cas de prorogation; il promet de faire jouir; telle exception.
- Réserves que se fait le propriétaire; il livre tel cheptel; s'engage à prendre part à tels ou tels travaux, à faire telle construction.

TIT. II. Obligations du preneur.

- Prix du fermage, époque du paiement, nature des paiemens; menues fournitures; paiement des impôts. Sa résidence dans la ferme avec sa famille, tel nombre d'ouvriers, de bêtes de travail, de bétail; genre de culture, système de culture, assolement qu'il suivra; prohibition de récoltes.
- Etat de culture dans lequel il laissera le domaine; quantité de terres semées en fourrages, de terres en jachères qu'il laissera, etc.
- Nouvelles plantations; entretien des animaux; remplacement des arbres morts; disposition du bois.
- Curage des fossés; entretien des routes.
- Emplois des foins, de la paille récoltés; ce qu'il doit en laisser.
- Engrais; leur distribution.
- Conservation et remise du cheptel.
- Travaux particuliers qu'il doit faire pour le propriétaire et pour le capital du fonds.

DEUXIÈME PARTIE.

- Exceptions aux différentes dispositions du titre VIII du *Code*.

CONCLUSIONS. Sûretés données par les parties, hypothèques, cautions et noms des témoins; nombre des parties et des copies de l'acte privé; date, signatures.

CHAPITRE III.

DE LA DURÉE DES BAUX.

La durée d'un bail peut être déterminée ou indéterminée. On entend, par cette dernière expression, les baux dont la durée dépend d'un événement incertain, ceux, par exemple, qui sont faits pour la vie du preneur, ou jusqu'à la mort du bailleur, ou enfin jusqu'à l'époque de la vente du domaine.

Les baux à vie sont presque inconnus en France; mais ceux dont la durée dépend de la vente du domaine sont prévus par la loi et sont assez fréquens. C'est la pire des stipulations, puisque le fermier, sans cesse menacé d'expulsion, ne peut rien entreprendre avec sécurité, et que cette clause l'avertit d'avance de l'intention où est le propriétaire, et par conséquent le tient toujours sous le coup de la perte des capitaux qu'il voudrait hasarder pour des cultures dont les rentrées sont un peu lentes; et ce sont celles qui sont les plus avantageuses au fermier et à la ferme. Dans cette situation, il est impossible que le fermier ne se mette pas toujours en état de sortir du domaine avec un bénéfice quelconque; c'est à dire que l'on perpétue les in-

convéniens que nous avons signalés en parlant
des changemens du fermier. Ce n'est donc que
par des raisons très graves que l'on se décide à
rester dans un état aussi précaire. Outre les
baux dont la durée est indéterminée par une
convention expresse, on compte en France un
grand nombre de baux expirés et qui se prolongent par un consentement réciproque sous-
entendu, que la loi appelle *tacite réconduction.*
Tous les fermiers qui se trouvent dans ce cas
n'éprouvent pas cet état d'inquiétude, qui est le
propre de ceux à bail indéterminé ; il s'établit
souvent des habitudes de confiance entre eux
et le propriétaire, qui finissent par dissiper tous
les doutes, et bien souvent des familles qui ont
occupé un domaine de père en fils depuis de
longues années, se fiant au caractère moral de
ceux à qui il appartient, ne s'y regardent pas
comme moins en sûreté que si elles avaient un
bail authentique. J'en ai vu même recevoir avec
déplaisir l'offre d'un pareil acte, c'était pour eux
limiter une possession qu'ils s'étaient accoutumés à regarder comme indéfinie.

On ne peut nier que dans bien des cas la tacite réconduction ne soit un puissant stimulant
pour engager le fermier à l'activité et à une bonne
conduite. Ainsi, quand un ordre d'assolemens

et de travaux est bien établi et qu'on n'a à exiger que sa continuation, la crainte d'un congé
est sans doute très forte sur un fermier et l'engage à s'observer lui-même; mais d'autres fois
aussi cet état est celui d'un sommeil léthargique
quand le propriétaire est peu exigeant, qu'il est
lié par les avances qu'il a faites à son fermier et
qu'il craint de perdre en le renvoyant. D'ailleurs,
dans aucun cas, on ne peut s'attendre à ce que
celui-ci mette de grands capitaux en frais de culture pour l'avantage d'une propriété qui peut
lui échapper à chaque instant: je préfère donc
généralement les baux qui ont un terme limité.
La durée la plus courte que l'on puisse supposer à un bail est celle de l'assolement usité dans
le pays. Ainsi dans l'assolement triennal, après
trois ans, toutes les terres du domaine ont
porté chaque nature de récoltes et elles ont
toutes été en jachères; il faut donc ce terme
pour que le fermier ait pu épuiser toutes les
chances naturelles de fertilité et de stérilité de
chacune de ces terres.

Mais ces chances ne sont pas les seules. Les
intempéries des saisons en présentent d'autres
bien plus variées et celles du prix des denrées
viennent encore les compliquer infiniment; pour
pouvoir calculer sur un produit moyen, on juge

donc que ce n'est pas trop de trois rotations pareilles, qui portent la durée du bail à neuf ans, pendant lesquels on croit que toutes les chances favorables doivent se compenser. C'est aussi la durée la plus ordinaire des baux dans les pays où l'on suit l'assolement triennal, de même qu'ils sont généralement bornés à six ans dans ceux où l'on a adopté l'assolement biennal. Il est bien entendu que dans un temps aussi court on ne peut prétendre que le fermier fasse aucune amélioration importante; et s'il rend le domaine comme il l'a pris; si, ne pouvant penser à améliorer, il n'a pas détérioré, on n'a aucunement à s'en plaindre.

Les longs assolemens remédient aux chances les plus désavantageuses, à celles qui résultent des intempéries des saisons et des changemens de prix, parce qu'ils sont en général variés dans leurs produits. En bornant dans ce cas la durée du bail à celle de l'assolement, le fermier ne court que les chances de la fertilité diverse des terres ; et si le terrain est un peu homogène, cette chance est faible; si le terrain est très varié, il a sans doute soin aussi de lui adapter divers genres de culture. On peut donc, dans ce cas, se borner à la simple durée de l'assolement, et c'est ce qui se voit dans les pays où il est de neuf années au moins. Dans ce cas, on ne peut guère s'attendre non plus à ce que le fermier fera de grandes améliorations au sol.

Mais quand le propriétaire prétend obtenir ces améliorations, il faut qu'il porte la durée du bail à toute celle de l'amélioration, ou qu'il convienne, au cas qu'il n'y ait point de renouvellement, d'un dédommagement à payer au fermier pour le temps où se prolongerait encore la durée de l'amélioration.

Ainsi, supposons que le fermier fasse un marnage dont l'effet se prolongera quinze ans, s'il doit quitter sa ferme la neuvième année, il aura droit à une indemnité d'environ un tiers de la valeur de son opération. Pour la lui faire entreprendre, il faudra donc stipuler le paiement de cette valeur, si le bail n'est pas prolongé après la neuvième année.

De même, si l'on désire que le fermier entreprenne une rotation continue où les fourrages entrent pour une quantité notable, il faudra aussi le dédommager des cultures et des engrais consacrés à l'établissement de ceux qu'il laissera à sa sortie; sans quoi, il défricherait tout pour en retirer un produit en blé avant la fin de son bail.

Si l'amélioration doit porter sur l'ensemble

de l'exploitation et qu'ainsi le fermier entreprenne à la fois des ouvertures de fossés d'écoulement, des cultures profondes, des marnages,
des charrois considérables d'engrais, etc., il pourrait devenir très difficile de régler l'indemnité
propre à le décider à cette entreprise dans la
durée d'un bail ; pour obvier à cet inconvénient,
on pourra suivre la méthode des surenchères réciproques que *Thaër* à exposée dans ses *Princi-*
pes d'agriculture (§ 124); et que M. *Mathieu de*
Dombasle a mise en pratique dans son bail à
ferme de Roville. En suivant la marche de ce
dernier, nous nous formerons une idée complète
de cette méthode.

Le bail à ferme étant réglé pour vingt ans, au
prix de deux cent quarante hectolitres de blé et
de trois cent soixante hectolitres d'avoine, si, à
son expiration, le preneur notifie au bailleur
qu'il entend lui faire une augmention de 1000 f.
de fermage et que celui-ci accepte, le bail sera
prorogé pour vingt autres années ; s'il refuse,
au contraire, il sera obligé de payer une somme
de dix mille francs au preneur, comme indemnité des améliorations faites sur le domaine, et
que celui-ci, par son offre, estime à 1000 fr. de
rente. Si, après le refus du bailleur, le preneur croit
que ses améliorations valent plus de mille francs

de rente d'augmentation, il pourra offrir cinq cents francs de plus, l'acceptation du bailleur entraîne la prorogation de vingt ans de ferme; son refus le soumet au paiement de quinze mille francs d'indemnité pour les quinze cents francs de rente dont la valeur de son domaine s'est accrue.

Après le second refus du bailleur, nouvelle offre de cinq cents francs d'augmentation, ce qui porte le total de l'augmentation à deux mille francs si le preneur le trouve convenable, et le refus du bailleur entraîne le paiement de vingt mille francs d'indemnité.

Cette sorte d'enchère reste ouverte entre les deux parties et n'est définitivement terminée qu'après qu'une notification est restée un mois sans réplique.

Il suit de là que le fermier reste en possession de ses améliorations, soit qu'on proroge sa ferme, soit qu'on lui paie la valeur à laquelle il les estime, et que le propriétaire, après un fermage de vingt ans, a l'espoir d'entrer en partage des améliorations faites sur son fonds. Ce n'est que par des combinaisons de cette nature, ou par des indemnités fixées d'avance, que l'on parviendra à confondre les intérêts du fermier avec ceux du propriétaire, et que l'on obtiendra des baux à long terme qui soient à la convenance de l'un et de l'autre.

La répugnance des propriétaires à passer des baux à long terme est si générale, qu'il est intéressant d'examiner quelle en est la source. Seraient-ce, comme on a voulu le faire entendre, une espèce de résistance irréfléchie contre une dépossession prolongée, une crainte vague de voir méconnaître plus tard les droits de propriété? Mais depuis long-temps les droits réciproques des parties sont assez protégés par les lois pour qu'un pareil motif soit tout à fait sans valeur pour la généralité, et si quelques esprits bizarres et étroits pouvaient être dominés par une telle pensée, elle n'aurait aucune prise sur la raison publique, qui est bien plus conséquente qu'on ne voudrait nous le persuader.

La véritable cause est réelle et non pas imaginaire. Elle consiste principalement dans les progrès des nations dans la carrière de l'industrie et dans l'augmentation de la population. L'une et l'autre cause tendent à faire monter le taux des fermages, et c'est de cette augmentation que les propriétaires sont avides de jouir et qui leur fait désirer de renouveler souvent leurs baux. Quand les peuples étaient stationnaires, on voyait des transactions à très long terme, des emphythéoses, des redevances féodales, des domaines congéables; aujourd'hui, loin de contracter pour plusieurs générations, un bail de neuf ans effraie les propriétaires, et quand il est terminé, ils se contentent d'une tacite réconduction, guettant toujours le moment où les circonstances leur permettent d'exiger une augmentation. Voilà le véritable état des choses, état qui compromet sérieusement les progrès de l'agriculture, parce que les propriétaires, peu versés en général dans l'art agricole, ne savent pas que les améliorations demandent du temps, et qu'une augmentation de revenus bien plus grande que celle qu'ils peuvent attendre des progrès lents de l'industrie leur sera acquise par ces améliorations; parce que, d'un autre côté, les fermiers manquent d'instruction, de capitaux, et que le nombre de ceux qui savent véritablement améliorer est encore trop petit pour que les propriétaire puissent prendre confiance en eux. C'est de l'instruction agricole de ces deux classes que naîtront les longs baux : aussi la question a été bientôt résolue entre MM. *Berthier de Roville* et *Mathieu de Dombasle*, tous les deux savans agriculteurs et praticiens exercés.

Ainsi, par exemple, tout agriculteur instruit

saura que ce n'est qu'au moyen d'un long bail
qu'un fermier peut entreprendre, sans se rui-
ner, de changer un assolement vicieux. La première rotation d'un nouvel assolement le met
ordinairement en perte, à peine dans la seconde
peut-il subvenir à ses frais et au paiement du
fermage; ce n'est guère que dans la troisième
qu'il peut rentrer dans toutes ses avances. L'expérience journalière prouve la vérité de mon
assertion; et si cette troisième rotation arrive
sous des circonstances défavorables, soit dans
les saisons, soit dans les prix, le fermier se
trouvera avoir perdu tout le fruit de ses travaux et avoir compromis sa fortune. Une pareille entreprise demande donc un bail de quatre à cinq fois l'assolement pour pouvoir être
tentée avec prudence. Il en est de même de tous
les autres genres d'améliorations : les premières
années d'un marnage semblent quelquefois rendre la terre stérile ; les fumiers, accumulés sur
une argile froide, semblent ne manifester aucune
vertu; le sol s'en sature à la longue, et ce n'est qu'à
une seconde fumure que l'on en sent les effets.
Comment faire ces opérations coûteuses avec
des baux à court terme? Ainsi, nous conviend-
drons que la durée de trois assolemens suffit
quand on veut maintenir la terre dans son état

actuel, pour que le fermier puisse ne pas craindre des chances trop défavorables, tout en posant en principe que cette durée est insuffi-
sante quand il s'agit de changer l'état agricole
d'une ferme, et qu'alors il faut nécessairement
que le bail comprenne la durée de quatre ou
cinq rotations. Alors on sera sûr que l'amélioration s'enracinera dans le domaine, et l'on
pourra s'attendre à des propositions d'augmentation considérables lors du renouvellement du
bail.

On voit sous quelles conditions pourraient
s'établir les longs baux; ils sont désirables pour
l'agriculture, mais seulement dans la supposition qu'ils sont destinés à favoriser des progrès; on
ne doit en tenir aucun compte, ils seraient pré-
judiciables même s'ils ne servaient qu'à prolon-
ger une aveugle routine. L'éducation agricole
seule, en pénétrant à la fois parmi les propriétaires et les cultivateurs, pourra nous les procurer; ils naîtront d'une conviction réciproque
sans avoir besoin d'user de contrainte: ce n'est
qu'alors qu'ils seront utiles. Mais il est des esprits si
absolus que quelques uns ont imaginé de rendre
les longs baux obligatoires au moyen d'une loi(1).

_____

(1) *Mémoires de la Société d'Agriculture* de la Seine,
t. XIII, p. 283 et suiv.

Outre que ce moyen serait attentatoire à la propriété, il supposerait dans le législateur une connaissance de l'agriculture et une prévoyance des circonstances diverses où elle peut se trouver, que l'on ne rencontre pas dans les savans mêmes qui en ont fait l'occupation de leur vie entière; car il faudrait sans doute prescrire aussi des améliorations, et ces faiseurs de projets ne manquent pas d'ordonner, par un article, l'abolition de la jachère. C'est par d'autres voies que l'on marche au bien; rarement l'Autorité peut le prescrire avec avantage et en connaissance de cause, c'est à l'intérêt privé à le produire, et quand on lui a donné l'éveil, quand il est aidé d'une instruction suffisante, on peut s'en rapporter à lui pour parvenir à tout ce qui est possible.

Les baux portent souvent une clause de résiliation en s'avertissant d'avance à la moitié de leur terme. On sent qu'elle réduit réellement de moitié leur durée, et que c'est un avis pour le fermier de ne pas exposer son capital pour un temps plus long; c'est une précaution dictée par un manque de confiance dans le fermier que l'on prend, et que l'on veut essayer avant de le fixer définitivement dans le domaine. Mais on doit

23

s'attendre que, pendant la durée de ce provisoire,
il ne pourra pas développer ses moyens, et si
l'on juge de sa capacité agricole par ce que l'on
en verra dans cet intervalle, on risquera de se
tromper. C'est seulement sa moralité et ses qualités personnelles que l'on pourra apprécier, et
si l'on en est satisfait, il faut se hâter de contracter un nouveau bail, qui, en lui donnant la
sécurité nécessaire, lui permettra d'appliquer
toutes ses forces et tous ses moyens à la prospérité de son exploitation.

M. *B. Pictet* (1) propose de laisser aux parties
la faculté de résilier le bail à la fin de chaque
année, en s'avertissant quelque temps à l'a-
vance. « Le maître, dit-il, doit promettre alors
» à son fermier une certaine somme, comme un
» dédommagement de cette éviction, au moins
» le tiers ou la moitié du prix de ferme. De
» cette manière, le fermier sera bien assuré que
» le propriétaire ne reprendra pas sa ferme sans
» de fortes raisons, et le fermier (obligé de
» payer aussi une indemnité équivalente, si c'est
» lui qui donne le congé) perdra l'idée de quit-

---

(1) *Mémoire sur les Baux à ferme,* couronné par la Société d'Agriculture de Genève. In-8°., p. 47.

» ter sa ferme par le simple goût du change-
» ment. »

Cette mesure paraîtrait utile dans les pays où
les assolemens sont très courts et où le fermier
n'expose sur la terre d'autre capital que celui
des cultures ordinaires. Mais supposons qu'il ait
fait de grandes dépenses dans la première année
du bail; qu'il ait, par exemple, marné, ou semé
des luzernes qui doivent préparer la terre à une
série de récoltes de blé, ne serait-il pas bien in-
juste que le propriétaire, moyennant une indemnité de la moitié d'une année de fermage, vînt
s'emparer de ses travaux? Serait-il dédommagé ?
Les entreprendrait-il à ces conditions? Et ce même
dédommagement ne serait-il pas trop fort pour
le fermier qui n'aurait fait aucune amélioration,
ou pour celui qui, ayant déjà profité de ses premières avances, s'en trouverait remboursé? Ce moyen
ne peut donc être adopté dans la pratique générale, et peut tout au plus servir dans quelques
cas très particuliers d'une agriculture peu avancée.

23.

CHAPITRE IV.

ÉPOQUE DU COMMENCEMENT DES BAUX.

L'époque naturelle où doit finir un bail est celle où toutes les semences dont le fermier doit percevoir les fruits après sa sortie sont complétement achevées, et où les travaux du nouveau fermier ne sont pas encore commencés. Dans les pays où règne l'assolement triennal, cette époque se rencontre immédiatement après la semaille du blé de printemps, s'il est d'usage que le fermier sortant jouisse de cette récolte; c'est à dire vers la fin de mars dans le nord de la France, et au commencement de mars au centre. Mais si le fermier sortant ne sème point les blés de mars à son profit, l'époque naturelle est celle où il a fini les semailles d'automne, comme dans les pays où l'assolement est biennal, c'est à dire du 1er. au 30 novembre, selon les pays. Dans le courant de l'hiver, le nouveau fermier a le temps de se livrer aux repurgemens des fossés, aux cultures profondes qui doivent préparer ses semis de fourrages, et à tous les travaux qui annoncent un nouvel ordre de choses; au lieu que, s'il n'entre qu'au printemps, il ne peut plus, pour cette année, que suivre la routine tracée, et c'est une année perdue pour l'amélioration.

Mais l'usage est tyrannique, surtout pour l'époque du changement du fermier; car le fermier sortant ne peut quitter sa ferme qu'autant que celui qu'il remplace lui cède la sienne. Il n'est donc pas au pouvoir d'un seul propriétaire de changer la coutume usitée dans le pays. Le *Code* (1777) a cherché à remédier à ces inconvéniens en stipulant que le fermier sortant doit laisser à celui qui lui succède l'usage de logemens convenables et autres facilités pour la consommation des fourrages et pour les récoltes restant à faire; le tout selon l'usage des lieux.

L'intention était bonne sans doute, mais son exécution est incomplète et pourrait donner lieu à de grands abus; car il est rare d'avoir dans une ferme des bâtimens suffisans pour loger une double population de bestiaux et d'ouvriers. Je pense donc qu'on doit suppléer à cette lacune par des articles additionnels, qui trouveront leur place dans la partie du bail où l'on complète les dispositions du *Code*.

Ainsi, si le bail finit en novembre, il sera stipulé que le fermier sera tenu de loger en hiver un nombre d'ouvriers et de bêtes de travail, pour travailler aux raies d'écoulement; au printemps, tel autre nombre pour les travaux des mars et les sarclages, et enfin en été l'attirail nécessaire pour enlever les récoltes. Si le bail finit en mars, il faut stipuler que le fermier sortant laissera jouir celui qui le remplacera des terres et chaumes immédiatement après la récolte, pour pouvoir y faire les cultures convenables à l'établissement de ses fourrages, et pour le semis de ses mars, sans préjudice du parcours des troupeaux, jusqu'au moment où la terre sera ouverte. Il est bon d'établir aussi, par une clause expresse, que le fermier entrant aura le droit de semer sur les mars du fermier sortant, ou sur les blés d'hiver, si l'on ne fait pas de mars dans le pays; une quantité déterminée de grains de trèfle, de sainfoin et d'autre fourrage, et que pour tous ces travaux le premier sera tenu de fournir logement à un nombre déterminé d'hommes et de bêtes de travail; on peut fixer aussi d'avance les parties de logement qui composeront cette jouissance momentanée. Comme le fermier sortant ne profite pas de la paille qui reste à son successeur, il arrive le plus souvent qu'il fait couper les blés de la dernière récolte très haut; ce qui lui procure quelque réduction sur le prix du faucillage, mais ce qui aussi diminue beaucoup la quantité de paille, au grand détriment de la ferme. C'est un abus dont il est lui-même victime dans la nouvelle ferme qu'il va occuper. L'intérêt commun du fermier et celui de la propriété exigent donc que les propriétaires s'accordent pour le faire cesser; ce qui dépend de chacun d'eux en particulier pour ce qui le concerne, en stipulant dans le bail à ferme la hauteur à laquelle seront faucillés les blés de la dernière récolte, et fixant une indemnité pour chaque pouce de hauteur dont le chaume dépasserait ce qui est convenu. Si les gerbes ont un mètre de hauteur et que l'hectolitre de grains produise trois cents livres de paille, il en résultera pour chaque centimètre un poids de trois livres : c'est donc sur cette évaluation et sur le prix moyen de la paille que l'on fixera la valeur de l'indemnité par chaque centimètre dont le chaume sera plus élevé que ce qui est convenu.

J'ai trouvé dans la Provence une coutume singulière, mais très gênante : l'ancien fermier cesse de jouir du parcours des chaumes, le 1er. septembre; son troupeau déménage alors

et va dans sa nouvelle ferme, quelquefois à plusieurs lieues de distance ; le remplacement des
bergers a lieu le 29 de septembre. Ce changement se fait loin du fermier, qui ne peut pas
surveiller exactement cette opération ; lui-même
n'arrive sur la nouvelle ferme que le 1ᵉʳ. de
novembre. A quoi tient cet arrangement bar-
bare ? Mais tel qu'il est, ce n'est qu'un exemple
entre mille des bizarreries que l'on rencontre
dans divers pays et auxquelles on ne pourrait
renoncer que par un accord général qu'il serait
peut-être bien difficile d'obtenir.

CHAPITRE V.

NATURE DES PAIEMENS DU FERMAGE.

Dans ces derniers temps, les variations dans
le cours de l'argent ont été le sujet de grandes
recherches : long-temps avant la découverte de
l'Amérique, la valeur des monnaies a éprouvé
de grands changemens par leurs altérations ;
mais cette cause de trouble dans les transactions
sociales n'était jamais que passagère, et quand
l'Administration n'exerçait pas de violence dans
les marchés, la même quantité d'argent finis-
sait toujours par se payer par la même quan-

tité de marchandises. Mais, après cet événement important, la proportion entre le travail et la masse d'argent qui devait le payer fut rompue, et dès lors la quantité d'argent destinée à payer un travail quelconque n'a cessé de s'élever jusqu'à nos jours, quoique par degrés de plus en plus insensibles, mais pour s'accroître peut-être de nouveau, par une ascension rapide, par l'effet de perfectionnemens dans le travail des mines du Nouveau-Monde.

C'est environ en 1570 que l'effet de l'abondance de l'argent produit par l'Amérique commença à se faire sentir en Europe, et la diminution relative de son prix fut très rapide jusqu'en 1640, au point que le blé qu'on achetait à la première époque avec une once d'argent en coûtait trois ou quatre à la seconde. Depuis lors, le cours en a été sensiblement stationnaire, quoiqu'il ait encore réellement baissé. Il y a donc une cause constante qui affaiblit la valeur des rentes payées en argent. Cette cause agit maintenant par une progression si lente, qu'il y aurait de la puérilité à se mettre en garde contre elle pour un bail de quinze à vingt ans.

Mais nous avons vécu dans un temps de révolution et de guerres, où la consommation des denrées et du travail a été si grande, que leur

prix, comparé à celui de l'argent, s'est beaucoup
élevé. Cette hausse a subsisté quelque temps
encore après le retour de la paix, et durera jusqu'à ce que le travail et l'argent aient repris leur
équilibre. Ce sont ces variations subites et souvent si prodigieuses, qui ont augmenté la répugnance des propriétaires à louer pour de longues
années, dans l'idée où ils étaient que le prix des
fermages devait continuer à s'élever graduellement dans une progression rapide ; tandis que
beaucoup de fermiers, à la vue de la baisse, ont
craint aussi de contracter de longs engagemens
à un prix excessif, qui pouvait beaucoup se réduire en un petit nombre d'années. Il y a donc,
en ce moment, une méfiance réciproque.

Pour remédier à ce mal et favoriser les baux
à long terme, on a proposé de stipuler les
paiemens, en grains perçus par le propriétaire,
soit en nature, soit en argent au prix de leur
valeur, à un marché désigné. Ce moyen n'est
pas non plus sans inconvénient, et les fermiers
répugnent beaucoup à y souscrire : on va en
sentir les raisons.

En thèse générale, le prix des grains s'élève
quand les récoltes sont généralement mauvaises ;
il baisse quand elles sont généralement bonnes.
Mais la hausse, dans le premier cas, est bien

plus forte que la baisse dans le second, et ainsi il n'y a pas de parité entre la condition du propriétaire et celle du fermier. Nous pouvons nous en assurer par un exemple : un fermier cultive un domaine qui rapporte en récolte moyenne mille hectolitres de grain, sur quoi il convient de payer au propriétaire cinq cents hectolitres annuellement ; en 1818', il récolte six cent soixante hectolitres (voyez 1re. partie, Chap. V, art. 3), le propriétaire percevra cinq cents hectolitres à 48 fr., qui lui produiront. 24,000 fr.

Le fermier touchera le prix de cent soixante hectolitres ou. 7,680

Différence en faveur du propriétaire. . . . . 16,320 fr.

Or, ce sera cette année que le fermier n'aura point de grains à vendre et en aura peut-être à acheter.

En 1825, ce fermier recueille quinze cents hectolitres, qui ne valent que dix-neuf francs, le propriétaire touche. . . : . . . . 9,500 fr.

Le fermier.. 19,000

Différence en faveur du fermier. . 10,500 fr.

En supposant que dans les années moyennes le sort du propriétaire et du fermier soit égal, on voit qu'il n'y a aucune parité entre eux dans les chances des bonnes et des mauvaises.

Si l'on veut donc faire des stipulations basées sur la valeur des grains, il paraîtrait sage de se régler sur une valeur moyenne prise sur les dix ans qui ont précédé; mais alors ne serait-ce pas faire trop beau jeu au propriétaire, si ces dix années ont été dix années de grande consommation et de haut prix, ou au fermier si ces années étaient des années de calme et de baisse? Et ne sait-on pas que ces périodes se succèdent souvent assez promptement, tandis que l'état général du monde paraît stationnaire durant de longues années ?

Mais ici se trouve d'ailleurs une autre difficulté que la défiance ne manquera pas de faire naître. Quel père de famille n'a pas éprouvé les pertes du papier-monnaie? Parmi ceux qu'il n'a pas ruinés, quel est celui qui est tout à fait remis de la peur qu'il lui a faite? Si l'on a vu, lors de l'émission des assignats, le souvenir du système de Law préserver quelques hommes timides d'une confiance aveugle dans ce nouveau signe, combien n'y en a-t-il pas encore qui, regardant toujours les Gouvernemens comme les ennemis nés de leurs bourses, n'oseront contracter des stipulations qui les mettraient, pour de longues années, sous le coup d'une nouvelle émission de papier-monnaie?

Supposons que ce cas arrivât : si nous prenons pour base du prix des denrées les mercuriales des dix années précédentes, nous avons un prix moyen dans lequel le prix nominal élevé causé par la chute des assignats n'entre que pour un dixième, nous avons donc un prix relativement bas, payé avec une valeur dépréciée; tandis qu'en stipulant sur le prix de l'année courante, si le signe est déprécié, le blé sera cher et l'on recevra toujours un prix de fermage analogue.

On voit donc quelle longue influence les fautes et les malheurs des Gouvernemens ont sur le sort des peuples, et combien les gardiens de la fortune publique doivent être attentifs à ne rien tenter qui inspire la moindre défiance sur l'avenir du signe monétaire. Le mal ne se borne pas à la période où il se fait, le souvenir subsiste et dure quand la cause du mal a cessé.

Dans un pareil doute, il reste une seule voie à ceux qui peuvent en être atteints, c'est de stipuler la ferme sur le pied d'une certaine quantité de blé payée au cours moyen de la mercuriale des vingt années précédentes, en convenant, par une contre-lettre, que le propriétaire s'engage à ne prendre le paiement en nature que dans le cas où il y aurait un papier-monnaie à cours forcé, et si le fermier voulait effectuer son paiement au prix de l'argent; que, dans ce cas, les parties s'engagent à calculer les moyennes du prix du blé, en réduisant ce prix depuis l'émission au pair de l'argent, et que faute de se soumettre à ces stipulations, le propriétaire pourra faire exécuter le contrat de ferme à la rigueur et exiger le paiement en nature.

On a proposé aussi de fixer le paiement non en monnaie courante, mais en poids de lingots d'argent ou d'or à un titre donné.

Ces clauses ne présentent que le danger d'être annulées par quelque loi, ce qui ne manquerait pas d'arriver si elles devenaient générales; car les Gouvernemens obérés, qui veulent donner un cours forcé à leur papier, ont un merveilleux instinct pour deviner ce qui peut nuire à leur opération.

La discussion à laquelle nous venons de nous livrer prouve, je pense, assez clairement que, dans ce moment, ce qui s'oppose à la longue durée des baux, c'est principalement le souvenir des crises commerciales et financières que nous avons éprouvées. Les secousses ont été si

violentes, les positions sociales si souvent
changées, le cours des marchandises si divers,
que personne ne veut exposer son avenir à
ces chances. Espérons que l'influence d'un
Gouvernement où la publicité s'oppose efficacement aux caprices administratifs ramènera la
stabilité et la confiance, dont le défaut se fait
sentir dans toutes les transactions.

CHAPITRE VI.

DU DROIT DE SOUS-LOUER.

Le droit de sous-louer, art. 1717 du *Code*,
est expressément sous-entendu dans un fermage,
à moins d'exception contraire. Ainsi, quand le
propriétaire ne veut pas que le fermier puisse
sous-louer ses terres, il doit en faire spécialement mention dans le bail.

On peut laisser au fermier la faculté indéfinie de sous-louer, on peut la restreindre dans
des limites. Occupons-nous d'abord de ce dernier cas. La restriction peut être de plusieurs
sortes : 1°. on peut fixer le nombre des sous-
locataires à prendre; 2°. on peut déterminer
l'étendue du terrain à sous-louer et fixer quelles
parties du domaine pourront être sous-louées.

On peut fixer un *minimum* et un *maximum* pour les sous-locations.

Si l'on n'admet qu'un très petit nombre de sous locataires dans un vaste domaine et que le *minimum* d'étendue à sous-louer soit aussi très grand, on se trouvera seulement avoir deux ou trois fermiers au lieu d'un, et ces fermiers ne pourront manquer de soumettre leurs terres à la culture ordinaire du pays. Le seul avantage que l'on trouve donc à effectuer ainsi la sous-location par les mains du fermier principal, au lieu de la faire soi-même, c'est de se procurer dans celui-ci une garantie, une caution solvable des sous-traitans. Ceux-ci, n'étant pas au choix du propriétaire, pourront être de très bons ou de très mauvais cultivateurs sans qu'il ait à s'en mêler.

Si le nombre des sous-locataires peut être très grand et si les parcelles qu'on leur destine sont très petites, on aura une véritable amodiation parcellaire, qui sera soumise aux précautions que nous avons indiquées dans la seconde partie : alors on devra peut-être désigner les parties du domaine qu'il sera permis de leur sous-louer, soit les très bonnes, qui ne pourront être épuisées par leur culture, soit les mauvaises, qui ont peu à perdre, soit celles qui sont souillées de mau—

vaises herbes, que les cultures profondes à la
bêche ne manquent pas de faire disparaître.

L'autorisation de sous-louer, par cela même
qu'elle peut être préjudiciable à la valeur du fonds
du domaine, entraîne aussi une augmentation
proportionnelle de la rente de tous les terrains
pour lesquels on accorde cette faculté. On sent
d'ailleurs que l'on ne peut plus tendre aux améliorations dans un domaine où l'on admet des
sous-locations, et que tout y est sacrifié au produit actuel.

Ce sont ces considérations qui guideront les
propriétaires à qui on demandera la faculté de
sous-louer et qui, selon les qualités de leurs
terrains, leurs projets futurs et la position de
leur fortune, les porteront à l'accorder ou à
la refuser.

CHAPITRE VII.

DES INDEMNITÉS POUR PERTES DE RÉCOLTE.

Le *Code* (art. 1769 et suivans) prévoit le
cas où des pertes considérables et fortuites seraient faites par le fermier, et il oblige le propriétaire à une diminution proportionnelle sur
le prix du fermage, dès que le dommage dépasse
la moitié de la valeur totale de la récolte.

Mais le preneur peut rester chargé de ces accidens par une stipulation expresse du bail (1772-
1773) : il est alors sous-entendu que si cette
clause ne parle qne des cas fortuits, on ne com-
prendra sous cette dénomination que la grêle,
le feu du ciel, la gelée ou la coulure, et qu'il
faut que les autres accidens, comme ravages de
la guerre, inondations et autres, auxquels le
pays n'est pas ordinairement sujet, soient impli-
citement exprimés, à moins qu'on ne se serve
de l'expression plus générale de cas fortuits,
prévus et *imprévus*.

Il est certain que quand un pays est sujet aux
gelées matinales, à la grêle, à la coulure, ces accidens entrent naturellement dans l'évaluation
que le fermier fait des récoltes, et que payer de
plus une indemnité quand ces malheurs arrivent, c'est pour le propriétaire payer double-
ment.

Les inondations sont aussi dans ce cas sur
les bords des grands fleuves, et les terres, d'ailleurs, y sont fréquemment visitées par les eaux,
qui y causent des ravages dont le degré de pro-
babilité est bien connu : c'est donc au propriétaire à savoir si, dans l'appréciation qu'il a faite
du revenu de sa ferme, les effets de ces accidens
ont été compris : alors il doit insérer sans doute

dans son bail une clause qui le dispense de les payer une seconde fois; mais quant aux accidens imprévus, qui font au fermier un dommage qui n'avait pu être évalué, il est juste que le propriétaire l'en indemnise.

Je pense donc qu'il faut dans un bail excepter expressément des cas d'indemnités tous les accidens connus dans le pays, et sur lesquels on a dû compter dans l'évaluation de la ferme, et les mettre à la charge du preneur. Quant aux autres, il reste à suppléer à l'imperfection de la loi.

On a remarqué que les procès-verbaux d'expertises des dommages étaient faits ordinairement par des cultivateurs de profession, qui étaient portés à faire peser une forte charge sur les propriétaires, et qu'il était bon de prévenir ces inconvéniens en fixant d'avance, dans le bail, pour quelle portion les différentes natures de produit entrent dans le prix du fermage. Ainsi, supposons que le domaine soit composé de terres à blé et de vignes, nous fixons la valeur des deux récoltes dans le rapport de trois à deux; si la gelée frappe les vignes, enlève la moitié de leur récolte, l'indemnité devra être d'un cinquième de la valeur totale du fermage.

Quant aux formes à observer, on pourra con-

24.

venir que l'estimation en sera faite contradictoirement par deux experts nommés par les
parties; qu'en cas de désaccord, le partage
sera levé par un tiers expert, choisi par les
deux autres; que ces experts seront nommés
dans les huit jours qui suivront la notification
faite au bailleur, ou, en cas d'absence, à ses
ayans cause, du dommage survenu, et qu'en cas
que l'expert du bailleur ne soit pas nommé
dans la huitaine qui suivra, il s'en rapportera au
dire de l'expert du preneur sans recourir à l'autorité judiciaire pour la confection du procès-
verbal de dommage. En écartant ainsi toutes
les causes qui peuvent occasioner des frais judi-
ciaires, et celles qui pourraient donner lieu à
des expertises défavorables; en ne tenant pas
compte des cas fortuits fréquens dans le pays
et qui ont dû être prévus, le propriétaire sera
assuré de ne payer l'indemnité que dans des cas
de toute justice, et où son refus, en entraînant
la ruine de son fermier, nuirait à l'exploitation
de son propre bien.

CHAPITRE VIII.

DES INDEMNITÉS DUES PAR LE PRENEUR POUR CAS D'INCENDIE.

L'incendie, à moins qu'elle n'arrive par cas fortuits ou force majeure, ou par vice de construction, ou que le feu ait été communiqué par une maison voisine, est à la charge du preneur. (Art. 1733.)

Mais souvent une indemnité considérable à payer entraîne la ruine du fermier, et par conséquent la décadence de sa culture. Dans l'intérêt commun, le propriétaire doit donc chercher à obvier à cet inconvénient, et il y parviendra, autant qu'il est en lui, en stipulant que le fermier fera assurer ses bâtimens et ses récoltes par une compagnie d'assurances, qui peut même être désignée dans l'acte. Cette clause est très utile, surtout dans les pays où les bâtimens de ferme sont construits en matières très combustibles, comme aussi dans ceux où l'on emmagasine des quantités de gerbes ou de fourrages et ceux où l'on se livre à l'éducation des vers à soie, qui nécessitent de grands foyers allumés pendant toute sa durée.

Comme on doit être aussi soigneux d'éviter

les procès et les chicanes que les pertes, on aura soin de faire visiter avec attention le bâtiment par le fermier et par un homme de l'art; après quoi, il faudra insérer dans l'acte une clause par laquelle le fermier renoncera aux bénéfices de l'exception, qui porte sur les vices de construction; mais s'il y avait quelqu'un de ces vices reconnus dans la visite, il faudrait y faire remédier sur l'heure, et en cas que cela fût impossible, ou que cela n'entrât pas dans les arrangemens du propriétaire, on exprimerait cette clause de manière à ce que le vice seul de construction indiqué pût donner lieu à l'exception, s'il devenait la cause du feu.

CHAPITRE IX.

DES VISITES DES LIEUX.

Le preneur doit rendre la chose telle qu'il l'a reçue, excepté ce qui a péri ou a été dégradé par vétusté ou par force majeure, s'il a été fait un état des lieux. (Art. 1730.)

S'il n'a pas été fait d'état des lieux, le preneur est censé l'avoir reçue en bon état de réparations locatives et doit les rendre tels, sauf la preuve du contraire. (Art. 1731.)

On sent assez à la lecture de ces dispositions

combien il importe de constater l'état des lieux au commencement du bail, pour prévenir les discussions qui pourraient s'élever ensuite sur ce que l'on entend par leur bon état.

Il faut aussi faire disparaître par une clause expresse l'équivoque que pourrait produire le mot de réparations locatives.

On conviendra donc que le preneur rendra la ferme dans l'état où il l'a reçue, soit *pour les terres*, soit pour les logemens, sauf les dégradations arrivées par force majeure, et selon l'état de visite des lieux, qui sera faite par le propriétaire et par le fermier, assistés chacun d'un expert, ou seuls, au choix du propriétaire, lors de l'entrée en jouissance.

Cette visite doit porter 1°. sur l'état des bâtimens de ferme, où l'on fera mention de l'état des fermetures, des pavés, des recrépissages; 2°. sur l'état des terres, où l'on parlera de l'état des clôtures, de la profondeur et largeur des fossés d'écoulement, de la situation et de l'état des chaussées et digues; 3°. de l'état des ponts et ponceaux, de celui des chemins ruraux, s'ils sont à la charge du fermier. Cet état servira à constater, lors de la sortie du fermier, les dégradations que les choses pourraient avoir souffertes et à fixer les indemnités qui peuvent alors être réclamées par le propriétaire.

CHAPITRE X.

DU BAIL A CHEPTEL.

Il se trouve quelquefois que le propriétaire, ayant un troupeau, le laisse à son fermier à titre de cheptel, soit pour entrer en partage des produits, soit pour en retirer une rente fixe qui représente la part qu'il pourrait y prétendre. Le cheptel est réglé par les articles 1804 et suivans du *Code.*

La loi reconnaît trois espèces de cheptel :

1°. Le cheptel simple, par lequel on donne à un autre des bestiaux à garder, à nourrir, à soigner, à condition que le preneur profitera de la moitié du croît, et qu'il supportera la moitié des pertes : ces règles sont tracées, art. 1804 et suivans ;

2°. Le cheptel à moitié (art. 1818 et suivans) où chacun des contractans fournit la moitié du bétail, qui demeure commun pour le profit et la perte ;

3°. Le cheptel de fer est celui par lequel le propriétaire qui donne son domaine à ferme remet à son fermier des bestiaux, à charge par lui de lui en rendre d'une valeur égale à celle de l'estimation , à l'expiration de son bail. (1821 et suiv.)

C'est en général cette dernière espèce de cheptel qui est usitée parmi ceux qui afferment des domaines. Cependant il est des cas où l'on peut aussi donner des bestiaux à cheptel selon les deux autres modes.

Dans le cheptel simple, on ne peut stipuler que le preneur supportera la perte totale du troupeau arrivée par cas fortuit et sans sa faute, ni qu'il supportera une perte plus grande que sa part dans le profit, ni que le bailleur prélèvera, à la fin du bail, quelque chose de plus que le cheptel qu'il a fourni.

Il est rare que dans un bail à prix d'argent on stipule une réserve de la moitié du produit du troupeau ; cependant le cas peut se présenter.

Enfin dans le cheptel de fer, la perte même totale, en cas fortuit, est tout entière pour le fermier, s'il n'y a convention contraire. (Article 1825.)

CHAPITRE XI.

PROHIBITION DE RÉCOLTES.

Dans les pays à jachère, on ne manque jamais de prohiber une succession de récoltes de grains qui n'est pas dans l'usage du pays ; ce n'est pas de cette probition que nous voulons parler ici ; mais de plus il y a dans chaque contrée des récoltes de nature si épuisante, qu'il est difficile de rendre ensuite à la terre la fertilité qu'elles lui ont dérobée : ainsi la culture des pavots, du lin, des plantes huileuses en général, celles de la garance, des chardons à foulon, etc.

Le propriétaire peut convenir, ou que la culture indiquée ne sera faite sur ses terres que dans une certaine proportion, ou que la terre qui y a été soumise sera amendée avec une certaine quantité de fumier pris hors de la ferme, ou bien il peut en prohiber tout à fait la culture, ou enfin il peut, en considération d'une rente plus élevée, autoriser l'introduction sur ses champs de ces plantes épuisantes.

Chaque cas et chaque pays demandent à cet égard un calcul particulier pour en faire la base des stipulations de bail.

D'autres fois on convient que le fermier ne

laissera pas monter en graine certaines plantes, qui, cultivées comme fourrages, n'épuisent pas la terre, mais qui l'épuisent beaucoup quand on les laisse mûrir : tels sont la luzerne, le sainfoin, le trèfle, les vesces, les avoines culti- vées comme pâturages, etc. Cette réserve peut apporter de grandes différences dans le taux du fermage, dans les pays où l'on a coutume de re- cueillir ces graines. On peut aussi se borner à fixer l'étendue de terrain où ces récoltes sont permises.

CHAPITRE XII.

MODÈLES DE BAUX A FERME.

Ayant ainsi parcouru en détail, dans le cha- pitre précédent, toutes les stipulations diverses qui peuvent entrer dans les baux, nous avons hésité pour nous décider à donner dans celui-ci des modèles de baux. D'un côté, nous sentions l'impossibilité de prévoir tous les cas; ils dif- fèrent comme les climats et les usages locaux; la variété de ces circonstances est si grande, que le recueil le plus nombreux de pareilles for- mules ne pourrait prétendre à les embrasser toutes. A quoi bon, disions-nous, présenter à nos lecteurs trois ou quatre modèles isolés qui ne pourront jamais être utiles que pour les cas très particuliers pour lesquels ils ont été conçus? Il est clair que c'est l'étude des réflexions que nous avons rassemblées sur chaque clause et celle plus attentive encore des besoins de l'exploitation pour laquelle on traite, qui doivent fournir pour chaque bail les élémens de ses stipulations. Ainsi nous avons dû renoncer à multiplier les modèles spéciaux de baux à ferme, dont on trouvera des exemples dans plus d'un livre. Nous recommanderons spécialement à nos lecteurs le bail à ferme de *Roville* (1); les Mémoires sur les baux couronnés par la Commission d'Agriculture de Genève; les modèles fournis par MM. *de Morel-Vindé* et *Jouvencel,* dans les *Annales d'Agriculture*, etc.

D'un autre côté, il semble que notre travail aurait quelque chose d'incomplet, si, après avoir tant parlé de la forme du bail à ferme et de ses conditions, nous n'offrions pas au moins un échantillon de ce genre d'acte. C'est donc moins comme modèle que comme exemple que nous nous sommes décidé à présenter ici deux de ces formulaires; ces exemples, fécondés par la

---

(1) *Annales de Roville,* tome I, page 333.

réflexion, soutenus par les préceptes que nous avons cherché à mettre dans tout leur jour, fourniront aux esprits droits les moyens de rédiger des baux qui entrent dans leurs convenances particulières. Pour le choix des cas particuliers dont nous présentons les stipulations, nous nous sommes arrêté d'abord au plus général, à celui d'un domaine soumis à l'assolement triennal, et ensuite à celui d'un domaine dans lequel le propriétaire voudrait introduire des changemens dans la culture par le moyen du système des primes, dont nous avons tracé la théorie dans cet ouvrage.

En donnant ces exemples et en nous y bornant, nous croyons remplir le double objet de fournir les élémens principaux dont se doit composer un bail à ferme, et la marche qu'y doivent suivre les stipulations, et d'éviter les longueurs inutiles qu'entraînerait la multiplication de pareils formulaires.

ARTICLE PREMIER.

BAIL A FERME POUR UN ASSOLEMENT TRIENNAL.

L'an mil huit cent vingt-sept et le vingt-trois novembre, après midi, pardevant nous......, notaire royal à la résidence de......, canton de......,

arrondissement de......, département de......, ont
été présens, avec témoins, les sieurs....., qui, de
leur plein gré, et sous les mutuelles et réciproques stipulations et acceptations, après avoir
déclaré être tous deux majeurs et jouir de leurs
droits civils, sont convenus de ce qui suit :

TITRE PREMIER. *Obligations du bailleur.*

1. Ledit sieur..... donne à ferme audit
sieur...... un domaine avec ses appartenances et
dépendances, provenant des biens dotaux de
son épouse, connu sous le nom de...... et situé
au territoire de......, section de......, composé de
cinquante hectares de terres labourables et cinq
hectares prairies, et promet de l'en faire jouir
pendant la durée de neuf ans, qui commence-
ront au 1er. novembre 1828 et finiront au
31 octobre 1837.

2. Le bailleur se réserve la jouissance du bâtiment de maître et de la terrasse, situés au
devant, et la faculté de prendre des herbages,
des légumes et des fruits au jardin de la ferme,
pour son usage et celui de sa maison lors de
sa résidence audit domaine, le tout sans abus.

3. Il se réserve le droit de chasse pour lui et
ceux qui l'accompagneront, ou auxquels il en

donnera l'autorisation par écrit, mais seulement sur les parties non ensemencées dudit domaine.

4. Il s'engage à clore à ses frais le champ qui borde le grand chemin, et à pratiquer, dans la première année du bail, un canal de desséchement à la terre dite *Longue*, lequel débouchera dans la rivière.

TITRE II. *Obligations du fermier.*

5. Le fermier paiera annuellement, pour fermage dudit domaine, la somme de trois mille francs, en deux paiemens égaux, au 1er. juin et au 31 octobre, de manière à compléter le nombre de dix-huit paiemens de quinze cents francs chacun pendant la durée du bail.

6. Il fournira chaque année au propriétaire et à sa réquisition réelle, et dans sa maison d'habitation en ville quinze douzaines de poulets, quinze douzaines d'œufs, vingt chapons gras, dix livres de beurre, six agneaux gras, douze canards et six dindes grasses.

7. Il fera tous les charrois nécessaires pour les réparations des bâtimens et des clôtures.

8. Il fera les travaux pour l'entretien des chemins vicinaux et ruraux, ou en paiera l'équivalent.

9. Il fournira chaque année quatre journées

de charrette à trois colliers, accompagnée de ses conducteurs, dont le propriétaire disposera à son gré.

10. Il s'oblige à résider dans sa ferme avec sa famille, ses valets, dix bêtes de labour, et d'y tenir toujours douze vaches et trois cents moutons au moins.

11. Il cultivera les terres en bon père de famille, et selon l'assolement accoutumé, un tiers en blé d'hiver, un tiers en grains de mars, et un tiers en jachère.

12. Il entretiendra les prés en bon état, aplanira les taupinières, et enlèvera les ronces et buissons.

13. Il plantera chaque année deux cents saules autour des champs, et sur les bords des fossés.

14. Le tronc des arbres morts appartiendra au propriétaire, les menues branches resteront au fermier.

15. Il entretiendra les haies vives, et cultivera les haies nouvellement plantées, de manière à ce que le tout soit dans un bon état de clôture.

16. Il repurgera les fossés toutes les fois qu'il sera nécessaire, de manière à les laisser en bon état à la fin du bail, faute de quoi il est

soumis à en payer la façon au propriétaire, a dire d'experts.

17. Il remettra toutes choses, à la fin du bail, dans l'état où il les aura trouvées, selon qu'il résultera de la visite des lieux : en conséquence, à son entrée dans la ferme, il nommera un expert pour assister contradictoirement avec celui nommé par l'ancien fermier à la visite des lieux, et il s'engage à reconnaître l'état des lieux comme bon, moyennant le paiement de l'indemnité à laquelle le jugement des experts pourrait condamner l'ancien fermier, s'il y a lieu. En cas de désaccord, les deux experts nommeront un tiers expert, les fermiers renonçant à l'appel sur leur décision. De même à la sortie, il consent à payer sans appel l'indemnité pour dégradations de l'état des biens, à laquelle il serait condamné par le jugement des experts, nommés de la même manière, conjointement avec le fermier qui le remplacera.

18. Les pailles, balles et autres débris provenant des récoltes, de même que les fourrages, seront conservés entièrement sur la ferme ; les pailles de la dernière récolte seront liées par les batteurs avec le même soin que s'il n'y avait pas de changement de fermier ; les fourrages

25

restans de la dernière récolte seront laissés par lui, et bottillés comme à l'ordinaire.

19. Il plantera à ses frais un nombre d'arbres à fruit ou de futaie double de celui qui viendrait à mourir, et des plants fournis par le propriétaire.

20. Il promet de laisser, à la fin du bail, trois hectares semés en luzerne d'un à trois ans, lesdites luzernes bien germées et bien venantes.

TITRE III. *Exceptions aux dispositions du Code.*

21. Pour l'exécution des articles 1772 et 1773 du *Code civil*, le preneur déclare renoncer à toute réclamation pour pertes arrivées par accidens fortuits, ordinaires et extraordinaires, sur lesquels il a compté dans l'évaluation du prix de fermage, sauf les cas de guerre ou de pillage à main armée.

22. Il s'oblige à se faire assurer contre l'incendie par une compagnie approuvée par le propriétaire, et ce, dans les huit jours qui précéderont son entrée, sous peine d'une amende de vingt francs au profit du propriétaire pour chaque jour de retard.

Et pour l'exécution des présentes, les parties engagent leurs biens présens et à venir, et

entre autres le propriétaire sa maison de ville,
et le fermier ses attirails, harnais, bestiaux; et
ce dernier donne de plus pour caution le sieur.....
ici présent, stipulant et acceptant; de tout quoi
a été passé acte, et signé par nousdit notaire, les
parties contractantes, la caution et les témoins.

ARTICLE II.

BAIL A PRIMES.

Pour bien comprendre la nature des stipulation de ce bail, il faut relire attentivement l'article 2 du chapitre V de la deuxième partie,
intitulé : *Des changemens d'assolemens*, on y
saisira l'esprit du système que je crois convenable d'adopter pour parvenir à des améliorations agricoles notables sous le régime du fermage. Je suppose ici que le propriétaire qui
passe le bail a trois objets principaux en vue,
la création d'un assolement avec prairies artificielles, celle d'une bonne race de chevaux, et
le perfectionnement des bêtes à laine : j'ai proposé le mode suivant de rédaction sous seing
privé, afin d'en donner un exemple :

Modèle de bail sous seing privé.

Entre les soussignés *V. M.*, propriétaire, et *J. Aubert*, fermier, tous deux domiciliés à...., canton...., arrondissement...., département..., tous deux majeurs, jouissant de leurs droits civils, a été convenu et arrêté d'un commun consentement ce qui suit :

TITRE PREMIER. *Obligations du bailleur.*

1°. Ledit *M.* donne à ferme audit *J. Aubert* un domaine qu'il possède terroir de...., nommé *le Désert,* composé de cent hectares de terres labourables et dix hectares de prairies, pour en jouir à partir du premier novembre 1826 et jusqu'au 31 octobre 1838, et promet de l'en faire jouir sans trouble, sauf les exceptions portées dans les articles suivans.:

2°. Le bailleur se réserve la jouissance de sa maison d'habitation, écuries et remises, ainsi que du jardin y attenant; celle d'un hectare de terre joignant ledit jardin (*destiné à des expériences agricoles*), celle de la chasse sur tout le domaine, en tout temps, dans les terres qui ne seront pas ensemencées, avec ses amis, soit qu'ils se trouvent en sa compagnie, soit qu'il leur en donne l'autorisation par écrit, avec la pêche du grand vivier, sous les mêmes clauses.

3°. Il s'engage à livrer au preneur un cheptel composé de vingt jumens de l'âge de trois à six ans, et un étalon à son choix; les jumens seront estimées par des experts au moment de la livraison, et l'étalon passera au même prix qu'une des jumens, quelle que soit sa valeur. De plus, quand le propriétaire estimera devoir changer l'étalon, il le pourra; mais il sera obligé de le faire pendant l'intervalle qui sépare les montes de deux années, et jamais pendant la monte. A la sortie du fermier, le propriétaire s'engage à reprendre ledit cheptel, composé d'un même nombre ou d'un nombre inférieur de bêtes, au prix qui sera alors estimé par experts.

4°. Le bailleur livrera au preneur huit cents bêtes à laine, qui seront de même estimées par experts à l'époque de leur livraison; mais il se réserve de choisir les béliers pour la monte de ce troupeau. A la sortie, le propriétaire sera tenu de reprendre ledit cheptel sur la valeur d'estime de cette époque.

5°. Le propriétaire remet, en troisième lieu, six truies anglaises et un verrat.

6°. Il s'engage à construire une remise neuve,

et à convertir l'ancienne en écurie, l'écurie actuelle devant servir pour les poulains à naître.

7°. Il s'engage à former des fossés de dessèchement au bas de la terre cotée n°. 3 sur le plan, de manière à la garantir, autant que possible, des eaux qui y surgissent.

8°. Il s'engage à élever une digue le long du ruisseau . . . . . de manière à l'empêcher de déborder sur la terre n°. 8.

9°. Il s'engage enfin à payer au fermier, à sa sortie, les primes suivantes pour les prairies artificielles qu'il lui laissera, et qui devront être bien garnies et bien venantes à dire d'experts, lesquelles prairies ne pourront pas excéder cependant le quart de l'étendue du domaine.

Pour les sainfoins

de l'année. . . . . . . 75 fr. par hect.

de l'année précédente. 125

de trois ans 50

Pour les trèfles semés sur les grains de mars l'année de la sortie. . . . . 50 fr. par hect.

Pour les luzernes fumées à raison de cinq cents myriagrammes de fumier par hectare, et remplissant les mêmes conditions :

Luzernes d'un an . . . . 570 fr. par hect.

de deux ans. . 540

de trois ans. . 410

de quatre ans. 280

Tous ces âges seront comptés d'un mois de novembre à l'autre; mais la première année sera censée accomplie au mois de novembre suivant pour les prairies semées l'automne ou le printemps qui le précédera.

TITRE II. *Obligations du preneur.*

10°. Ledit preneur s'engage à payer, pour fermage dudit domaine, la quotité de six cents hectolitres de blé beau et marchand, ou leur valeur sur le prix des mercuriales des vingt années qui précéderont celle du paiement, le propriétaire se réservant le choix des denrées ou de la valeur numéraire.

(Cet article est suivi de cette contre-lettre qui est détachée de l'acte et faite à double expédition, une pour chacune des parties.

« Entre nous soussignés a été convenu ce qui suit : quoiqu'il soit porté à l'art. 10 du bail à ferme que nous avons souscrit aujourd'hui, que le propriétaire pourra choisir à volonté le paiement du fermage convenu en numéraire ou en denrées ; il est bien entendu, cependant, que le propriétaire ne pourra choisir les denrées qu'en cas d'émission d'un papier à cours forcé, et si le fermier voulait effectuer le paiement en cette monnaie au prix de l'argent : dans ce cas, les parties s'engagent à réduire la valeur du blé depuis l'émission du papier au cours de l'argent, et de composer la moyenne valeur du blé, pendant les vingt années précédentes, avec les valeurs du blé ainsi réduites pour les années depuis l'émission ; à ces conditions, le propriétaire devra recevoir le paiement en papier-monnaie au cours de l'argent, et ne pourra exiger de denrées. Fait double, etc. »)

11°. Le paiement sera fait en deux parties égales, la première au 1er. d'avril, la seconde au 31 d'octobre ; de manière qu'il soit effectué vingt-quatre paiemens de la valeur de trois cents hectolitres chacun à la fin dudit fermage. Les valeurs seront portées au propriétaire à sa maison d'habitation en ville. Les impôts restent à la charge du propriétaire, excepté les réparations des chemins vicinaux et ruraux, que le fermier acquittera.

12°. Le fermier s'engage, en outre, à fournir au bailleur cinquante myriagrammes de bon foin, dix agneaux gras, cinquante paires de poulets, cinquante douzaines d'œufs, tous lesquels objets seront livrés à la maison de campagne attenante audit domaine.

13°. Le fermier résidera continuellement sur le domaine avec sa famille, dix couples de bêtes de travail, le nombre de valets suffisant, et il y entretiendra toujours au moins huit cents bêtes à laine.

14°. Il s'engage à ne pas semer deux années de suite des céréales sur le même champ, excepté après le défrichement des prairies artificielles, qui auront duré au moins trois ans, et, dans ce cas-ci, le semis sera fait en avoine. Les terres non semées seront soigneusement jachérées, à moins que le fermier n'y sème des fourrages pour couper en vert.

15°. Il s'engage à entretenir soigneusement les haies plantées autour du terrain, et à les laisser à sa sortie en bon état de clôture; il s'engage en outre à planter chaque année trois cents plants de saules autour des terres humides.

16°. A sa dernière année, il laissera six cent quarante quintaux métriques de fourrage qu'il a reçus à son entrée, rentrés dans les greniers à foin ou bien disposés en meules; la paille de cette dernière année sera aussi rangée en meules avant son départ. Pendant la durée de la ferme, il fera consommer entièrement par ses animaux le fourrage qu'il y récoltera.

17°. Ses fumiers seront tous aussi employés sur la ferme sans qu'il puisse en disposer ailleurs.

18°. Le fermier s'engage à prendre du propriétaire un cheptel composé de vingt jumens et un étalon, et à en payer le prix ainsi qu'il est convenu à l'article 3, ou à en passer de suite après la livraison une obligation portant intérêt de 5 pour 100, et payable à sa sortie de la ferme.

19°. Le fermier prendra également huit cents bêtes à laine selon l'estimation des experts, et les paiera de suite, ou en numéraire, ou au moyen d'une obligation portant intérêt au 5 pour 100, payable à sa sortie.

20°. Il remettra au propriétaire une quantité de truies et de verrats pareille à celle qu'il en reçoit, et d'un âge approximativement le même.

21°. Il s'engage à rendre les chemins, ponts, fossés, clôtures en bon état et conformes à l'état des lieux qui sera dressé à son entrée dans la ferme.

22°. Le preneur s'engage à couper ses grains dans la dernière année de sa jouissance, comme il était d'usage de le faire dans les autres an-

nées, c'est à dire de manière que les chaumes
n'aïent pas plus de hauteur que ceux des autres
fermes du voisinage.

TITRE III. *Exceptions aux règles du Code civil.*

23°. Par exception à l'art. 1721 du *Code*, le
preneur déclare connaître la chose louée, ses
qualités, ses défauts, et renonce à répétition
contre le preneur pour les vices non connus (1).

24°. Pour l'exécution de l'art. 1733, le preneur
est soumis à assurer les bâtimens de ferme de
l'incendie, à l'époque de son entrée en jouissance, par la Compagnie d'assurances mutuelles
du département ; et faute par lui d'avoir pris
cette précaution, le bailleur est autorisé à l'y
contraindre par les voies de droit. En cas d'incendie, le preneur substitue le bailleur en son
lieu et place pour toucher le montant de l'indemnité, les poursuites contre la Compagnie
d'assurances, s'il y a lieu, étant à la charge du
preneur : moyennant ces conditions, le preneur
est déchargé envers le bailleur de la responsa-
bilité qu'il aurait encourue pour l'incendie, si

_____

(1) Cette disposition doit être dénoncée à la Compagnie d'assurance contre l'incendie, et insérée dans l'acte
que le fermier passe avec elle.

mieux n'aime le bailleur conserver ses recours contre le preneur.

25°. Pour l'exécution de l'art. 1765, le preneur déclare avoir loué la ferme en corps et non à la mesure, et ainsi n'avoir à prétendre aucune indemnité pour défaut de contenance, qui lui a été déclarée comme renseignement à l'amiable, mais sur lequel il n'a pas établi son prix de fermage.

26°. Pour l'exécution des art. 1769, 1773, le preneur déclare renoncer à toute indemnité pour cas fortuits ordinaires et extraordinaires, excepté pour le cas de guerre ou dégât fait à main armée et avec violence.

27°. Pour l'exécution de l'art. 1777, le fermier consent à ce que celui qui le remplacera à la fin du bail jouisse, pendant ses travaux préparatoires, de l'écurie n°. 2, de la grange n°. 4 et du grenier n°. 3, ainsi cotés sur le plan existant sous le vestibule de la maison d'habitation du propriétaire.

28°. A son entrée dans la ferme, le preneur nommera un expert pour assister contradictoirement avec celui nommé par l'ancien fermier à la visite des lieux, et il s'engage à reconnaître les lieux en bon état, moyennant le paiement de l'indemnité à laquelle le jugement des experts condamnera l'ancien fermier. En cas de discord, les deux experts nommeront un tiers expert. Le fermier renonce à l'appel sur leur décision. De même qu'à sa sortie, il consent à payer sans appel l'indemnité pour dégradation de l'état des lieux, à laquelle il sera condamné par jugement des experts nommés de la même manière, conjointement avec le fermier qui le remplacera et le propriétaire.

29°. Il s'engage de même à adopter sans appel la fixation des primes, le paiement des indemnités qu'il devrait au propriétaire, ou que celui-ci lui devrait, soit à sa sortie, soit pendant la durée du fermage, laquelle fixation sera faite, en tel cas, par deux experts nommés par lui et le propriétaire, et par un tiers s'il y a lieu ; renonçant, en faveur de ce mode, à toute action devant les tribunaux.

Et pour l'exécution du présent bail, les parties engagent leurs biens présens et à venir, et, en particulier, le propriétaire la prairie dudit domaine, et le fermier sa maison de ville ; ce dernier donnant, en outre, pour caution son beau-frère...., lequel présent, acceptant et signant avec nous, consent à le cautionner sous la garantie de droit et à fournir pour hypothèque de ladite caution sa terre de.....

En cas que ledit acte dût être rédigé en acte public ou enregistré, les frais en seront à la charge du preneur.

Fait. . . . . en triple original , un pour chacune des parties, et un pour la caution, le . . . . . et ont signé. . . . .

CINQUIÈME PARTIE.

EXÉCUTION DU BAIL.

Après avoir contracté le bail à ferme, il faut en assurer l'exécution et préparer pendant sa durée les nouvelles données, réunir les documens qui doivent servir à en établir un nouveau, à son expiration. C'est en s'occupant continuellement de son domaine que le propriétaire parviendra à le connaître, à l'apprécier, à savoir ce qui lui manque, et enfin à concerter les réparations de toute espèce, les changemens de culture, les améliorations qui doivent augmenter la valeur du capital du fonds, et par conséquent celle du fermage.

Ainsi il y a ici double sollicitude pour le propriétaire; faire exécuter le bail courant, préparer celui qui doit le suivre; et c'est cette double tâche qu'il ne doit jamais perdre de vue. Nous allons chercher, dans les chapitres qui vont suivre, à lui faciliter les moyens de l'accomplir.

CHAPITRE PREMIER.

ENTRÉE DU NOUVEAU FERMIER , SORTIE DE L'ANCIEN.

ARTICLE PREMIER.

SORTIE DE L'ANCIEN FERMIER.

Le propriétaire ne peut guère se dispenser d'assister à cette opération importante. Alors il doit surveiller les charrois de l'ancien fermier pour qu'il n'enlève rien qui appartienne à la ferme, faire avec lui la reconnaissance des lieux, les confronter avec les états qui ont été faits à son entrée, constater les dégradations qui sont à sa charge. Ces réparations sont, pour les bâtimens, celles que l'on appelle locatives, qui consistent dans la mise en état des cheminées, des pavés, des carrelages, dans le recrépissement du bas des murailles, des appartemens, les vitres et les fenêtres. (Art. 1754 et suivans du *Code.*)

Après avoir visité les habitations, on passe au jardin et aux champs; on examine les machines s'il y en a, les clôtures, les fossés, les ponts, les plantations, les coupes d'arbres et de brous-sailles, les pailles, les fourrages et les fumiers laissés, et l'on note sur chaque objet ce qui n'est pas conforme au bail à ferme.

Dans cette visite, on doit se faire accompagner du fermier nouveau, pour qu'il fasse ses obser-vations et déclare dans le procès-verbal de visite que, moyennant les réparations indiquées, il regarde le tout comme en bon état; ce procès-verbal sert ainsi de visite des lieux pour le nou-veau fermier. En mettant de la sorte son intérêt en contradiction avec celui de l'ancien, on en vient à reconnaître tous les défauts que l'on ne remarquerait peut-être pas soi-même. Pour éviter toute espèce de discussion sur la fixation des dommages à exiger, il est bon de convenir dans le bail à ferme que ces indemnités sont fixées par deux experts nommés, l'un par le nouveau, l'autre par l'ancien fermier, et que le premier s'engagera à reconnaître l'état de la ferme comme bon, d'après le dire des experts et le paiement qui lui sera fait de l'indemnité qui sera allouée pour les dégradations, et qu'ils nommeront un tiers expert en cas de discord entre eux. Alors ces deux experts doivent assister à la visite, prendre leurs notes et procéder amiablement à l'estimation des dommages et à la fixation du prix d'indemnité.

S'il est dû un reliquat de ferme, on peut exercer les droits que l'on a contre le fermier sortant, en faisant saisir les fruits de la récolte de l'année, tout ce qui garnit la ferme, tout ce qui sert à l'exploitation. (Article 2102 du *Code.*)

Si le bail n'était pas authentique, ou n'avait pas de date certaine, les droits ne pourraient s'exercer alors, puisqu'ils n'ont lieu que pour une année, à dater de l'expiration de l'année courante.

ARTICLE II.

ENTRÉE DU NOUVEAU FERMIER.

Si le nouveau fermier n'a pas assisté à la reconnaissance des lieux faite à la sortie de l'ancien, le premier soin du propriétaire doit être, dès qu'il est installé, d'y procéder avec lui.

Les réparations locatives des bâtimens de ferme doivent être complétées, et, s'il est possible, avant de procéder à la description, on vérifie aussi l'état des clôtures, des haies, des

26

fossés, des chemins ruraux que le fermier est chargé d'entretenir ; la quantité de fourrage, de paille, de prairies artificielles laissée par l'ancien fermier, et leur âge ; la quantité de terres fumées ; enfin tout ce qui peut avoir rapport à l'exécution future du bail que l'on a conclu. Voici une esquisse de la forme que l'on donne à ces visites.

L'an..... mois..... jour, etc....., les soussignés, propriétaire du domaine de..... et..... fermier dudit domaine, ont procédé en commun, assistés de..... à la visite des bâtimens et terres dudit domaine, à l'effet de constater leur état actuel.

1°. Tout est en bon état dans les bâtimens de la ferme, à l'exception d'une porte donnant sur le cellier, où il manque une serrure.

2°. Un râtelier de l'écurie était détaché, une mangeoire brisée sur le bord.

3°. Un verrou manque à une des portes des étables à porcs.

4°. La porte de la grande cour est en mauvais état.

5°. La barrière de l'avenue est rompue.

6°. La haie du verger présente deux lacunes de quatre mètres de largeur en totalité.

7°. Le grand fossé d'écoulement de la grande terre a été mal répurgé et exige dix journées d'ouvriers pour être mis en bon état.

8°. Le chemin pour parvenir à la prairie est dégradé et exige dix journées d'ouvriers pour être mis en bon état.

9°. La terre du bord du fossé du champ n°... n'a pas été régalée, ce qui exige huit journées d'ouvriers et quatre journées de voitures pour réparations.

10°. Les saules et ormeaux des terres n°... ont été recépés de frais par le fermier sortant.

11°. Les saules et ormeaux des terres n°... ont été coupés il y a un an par le fermier sortant.

12°. Les saules et ormeaux des terres n°... ont été recépés il y a deux ans.

13°. Le fermier sortant laisse deux hectares de luzerne de deux ans, un hectare de sainfoin d'un an.

14°. Le fermier sortant laisse trente mètres cubes de foin en meules, et soixante mètres cubes de paille.

Ainsi le fermier entrant moyennant les réparations locatives indiquées, et moyennant le prix de vingt-quatre journées d'ouvriers et qua-

26.

torze journées de voiture s'élevant ensemble à
quatre cent soixante-douze francs , reconnaît
que la ferme est en état complet de réparations ,
et s'engage à la rendre, à la fin du bail , dans
un état pareil , ou à payer la valeur des dégradations , suivant les conditions du bail à ferme.
Fait en double original.

Avant de quitter la ferme , le propriétaire
doit compléter ces réparations , avoir pris des
mesures pour que les constructions et les détails
d'améliorations que l'on est convenu de faire
reçoivent leur exécution , bien convaincu que
c'est du soin qu'il prendra de tout régler exactement dans ce premier moment que dépendront
sa sécurité et sa tranquillité futures, et l'avantage
d'éviter toute discussion désagréable à l'époque
de la fin du bail.

CHAPITRE II.

VISITE ANNUELLE DES PROPRIÉTAIRES.

*Censeo igitur in propinquo agrum mercari,
quo ut frequenter dominus veniat, et frequentiùs
se venturum quod sit venturus denuntiat; subhoc
enim metu cum familiá villicus erit in officio* (1).
Ainsi parle le premier des agronomes latins.

_____

(1) *Columelle*, lib. I, cap. 2.

Il faut de fréquentes visites, des annonces de visites plus fréquentes encore, pour que le fermier soit tenu en crainte dans l'exécution de son devoir : abandonnés à eux-mêmes, les cultivateurs s'en éloignent trop souvent, s'écartent peu à peu des règles prescrites par les baux, finissent par détériorer le domaine qu'ils doivent améliorer, et les maximes de la cupidité ne sont pas seules à craindre, la négligence est quelquefois presque aussi funeste.

Les visites doivent être faites principalement aux époques des récoltes et des grandes cultures.

Elles doivent commencer par l'examen matériel du domaine; on parcourt successivement les bâtimens de ferme, les clôtures, les fossés, les digues; on en examine l'état et on en prend note, ainsi que des réparations qui doivent y être faites et qui sont négligées par le fermier.

On visite ensuite les bestiaux et l'on s'assure que leur nombre est tel qu'il est prescrit par le bail.

On cube les fumiers de la basse-cour et on s'informe de la dernière époque où ils ont été charriés sur les champs, pour se faire une juste idée de ce qui s'en fait dans l'année, proportionnellement au temps écoulé depuis la dernière fumure. Cette quantité n'est pas, au reste, rigoureusement proportionnelle au temps, il se fait plus de fumier en hiver qu'en été; et c'est après avoir recueilli plusieurs années d'observations sur ces quantités relatives, que l'on peut appliquer la règle du temps à la saison dans laquelle on opère.

On prend note aussi des produits des divers fourrages, dont on cube les meules et les tas; de celui des récoltes en grains, vins, etc.

La première visite doit être faite en compagnie du fermier, qui fait ses observations; on a ensuite de fréquentes conversations avec lui, à la suite desquelles on note soigneusement tous les renseignemens qu'il donne, et ceux qui lui échappent. On va voir travailler les valets aux champs, et on les interroge aussi sur les mêmes points pour rectifier les notions erronées que l'on peut s'être faites, et corriger le dire du fermier. Les voisins qu'on visite donnent aussi quelquefois des connaissances plus complètes encore sur tout ce que l'on veut savoir.

Pour recueillir toutes ces données si diverses, un simple livret écrit au crayon ne suffirait pas: c'est bien sur lui que l'on trace d'abord ce que

(407)

l'on recueille d'intéressant; mais j'ai reconnu, dans ma pratique, qu'en me bornant à un tel ramas de renseignemens si divers, je n'avais qu'une connaissance imparfaite des objets de détail, et que j'avais souvent beaucoup de peine à y retrouver les notes que je voulais consulter. Cette observation m'a conduit à rédiger un livre systématique de notes, où je rapporte, chaque soir, à leurs différens titres toutes les notes que j'ai écrites pendant le jour sur mon livre portatif. Ainsi mon livre est divisé en plusieurs parties, qui ont trait chacune à un objet particulier : bâtimens, bêtes de travail, troupeaux, labours, récoltes de blé; personnel du fermier, de la fermière ; valets , clôtures, torrens, notes de climatologie agricole : ce sont ainsi des cases toutes faites, où se placent et se retrouvent sans peine tous les détails que l'on veut conserver.

Par ce moyen, on est toujours à portée de résoudre les questions suivantes , dont on doit sans cesse préparer la solution :

1°. Quel est l'état actuel des bâtimens ? Quelles sont les réparations actuelles ou prochaines qu'ils nécessitent ?

2°. Quels agrandissemens leur sont nécessaires ?

3°. Quel est l'état des clôtures? Quelle nouvelle clôture doit-on entreprendre?

4°. Quel est l'état des fossés d'irrigation et
de défrichement? Quels nouveaux travaux de
ce genre pourraient être utiles au domaine?

5°. Quel est l'état des chemins ruraux?

6°. Quelle est la récolte de chaque année?

7°. Quelle quantité de mètres cubes de fourrages et de paille récolte-t-on? (Chaque mètre
de fourrages en meule pèse environ cinquante à
soixante kilogrammes.)

8°. Quel nombre de mètres cubes de fumier
fait-on sur la ferme?

9°. Quelle est la distribution annuelle des
fumiers sur les terres, et quelle quantité d'engrais chaque terrain a-t-il reçue?

10°. Quelle est la quantité de bestiaux en-
tretenus?

11°. Quel nombre d'ouvriers supplémen-
taires le fermier emploie-t-il aux époques de
ses récoltes?

12°. Quel nombre de journées emploie-t-il
pour labourer un hectare de terre?

13°. Quel nombre de journées un ouvrier
du pays emploie-t-il utilement chaque année?

14°. Quelles récoltes, quelles plantations

réussissent particulièrement sur la ferme ou aux environs?

15°. Quelle est la moralité du fermier et de sa famille? etc., etc.

Un pareil recueil sera inappréciable à la fin du bail, pour pouvoir se faire une idée claire de ce que l'on peut raisonnablement exiger d'un nouveau fermier et de ce qu'il importe d'entreprendre. Les propriétaires qui sont dépourvus de tels renseignemens regrettent toujours de n'avoir pu établir leurs projets sur des bases exactes, et c'est un de leurs principaux devoirs de les rassembler pour l'avenir.

Le propriétaire doit aussi profiter du séjour qu'il fait dans sa terre pour faire exécuter les réparations qui sont à sa charge, et pour diriger les travaux qui concernent le capital du fonds.

C'est ainsi que les visites deviendront utiles à son domaine et y entretiendront l'activité, y créeront un avenir d'amélioration et de prospérité, et empêcheront les ressorts de l'administration de se relâcher et de se détendre.

CHAPITRE III.

RÉSIDENCE DU PROPRIÉTAIRE SUR SON DOMAINE.

La résidence d'un propriétaire éclairé sur ses terres a une toute autre importance que ses visites même les plus fréquentes. Il peut alors concevoir et exécuter les plans les plus utiles pour leur amélioration. Il a le temps de voir et de juger mûrement, et d'apporter dans l'exécution cet esprit de suite et de durée, cette constance inébranlable qui en promettent le succès. Au contraire, quand il en abandonne le soin à des agens, ceux-ci, découragés par quelques obstacles, ne tardent pas à se prévenir contre des projets qui leur paraissent ou trop difficiles ou trop pénibles, et ils mettent à en dégoûter leur maître bien plus d'obstination et de suite qu'il n'en faudrait pour les faire réussir. Quelquefois aussi le propriétaire lui-même, n'appréciant pas les obstacles à leur juste valeur, attribue aux fautes de ses employés, peut-être à leur malversation les difficultés et l'accroissement de dépenses qui sont inhérens à la chose elle-même. Combien de plans sages et d'une réussite infaillible n'avons-nous pas vus échouer ainsi, pour n'avoir pas été dirigés par celui qui les avait conçus, et qui seul pouvait, par sa volonté ferme et constante, par des sacrifices faits à propos et que lui seul pouvait s'imposer, les conduire à bonne fin?

Ainsi la résidence du propriétaire est une des causes les plus assurées de la prospérité du domaine, quand il réunit l'instruction à l'expérience et l'activité aux capitaux nécessaires à ses entreprises, comme elle est un véritable fléau quand il est ignorant, audacieux, tracassier, ou négligent. Ignorant, il adopte aveuglément les idées les plus bizarres, et en change sans cesse selon les inspirations de tous ceux qu'il consulte, ou bien il se complaît dans ses propres pensées, qui ne reposent sur rien de solide et s'y obstine au grand détriment de sa propriété. Est-il en outre entreprenant, il bouleverse ses cultures sans penser à l'avenir; il détruit l'équilibre de son économie et pousse ses plans jusqu'au point où il est arrêté par l'impossibilité absolue d'avancer. Est-il querelleur, il tracasse sans cesse ses fermiers sous les prétextes les plus légers, ne fait plus rien de concert avec eux, conçoit des entreprises dans le seul but de les contrarier, et finit par désorganiser complétement sa ferme. Enfin sa négligence, sa paresse autorisent toutes les fautes de son fermier, lui donnent de l'audace pour entreprendre sur ses droits et finissent par faire mépriser ses volontés.

La résidence du propriétaire est donc ou le plus grand bien ou le plus grand mal pour un domaine; c'est son instruction, c'est son caractère qui en décident; et dans l'état actuel d'ignorance agricole et d'inexpérience de la plupart de ceux qui possèdent le sol français, on peut assurer, en thèse générale, qu'elle n'est pas désirable. Ceux qui m'étudieront le feront sans doute dans l'intention d'acquérir des connaissances qui leur manquent; je ne sais s'ils gagneront beaucoup dans la lecture de cet ouvrage, mais ils n'y borneront pas leurs études, et ils sentiront qu'après avoir acquis quelques connaissances théoriques, après avoir lu tous les bons auteurs que j'ai cités presque à toutes mes pages, c'est dans un modeste silence et dans une observation soigneuse qu'ils doivent passer les premières années où ils s'occuperont d'agriculture, pour acquérir l'expérience qui leur manque, avant d'agir par eux-mêmes et de vouloir prescrire un plan de conduite à leurs fermiers. Jusqu'à ce que leurs connaissances

soient assez développées pour pouvoir être appliquées, ils doivent se borner à tenir exactement la main à l'exécution de leurs baux.

Un grand nombre de propriétaires résident
sur leurs domaines sans se mêler en rien des
détails de l'agriculture, mais seulement pour
y jouir de l'air et des plaisirs de la campagne,
ou pour pouvoir y pratiquer une économie
utile à leur fortune. Ils y seraient sans doute
aussi indifférens à l'état du domaine que s'ils
consommaient leurs revenus à la ville, s'il ne
leur prenait quelquefois des velléités de com-
mandement qui ne peuvent être que nuisibles,
parce qu'elles ne tiennent à aucun plan suivi ;
et si, d'un autre côté, ils n'occupaient souvent le
temps du fermier et de ses valets au grand détriment de la ferme; s'ils n'y consommaient
même des denrées que le fermier n'ose refuser ;
et si enfin, par leurs parties de chasse , le
nombre de leurs convives et de leurs domestiques, ils ne nuisaient souvent aux récoltes sur
pied et aux cultures. Mais le propriétaire éclairé,
qui s'occupe de l'amélioration de son domaine
sans renoncer aux plaisirs champêtres, saura
consacrer ses soins à son œuvre principale. Sa
première occupation sera la tenue d'un journal

raisonné de son exploitation, dont nous avons parlé dans le chapitre précédent, mais qui pourra être alors tout autrement suivi et circonstancié que s'il ne faisait que des visites temporaires. Ainsi il pourra ouvrir un compte de détail du nombre des journées des ouvriers employés sur la ferme, des cultures faites, des fumiers transportés, des récoltes, et des prix courans, comme s'il était lui-même le fermier. Ce journal lui servira à se rendre compte de la valeur réelle de sa ferme et des dépenses que comporte son exploitation. Au moyen de semblables notes, il ne sera plus embarrassé à l'avenir de calculer la valeur de sa rente, et il y trouvera toutes les données désirables.

Quelques années consacrées de la sorte à l'expectation, et il pourra s'arrêter enfin au plan d'amélioration le plus profitable et le plus analogue à sa position, et à son capital, qu'il ne devra jamais dépasser.

Il fera respecter ses droits et ne s'en écartera jamais qu'en faisant bien connaître qu'il les apprécie, et que les dérogations auxquelles il consent sont de son propre mouvement et le fruit d'un abandon généreux. Il ne consentira jamais à ces dérogations quand le fermier aura pris l'initiative et aura usurpé sans son consentement les choses qu'il avait été le plus disposé à lui accorder.

Il aura soin de ne jamais occuper les valets de ferme pour son compte, de ne jamais les détourner, de ne jamais entraver le fermier dans ses cultures, tant qu'il est dans les limites de son bail, quelque nuisibles qu'elles puissent être, se bornant à lui en faire l'observation et à les noter, pour prévenir de semblables abus dans les baux suivans.

Dans ses réserves, il fera l'essai des cultures qu'il croira pouvoir être introduites et tiendra une comptabilité rigoureuse pour pouvoir juger de leur degré d'utilité.

C'est à quoi il doit se borner jusqu'à l'expiration du bail; mais alors il aura des plans arrêtés pour un nouveau bail, et il aura pourvu au moyen de les mettre à exécution. Ce sera le fruit qu'auront produit ses constantes observations et les nombreuses données qu'il aura rassemblées.

CHAPITRE IV.

CONDUITE DU PROPRIÉTAIRE AVEC LE FERMIER.

Il existe le plus souvent entre le propriétaire et le fermier la distance qu'une éducation libérale met entre celui qui la possède et celui qui n'a pu se la procurer; celle que des habitudes de société plus relevées, plus intellectuelles ne peuvent manquer de donner. Cette distance ne saurait être tellement franchie, que nous conseillions toujours au propriétaire de vivre en intimité avec son fermier, le plus souvent cette familiarité ne serait agréable ni à l'un ni à l'autre; mais c'est cette convenance seule, c'est l'instruction, l'éducation qui doivent établir les degrés où doivent s'arrêter ces relations, et non les rapports civils établis par la nature du contrat de ferme, qui n'entraîne aucune subordination et engage réciproquement les deux parties , sans donner aucuns autres droits à l'une sur l'autre que ceux qui naissent des conditions du contrat. Quel propriétaire dédaignerait la société d'un fermier qui, comme M. *Mathieu de Dombasle ,* par exemple, viendrait s'établir sur sa ferme avec une éducation soignée, de vastes connaissances et des talens éminens? Un tel fermier pourrait au contraire tenir à distance beaucoup de propriétaires, sans que la marche de son exploitation eût à souffrir, sans que sa conduite fût trouvée étrange de personne.

Le préjugé qui fait regarder l'état du fermier à l'égard du propriétaire comme une espèce de domesticité tient encore à des habitudes féodales. Les anciens seigneurs réunissant, à ce titre, des droits politiques plus ou moins contestés sur leurs vassaux à leurs droits de propriétaires envers leurs fermiers, ces deux genres de rapports s'étaient confondus, et l'idée de subordination s'était établie : un noble ne pouvait en conséquence prendre une ferme à bail sans déroger. Il est important aujourd'hui, si l'on veut avoir des fermiers riches, bien élevés, complétement instruits, que l'on sente qu'un bail de ferme est un contrat équilatéral, qu'il n'a pour résultat aucune obligation que celle qui résulte de ses stipulations. Tant que ces principes n'auront pas jeté de profondes racines, on n'aura pas de fermiers comme *Cooke d'Holkam* pour les grandes fermes françaises. Tant que les propriétaires voudront se regarder comme des chefs de clans, de tribus, ils ne trouveront aucun homme de bon sens qui, possesseur d'une fortune honnête, maître de se procurer une existence indépendante , aille se déclarer leur homme et reconnaître sa vassalité.

Mais si le genre de contrat n'apporte aucune inégalité entre les deux contractans, l'éducation , comme nous l'avons fait sentir, en créant des besoins sociaux différens , ne permet pas le plus souvent, au moins en France, que le fermier fasse notre société habituelle; cependant on devra toujours le traiter avec confiance, amitié, sans lui faire sentir une ridicule prééminence qui n'existerait que dans notre opinion, et dont l'affectation ne supposerait, dans celui qui s'en parerait, ni tact, ni éducation bien soignée; le voir souvent sur le pied d'homme dont les soins nous sont utiles, dont l'instruction nous importe est un besoin pour le propriétaire ; chercher à lui inspirer le sentiment de la dignité de son état, le goût de cette instruction si nécessaire au succès de ses entreprises, comme à celui de nos plans ; est un devoir. On doit donc lui témoigner en public et en particulier les égards qu'un homme bien élevé a pour tous ceux avec lesquels il se trouve habituellement en rapport, mais des égards dépouillés de toute apparence de condescendance et de prétention. L'habitude de se voir souvent et de converser avec simplicité, sans gêne et sans apprêt aura les plus heureux résultats pour le bien des affaires. Dans l'intimité qui naîtra entre le propriétaire et le fermier, le premier trouvera l'avantage de pouvoir insister sur ses conseils, de pouvoir faire pénétrer peu à peu ses idées, sa manière de voir dans l'esprit du fermier, de pouvoir profiter de ses lumières pour s'instruire lui-même, pour rectifier ce que le défaut de pratique aurait pu donner de trop absolu à ses idées. On apprend toujours dans la vie, et un homme éclairé et judicieux a toujours quelque instruction à tirer de l'homme le plus médiocre, s'il sait amener la conversation à sa portée, et sur les matières dont il fait son occupation spéciale. Le don d'interroger et d'écouter est la plus abondante source d'instruction.

Quant aux relations d'affaires, on exigera du fermier de l'exactitude pour remplir ses engagemens, soit par rapport à ses cultures ou à ses travaux, soit par rapport à ses paiemens, ceux-ci devant être faits aux époques précises indiquées par le bail à ferme. Si, quand le terme est échu, le paiement n'est pas fait, il faut le demander sans y mettre aucune espèce de réserve ni de délicatesse : autre chose est des égards sociaux, autre chose est d'exiger l'accomplisse-

27.

ment d'un devoir. Si alors le fermier ne peut payer, pour quelques retards apportés dans ses ventes, il faut qu'il s'en explique et fixe un nouveau terme pour le paiement, que l'on ne doit jamais ajourner indéfiniment. Enfin, si au bout de l'année il ne peut pas s'acquitter, on examine si sa solvabilité est douteuse ou si elle ne l'est pas. Dans le premier cas, on prend ses précautions, et on exige la résiliation du bail; si la solvabilité n'est pas douteuse, et que l'on ait à craindre un retard, on fait souscrire au fermier des billets de la somme échue, portant intérêt depuis l'époque de l'échéance. C'est de la ponctualité à exiger l'accomplissement des obligations que dépend celle du fermier à les exécuter.

Mais autant nous recommanderons cette exactitude réciproque, cette attention ferme à maintenir et faire valoir tous les droits que l'on a, autant nous chercherons à inspirer au propriétaire cette juste compassion pour les malheurs imprévus où la fortune frappe son fermier sans qu'il y ait donné lieu. C'est alors que la charité, la bienveillance, et si ce n'est des sentimens si élevés, son intérêt bien entendu, le soin de sa réputation, exigent du propriétaire qu'il adoucisse les malheurs non seulement par ses égards, par ses conseils, mais encore par des abandons, des remises réelles, et qu'il supplée ainsi au silence et à l'imprévoyance du bail. Il doit s'adresser cette seule question: nous avons voulu traiter réciproquement sur des bases équitables; si le malheur qui arrive eût été prévu, n'aurions-nous rien changé aux conditions du bail? Quelle clause y aurions-nous ajoutée? Qu'est-ce que le fermier eût exigé? La conscience répondra, et l'honnête homme exécutera ensuite ce qu'elle lui suggérera.

Voilà la morale du propriétaire, voilà ses devoirs. S'il les suit, il en sera amplement récompensé par l'estime publique, par le témoignage de son propre cœur et par l'empressement de tous les fermiers pour concourir à ses enchères quand il voudra louer ses propriétés; tous chercheront à entrer en relation avec l'homme juste et bon, avec autant de soin qu'ils éviteront l'homme dur et inflexible. Il est rare que la probité et la bienfaisance ne reçoivent pas leur prix. Cette considération ne créera pas sans doute des hommes vertueux, ils le sont par la force de la nature ou par celle de leur intelligence appliquée à diriger leur libre arbitre; mais si elle en produisait quelquefois les actions, dussent-elles ne partir que de motifs intéressés,

nous serions nous-mêmes heureux de voir ré-
gner cette hypocrisie de la vertu, si, ne se bornant pas à des dehors stériles, elle montrait ses
fruits par des bienfaits.

~~~

CONCLUSION.

Je terminais cet ouvrage à la campagne, où j'avais deux voisins très intelligens en agriculture, à qui j'en fis la lecture. Leurs observations furent d'un genre tel, qu'elles me parurent tout à fait propres à servir de conclusion à mon travail ; mais ayant essayé à plusieurs reprises de les rédiger sous une forme dogmatique, et n'y réussissant pas à mon gré, j'ai enfin cru devoir les reproduire ici comme elles ont été faites.

C'est donc notre dernier entretien que je vais rapporter dans ses points principaux, et je demande l'indulgence des lecteurs pour ce changement de ton, qui présentera mieux et sans leur faire perdre de leur force les objections dont l'ensemble de mon travail a été l'objet.

Je dois d'abord faire connaître mes deux interlocuteurs, et ils m'y ont autorisé, sous la condition que je ne trahirais pas leur *incognito*. Le premier, attaché à l'une de nos Cours royales, avocat distingué, a eu long-temps de ces velléités agricoles que je crois si fatales aux

progrès des améliorations rurales : il a dirigé
l'exploitation d'un domaine considérable avec
beaucoup de lumières et de connaissances, sans
doute, mais avec un *laisser-aller* et une incon-
stance dans sa marche, qui ne lui ont pas permis
de retirer quelque profit des capitaux considérables qu'il avait engagés dans son entreprise ;
ces capitaux ont fini même par être perdus pour
lui, et le domaine est rentré, entre les mains
d'un fermier, dans la routine commune du pays,
sans y laisser d'autre souvenir qu'un bon sujet
de plaisanteries et de sarcasmes pour les paysans;
et un effroi général pour les propriétaires qui
auraient été tentés de se livrer, comme son auteur, à des spéculations agricoles. L'autre est un
homme d'une toute autre trempe, et aussi positif que le premier est spéculatif, jouissant
d'une grande fortune, mais haïssant le séjour
des villes ; il s'est retiré depuis trente ans dans
une campagne isolée, dont il dirige lui-même
l'exploitation : l'ordre, l'économie s'y reconnaissent de toutes parts ; rien de mieux ordonné
que l'ensemble de son entreprise; aucun fermier
ne tire un meilleur parti de ses terres, aucun
n'a une aussi grande expérience, parce que chez
lui la pratique est aidée d'un esprit fort éclairé
et fort capable, et cependant il n'a adopté aucune

amélioration agricole; il cultive ses terres dans le système de jachères comme les fermiers les plus arriérés; rien n'a troublé la série régulière de ses soles de terres en blé et en repos, selon l'assolement antique du midi de la France. Ses succès, l'accroissement de sa fortune sont une grande preuve de cette vérité que c'est l'administration qui est la source des succès en agriculture, et qu'il vaut mieux mille fois un mauvais système bien administré que le meilleur système qui l'est mal. Ces deux exemples opposés, qui se rencontrent dans mes deux voisins, sont cités par toute la contrée, non pas à l'appui de ce principe auquel seul ils se rattachent, mais les esprits superficiels y voient la preuve de la supériorité de l'ancien système agricole du pays sur toutes les innovations modernes.

Quand j'eus fini ma lecture, l'avocat prit la parole en ces termes : J'ai écouté avec impatience, mon cher voisin, parce que d'un bout à l'autre de votre ouvrage j'ai été singulièrement trompé dans mon attente. En effet, qu'est-ce que le propriétaire d'un bien affermé? C'est sans doute un homme que sa position sociale ou ses goûts éloignent des soins et des sollicitudes de l'exploitation agricole : l'ouvrage qui lui est destiné doit donc avoir seulement pour

but de lui enseigner à se débarrasser de ce fardeau le moins désavantageusement possible, et
au contraire vous le faites entrer dans tous les
détails, vous multipliez ses devoirs au point
que mieux vaudrait pour lui assumer toute la
charge de l'administration de son bien. Si j'avais
fait le livre, voici comme je l'aurais divisé; première partie : *Moyens de contracter avec les fermiers le plus avantageusement possible, à l'usage
des dupes qui conservent des biens-fonds* ; et j'ai
la sottise d'être du nombre, soit dit par paren-
thèse; seconde partie : *Avantages de se débarrasser de la propriété rurale, et de devenir capitaliste, à l'usage des gens d'esprit qui peuvent
m'entendre* ; mais je me serais bien gardé de
dire aux honnêtes propriétaires qui, par vaine
gloire, routine ou stupidité, ne savent pas se-
couer le restant de leurs chaînes, qu'ils doivent
en augmenter le poids, et prendre tout le souci
d'une exploitation dont un autre retirera les
profits : voilà l'impression que m'a laissée votre
livre; il est bel et bon, sans doute, mais je n'en
retiens pas d'exemplaire.

Eh bien! mon cher voisin, répondis-je, je
ne puis partager votre opinion sur la duperie
que vous reprochez aux propriétaires, et c'est
par le dernier point de votre plaidoyer que je

dois commencer ma réfutation. Une propriété
est un capital comme un autre, peut-être inférieur à un autre relativement à l'intérêt que
l'on en retire; mais la solidité de ce placement,
la stabilité des fortunes territoriales le feront
toujours rechercher des hommes prudens : ces
fortunes sont les seules qui se transmettent à
plusieurs générations consécutives, elles sont
celles qui craignent le moins des atteintes de la
fraude et de la mauvaise foi, qui traversent avec
le plus de sécurité les minorités et la faiblesse sé-
nile, causes fréquentes de la ruine des familles. Le
grand nombre et la constance des dupes qui gardent et achètent des propriétés tendent à me faire
révoquer en doute ce titre de dupes que vous leur
donnez; il n'y a rien dont on revienne si bien
et si tôt que de la duperie : ainsi vous me permettrez de croire que l'acquéreur d'un domaine
qui lui rapporte trois pour cent seulement de son
capital trouve dans cette possession un avantage réel et positif qui le dédommage des deux
pour cent qu'il paraît sacrifier; qu'il estime à
ce taux le prix d'assurance qu'il lui faudrait
payer pour se couvrir des banqueroutes qu'il
aurait à subir; chose que j'affirme, parce que
cette duperie se répète tous les jours par des
hommes de tout état, éclairés ou non, de tout

pays et depuis des siècles. Voilà mon premier point.

Après avoir défendu les propriétaires, j'en viens à la défense de mon ouvrage. Comment n'avez-vous pas vu que chacun, selon sa position, en pouvait prendre ce qui lui convenait? J'ai dit à celui qui est enchaîné constamment par d'autres devoirs sociaux et d'autres goûts: Il vous suffit de connaître les lois qui régissent le fermage et les moyens de le contracter; la concurrence suffira pour vous assurer approximativement la valeur réelle de votre loyer: ainsi c'est pour vous qu'est écrite la quatrième partie intitulée *le Bail*, où j'examine la nature de cet acte, sa forme, et où je parcours en détail toutes les stipulations principales qui peuvent s'y trouver. Mais à cet autre qui veut et peut disposer de quelques loisirs chaque année, qui se plaît à passer quelques mois à la campagne, je dis: Sachez vous y créer un intérêt qui tournera à votre profit; apprenez à y connaître vos fermiers et ceux qui se présentent pour les remplacer; présidez à la sortie des sortans, à l'installation de ceux qui arrivent, et ramassez des documens qui vous mettent à même de faire l'estimation de votre fermage: à ceux-ci sont destinées, outre la quatrième partie, la troi-

sième, qui traite du choix d'un fermier ; la cinquième, qui a pour sujet l'exécution du bail ; la
première, qui traite de l'estimation du fermage.
Mais ce n'est pas tout, si vous convenez que ces
deux premières positions sont réelles, vous n'en
conviendrez pas moins qu'il y a des propriétaires qui, manquant de capitaux mobiliers,
de temps ou d'aptitude administrative, ne peuvent se livrer eux-mêmes à la culture de leurs
terres, et qui cependant attachent un grand
prix à l'amélioration de ce capital qui est le fondement de leur fortune, et peuvent y consacrer
des soins et souvent quelques avances ; qu'il
en est d'autres qui, sans pouvoir donner un
temps bien suivi à cette amélioration, ne balan-
ceraient pas cependant à y consacrer et de l'argent et même un temps assez long, s'ils pouvaient croire que, sans continuer ces avances,
et sans être obligés de s'astreindre par la suite à
cette même régularité, ils pourraient se promettre un progrès notable dans les revenus de
leur domaine ; et c'est pour ces deux classes
intéressantes et nombreuses que j'ai surtout
écrit ma seconde partie *Des plans d'améliorations*. Ces plans, je les ai fait porter principalement sur le capital foncier, et ce n'est qu'aux
plus zélés que j'ai proposé de s'occuper de leur

cheptel et de leurs assolemens. Vous voyez
donc, mon cher voisin, que pour embrasser
tout mon sujet, pour pourvoir aux *desiderata*
de toutes les classes de propriétaires, je devais
adopter le plan que j'ai suivi, mais que chacun
peut n'en prendre que la part qui lui conviendra; et que, si je crois que les soins les plus légers ne seront pas infructueux à ceux qui les
tenteront, si j'ai même l'espoir fondé qu'ils les
engageront peu à peu, par le succès qu'ils en
obtiendront, à en prendre de plus grands, je
puis aussi promettre une bonne chance et des
succès tout autrement décisifs aux propriétaires
qui voudront s'occuper de leur capital comme
de la chose qui les regarde, chose que leurs
fermiers ne peuvent être tentés sous aucun rapport d'améliorer pour leur compte, et qui pourtant, dans un si grand nombre de situations,
permet d'espérer de si grands résultats. Notre
voisin l'agriculteur pourra, au besoin, fortifier
mes opinions à cet égard de tout le poids de
la sienne.

N'invoquez pas mon témoignage, dit alors
celui-ci, car je pense absolument comme Monsieur, quoique par d'autres raisons.

Eh bien! lui dis-je, voyons, expliquez-vous
librement et franchement : quand j'ai sollicité

votre critique c'est avec le plus vif désir d'en profiter, ne me refusez pas le secours de votre expérience, pour qu'elle me fournisse les moyens d'améliorer mon travail.

Améliorer, répartit aussitôt celui-ci, impossible : en partant de vos suppositions votre ouvrage me satisfait, mais je ne puis les admettre, il pèche par sa base et ne peut conserver aucune valeur pour moi.

Ce n'est pas au reste votre faute, mais celle des auteurs du programme. Ils ont supposé qu'un propriétaire affermant son bien, vivant au moins le plus souvent loin de son domaine, pourrait contribuer en quelque chose à son amélioration. Il serait en effet bien commode d'unir les bénéfices de la paresse et les profits du perfectionnement ; mais, Messieurs les faiseurs de théorie, la nature des choses y a mis bon ordre : jouissez de vos places, de vos *sinécures*, de vos sociétés, de vos spectacles, à vous permis, heureux enfans d'Adam qui avez dételé le matin (1); mais une nécessité invincible, un arrêt équitable vous condamnent, vous

(1) Allusion à une chanson de M. *de Coulanges*, citée dans les *Lettres de madame de Sévigné*.

qui ne vivez que des abus, à ne pouvoir augmenter votre fortune par la voie honnête de
l'industrie. Cessez donc d'y prétendre, ou venez reprendre vous-mêmes la direction de vos
domaines abandonnés et vous remettre au rang
des travailleurs. Ainsi, mon cher, vouloir apprendre à vos oisifs à augmenter le revenu de
leurs terres sans renoncer à leur oisiveté se
réduit à ceci : Tenez-vous aux aguets, la population croît, elle a besoin de travail; deux fermiers vont vous demander vos terres pour un
qui s'offrait au bail précédent; enflammez leur
concurrence, qu'ils dépassent le prix naturel
du fermage, qu'avec le fruit de votre sol ils
vous apportent encore une partie du salaire de
leur travail. Allons ferme, point de faiblesse
humaine, ayez surtout la précaution de prendre
un bon cautionnement pour que, votre fermier
étant ruiné, vous puissiez entraîner son ami ou
son parent dans sa ruine : voilà le texte que
vous deviez développer. Mais parler niaisement
de morale à des gens qui ne sont pas des niais;
leur persuader de mettre sur leurs terres plus
d'argent encore qu'il n'en sort, c'est une idée
creuse, vaine, et qui m'oblige de terminer ma
philippique comme le voisin; votre ouvrage est

bel et bon, d'après le thême donné; mais je n'en retiens pas d'exemplaire.

Tâchons donc de vous convaincre que vous êtes dans l'erreur, pour que mon libraire ne perde pas ainsi la vente de deux exemplaires, repris-je alors : votre argument se réduit, ce me semble, à supposer que rien ne peut se faire en industrie par des agens intermédiaires, et qu'il faut présider soi-même à l'exécution de tous ses plans. Mais d'abord votre propre pratique est en contradiction évidente avec votre principe, et quand vous vous récriez si fortement contre les faiseurs de théorie, je vois que votre pratique constante ne vous met pas à l'abri d'en faire aussi. En effet, mon cher, ne confiez-vous pas à votre berger le soin de votre troupeau? Le suivez-vous sur ses pâturages, et même à la montagne? Vous voyez souvent travailler vos laboureurs, mais la plus grande partie de leur travail se fait hors de vos regards. Vous avez un agent qui va faire vos ventes et vos achats au marché; vous me direz sans doute que votre inspection est si fréquente qu'elle équivaut presque à votre présence continue, mais c'est toujours un premier degré de confiance. Vous savez mieux que personne qu'une grande exploitation ne peut s'en passer, et à prendre votre principe

28

dans toute sa rigueur, il n'y aurait de possible
que l'exploitation du petit propriétaire qui cultive lui-même son champ.

Aussi est-elle bien la meilleure, et surpasse-
t-elle de beaucoup la mienne, reprit-il aussitôt.

Il faut encore en convenir, lui dis-je, point
de doute que ce que l'on fait pour soi ne soit
mieux fait, et que l'œil du maître, au défaut du
bras, ne soit un puissant moyen de succès.
Mais comme les choses de ce monde ne sont
pas toutes taillées sur le même modèle, et que
cependant nous les voyons aller, comme nous
voyons votre exploitation prospérer, quoiqu'elle
ne soit pas de cette dimension réduite où vous
voyez la perfection, vous nous permettrez de
croire que l'on peut se promettre encore des
succès, tout en employant des agens intermédiaires. Et toutes les entreprises industrielles
sont fondées sur ce principe; M. *Ternaux* ne
se ruine pas avec ses vingt manufactures, qu'il
ne voit pas peut-être tous les ans; les entre-
preneurs de canaux, qui ne les ont jamais vus,
les exécutent sur les plans de leurs ingénieurs,
sous leur direction, et ces canaux s'achèvent et
donnent des bénéfices.

Dites-moi, je vous prie, ce qu'une entreprise
agricole a de particulier, de spécial qui rende

son succès impossible quand tous les autres genres de travaux réussissent avec bien moins d'ap-
pareil de surveillance immédiate. — Ce qu'elle a
de spécial ! me dit-il aussitôt : ne semble-t-il pas
que je parle à un homme étranger à l'agriculture? Quoi ! vous avez exploité plusieurs fermes,
vous en exploitez encore, vous en avez observé
un grand nombre avec soin ; vous connaissez
les inconvéniens, les mécomptes, les ronge-
mens d'esprit de la lèpre agricole et vous me
demandez ce qu'elle a de spécial ! Demandez-le
à notre voisin que voilà. Il vous dira, lui, qu'une
entreprise agricole n'est pas une chose simple,
définie, un ouvrage courant, appréciable dans
son ensemble comme le creusement d'un canal ; mais que c'est une série d'opérations com-
plexes, toujours variables selon les temps, les
lieux, les saisons, les hommes, les choses ;
qu'un plan fixe ne peut être déterminé long-
temps à l'avance, que tous ont besoin de modi-
fication et par conséquent de la présence continue du maître pour les concevoir et les ordonner. Voyez M. *Mathieu de Dombasle*, il
arrive à Roville sur un terrain bien connu de
lui, après avoir dirigé des exploitations, muni
de l'expérience de son devancier. Lisez ses *Annales*. En trois ans, son assolement a déjà changé

trois fois; ses idées se sont modifiées au point
de ne plus être reconnaissables; et c'est un maître de l'art. Vous-même, ne vous ai-je pas vu
tâtonner cent fois votre marche, essayer et rejeter tour à tour les prairies artificielles, les
racines, et enfin vous jeter à corps perdu dans
les cultures arbustives, que vous sembliez dédaigner au commencement de vos travaux?
Vraiment vos affaires auraient bien été, si, votre
premier plan arrêté et sans avoir égard aux le-
çons de l'expérience, vous fussiez parti pour
Paris et en eussiez laissé la conduite à des subordonnés, ils vous auraient ruiné en comptes de
semis de luzernes et de trèfles, dont vous n'au-
riez jamais vu les produits.

Tout ce que vous venez de dire est très vrai,
mon cher voisin, repris-je alors, je n'ai pas besoin de l'assertion de notre juriconsulte pour
le certifier, et je l'admets pleinement avec vous.
Il n'y a qu'un malheur dans votre argumenta-
tion, c'est qu'elle est encore en dehors de la
question. Votre réfutation serait parfaite si j'a-
vais dit à notre propriétaire d'exploiter son domaine sans y regarder: alors je l'aurais chargé
en effet d'une besogne complexe, indéfinie, variable, qui aurait besoin de l'œil du maître;
et voulant la diriger de loin, ce serait imiter le

cabinet de Versailles prescrivant les mouvemens de ses généraux en Flandre ou en Italie.
Mais si, au lieu de cela, je lui ai dit : Entrepre-
nez un desséchement, un diguement, une clôture ou telle autre opération de cette nature,
ne lui ai-je pas conseillé au contraire une besogne simple, définie, un ouvrage courant, appréciable et bien moins compliqué que le creusement d'un canal ? Or, ne sont-ce pas les opérations de cette nature que je recommande surtout au propriétaire ? Ne lui dis-je pas qu'il ne
doit pas s'occuper des détails de sa culture,
qu'il doit en laisser la direction à son fermier,
mais que c'est sur le capital du fonds qu'il doit
agir, au moyen de travaux stables, dont l'exécution ait une durée déterminée, dont il soit facile
de prévoir la dépense et de calculer le produit ?
Quand j'arrive même à la partie la plus complexe de mes conseils, l'introduction de nouveaux assolemens, lui ai-je proposé de les diriger en tout ou en partie ? Non sans doute,
c'est par des primes que j'ai voulu qu'il agît sur
son fermier : *Je désire que vous cultiviez de la luzerne,* lui dira-t-il ; *je crois cette introduction
utile à mes intérêts, vous pouvez ne pas la regarder comme bonne pour les vôtres. Eh bien!
supposez qu'un étranger vienne vous proposer*

d'y consacrer une portion de votre terrain, à
quelles conditions le ferez-vous pour n'être pas
en perte? Traitons sur ce pied. Le marché se conclut; mais depuis la signature du contrat jusqu'à son entière exécution, le propriétaire peut
se dispenser de s'en occuper. Vient le moment
de la livraison de la marchandise, les champs
semés en luzerne, le propriétaire examine ou
fait examiner ces champs, il les fait mesurer;
les clauses sont-elles remplies, il paie, et voilà
tout. Dans toutes ces opérations, je n'ai donc
proposé que des entreprises à but défini, à temps
limité, qui rentrent dans toutes celles auxquelles l'industrie se livre journellement, je
dois donc réussir par les moyens qui font réussir l'industrie.

Un moment de silence suivit ce discours, je
vis mes deux interlocuteurs ébranlés, mais non
persuadés. Cependant une nouvelle objection pa-
rut bientôt s'être présentée à l'esprit de l'avocat,
ce que j'aperçus au changement de sa physiono-
mie. Un sourire malin y remplaça la rêverie
dans laquelle il paraissait plongé, et il engagea
de nouveau la discussion en ces termes : Vos
analogies, mon cher voisin, ne sont pas assez
complètes pour nous persuader. Vous avez
comparé le creusement d'un canal à une amé-

lioration capitale d'agriculture, à une entreprise
d'irrigation, par exemple; mais songez à l'é-
norme différence qui se trouve entre la position de l'homme qui entreprend le canal et celui
qui veut tenter l'irrigation. Le premier trouve un
corps savant formé à ce genre de travaux : avant
d'entreprendre, il a pu se procurer de main de
maître des nivellemens, des devis, des calculs
de toute espèce; l'administration lui offre
toutes les ressources; le plus souvent tous les
préliminaires sont faits. L'idée première, l'invention, ne vient peut-être pas de lui, il n'est là que
comme bailleur de fonds; au lieu de ces avantages, l'agriculteur est obligé de chercher et de
trouver lui-même, de former son plan, d'arrêter ses projets, aidé tout au plus d'un nivellement imparfait, exécuté par quelque arpenteur
de village; et quand vient l'exécution, il est arrêté par la mauvaise volonté d'un voisin qui
ne veut pas permettre que le canal de dérivation
traverse sa propriété, et il n'a pas le secours des
lois pour en poursuivre l'expropriation; il n'a
pas de gens habiles et exercés pour surveiller
l'exécution et remédier aux inconvéniens non
prévus; son travail n'est dirigé que par des
agens sans intelligence. Vous avouerez que la
parité ne peut être admise entre des cas si di-

vers; mais ici j'ai rapproché les choses les plus
comparables : encore, à toute force, peut-on
s'aider, pour un canal d'irrigation, des lumières
des gens de l'art; mais quand il s'agira d'apprécier et de diriger un marnage, un changement d'assolement, une introduction de race
d'animaux, où seront ses conseils, son directeur?
Quel corps d'ingénieurs consultera-t-il? D'où
je conclus que les entreprises agricoles, même
celles qui ne sont dirigées que sur le capital du
fonds, ne peuvent réussir que dans des cas
rares, entre les mains d'hommes très éclairés
dans toutes les branches de l'art agricole, de
celui des constructions et de l'administration
des travaux, et que par conséquent il y a une
singulière illusion à les proposer aux propriétaires français, que dis-je? à cette classe de propriétaires la plus étrangère à l'art de la culture
et à la direction des travaux rustiques, comme
un moyen d'améliorer sa position et ses revenus. — Votre objection, répondis-je, mérite
la plus sérieuse attention, parce qu'elle est vraiment fondamentale et liée à la discussion. Il est
vrai que l'art agricole manque d'un corps, organisé ou non, de savans que l'on puisse consulter et employer à volonté pour en diriger les
travaux; c'est une lacune qui se comblera avec

le temps, quand les propriétaires deviendront plus entreprenans. Ainsi, en Angleterre, on trouve facilement des hommes qui exercent l'industrie des desséchemens; ainsi, en France, on commence à en trouver qui se chargent de creuser des puits artésiens. Quand des hommes habiles en agriculture seront sûrs de trouver l'emploi de leurs talens à diriger des travaux agricoles, vous aurez bientôt des ingénieurs agricoles; mais tant que les entreprises seront rares et isolées, ces hommes éminens emploieront leurs talens pour leur compte, ils seront fermiers ou propriétaires cultivateurs. Mais croyez-vous donc que le corps du génie des ponts et chaussées ait existé de tout temps? Non, sa date est assez récente, le canal de Briare et celui de Languedoc précèdent sa formation, et ils n'ont pas laissé pourtant de s'exécuter. Il faut prendre les temps comme ils sont, nos neveux auront plus de facilités que nous pour entreprendre leurs travaux d'amélioration; mais sachons ne pas négliger celles que nous avons. Dans chaque pays, on trouve des hommes habiles et qui ne refusent pas un conseil dans l'occasion : sachons les trouver, nous les attacher, les consulter. Combien de fois notre voisin n'a-t-il pas été consulté sur des

projets agricoles? Combien de fois vous et moi
n'avons-nous pas reçu des demandes pareilles?
Nous ne nous y sommes refusés ni les uns ni
les autres. Autre chose sans doute est un conseil, autre chose est une direction. Mais un
conseil venu de bonne source ne manque
guère aussi de nous éclairer sur les moyens
de direction, sur les hommes qui peuvent nous
y aider, sur les agens qu'il faut choisir. Souve-
nez-vous combien, dans mon *Traité*, je recommande de s'arrêter long-temps sur un projet
avant de l'exécuter, d'en dresser les plans, les
devis, d'écouter et consulter les fermiers, les
voisins, les hommes éclairés, pour former notre
jugement. Un tel travail préparatoire ne manque guère de nous conduire comme par la main
sur toutes les difficultés, sur tous les moyens
de les éviter ou de les vaincre. Vous ne supposez pas, je pense, que tous les propriétaires
auxquels je m'adresse sont des ignorans, des
étourdis, des hommes prêts à exposer leurs capitaux sur un motif frivole, sur un simple aperçu, sur une donnée vague, sur un mouvement
d'enthousiasme : s'il y en a de cette espèce, j'ai
peur qu'ils n'écoutent fort peu les conseils
de tous les ingénieurs de la terre. On en voit
aussi dans l'industrie et ceux-là n'y réussissent

pas mieux qu'ils ne réussiraient en agriculture ;
mais ceux qui sont sensés, prudens, circonspects suivront une marche plus raisonnable,
ils sauront grouper, peser, mûrir les avis et
ils réussiront en allant à la recherche des capa-
cités, comme Henri IV a réussi pour son canal
et Caraman pour le sien. Au reste, n'est-ce pas
ce que nous voyons tous les jours? Les améliorations agricoles sont-elles une chose nouvelle,
une chose que je conseille le premier, une chose
de mon invention? Non, certes, vous en êtes
entourés de toutes parts, les plus difficiles réussissent journellement sous vos yeux, votre contrée en est pleine, et je ne sache pas que ces
hommes industrieux qui nous en donnent
l'exemple soient autres que de simples propriétaires et qu'ils aient à leur disposition un corps
d'ingénieurs.

Mais, me dit alors notre agriculteur pratique,
toutes ces belles améliorations se passent, cher
voisin, dans votre tête, où donc les prenez-vous?
Que voyez-vous autour de nous qui s'éloigne de
la régularité ordinaire de nos pratiques? Nos
propriétaires, plongés dans leur heureux sommeil, ne songent guère, je vous jure, à améliorer
leur fonds et ne pensent qu'à percevoir leurs
revenus.

Aurez-vous donc toujours des yeux pour ne rien voir ? m'écriai-je alors. Eh quoi ! parce que ces opérations brillantes, hardies, se passent à quelque distance l'une de l'autre et qu'elles sont séparées par de certains laps de temps, votre mémoire ne vous permet pas de les réunir ! Laissons le reste de la France, laissons ce que les écrits peuvent nous apprendre du nord, du centre, de l'ouest; mais parcourons notre midi, et vous y trouverez de grandes entreprises agricoles exécutées par de simples propriétaires avec talent, avec zèle, avec profit et sans qu'ils soient voués pour cela à l'état des finances.

N'avez-vous pas vu ainsi MM. *Rigaud-de-Lisle* perfectionner l'éducation des vers à soie, et être les promoteurs les plus actifs du diguement de la Drôme ; M. *Dedelay d'Agier* introduire les prairies artificielles et les plâtrages dans les terres arides de Romans ; le marnage se répandre dans la plaine nord du Dauphiné, près du Rhône ; Genève échanger ses races chétives de bêtes à cornes contre les belles vaches de la Suisse ; M. *Girod* créer la belle race de mérinos de Naz ; le Languedoc remplacer ses garigues arides par les plus beaux vignobles du monde, et créer en grand la distillation de l'eau-de-vie ; le Comtat se couvrir de sa belle culture de ga-

rance? Mais vous trouverez sans doute mes indications trop vagues, ou vous prétendrez que
les propriétaires que j'ai cités se sont trop occupés des détails de leurs améliorations, pour pouvoir être cités pour modèle à la masse de ceux
qui n'ont que des propriétés affermées. Eh bien!
comptons donc ensemble des cas plus particuliers et tout aussi remarquables. Vous m'avez
vous-même raconté l'histoire de M. *Mourgues*,
célèbre fermier des environs de Montpellier.
Un propriétaire lui propose de prendre à bail
une de ses terres. M. *Mourgues* la voit, l'examine avec attention, et lui dit : Je vous en
donne six mille francs de rente pour neuf ans ;
mais si vous voulez y consacrer trente mille
francs en creusant des fossés d'écoulement, au
bout de six ans je porterai la rente à douze
mille francs pour neuf nouvelles années : le
marché est accepté. Au bout de six ans, le fermier revient à la charge, et dit : J'ai votre ferme
pour neuf ans à douze mille francs ; mais dé-
pensez encore trente mille francs en écoule-
mens, et dans six ans je porterai votre ferme à
dix-huit mille francs. Bref, de nouvelles conventions ont lieu ; le système des canaux d'é-
coulement se perfectionne, et la terre arrive à

trente mille francs de rente. J'ai eu la curiosité
de savoir ce qu'elle est devenue; aujourd'hui
que la révolution entière a passé sur ces entreprises, la terre est affermée de nouveau à six
mille francs.

Un moment, cher voisin, me dit l'agriculteur,
vous parlez ici d'un monument remarquable
d'industrie; mais il a été exécuté par un fermier,
et non pas par un propriétaire : cela ne fait pas
votre cas.

Distinguons ici deux choses, lui dis-je : le
donneur de conseils et l'agent d'exécution des
améliorations d'un côté, et le fermier de l'autre. M. *Mourgues* réunissait ici les deux qualités.
Le propriétaire écoute les conseils, donne l'argent, choisit son agent; mais cela ne faisait rien
à la qualité du fermier-cultivateur : ce n'en est pas
moins une opération de propriétaire, un placement de son capital mobilier, une amélioration
de son capital foncier. Et combien cet exemple
doit encourager nos propriétaires! Quel accroissement rapide de revenus et avec quel petit déboursé! Et c'est ce qui a lieu dans la plupart
des entreprises qui ont pour objet le capital
foncier. La recherche de pareilles entreprises
ne vaut-elle pas pour un propriétaire quelques

portions de son temps? Et croyez-vous qu'ils soient toujours sourds à la voie de si grands intérêts?

Mais je poursuis : Vous connaissiez M. *D**** : c'était un homme qui passait pour s'occuper peu de ses affaires, pour ne jamais voir ses propriétés. Son père lui laissa deux terrains humides, bas, presque sans valeur, cultivés en blé; il réussissait ordinairement très mal. Eh bien! cet homme qui voyait de haut et juste en a fait par sa seule intelligence ce que le plus habile de vos fermiers n'en aurait jamais fait : il les convertit tous les deux en prairies et sans frais. Il donna le premier à un aubergiste de la ville, au prix ordinaire de location, des terres à blé de cette qualité, et lui procura des eaux pour l'irrigation; ce qui lui était facile au moyen d'un simple fossé, à condition qu'il le transformerait en pré et en jouirait six ans. Les six ans écoulés, ce terrain qui valait quatre-vingt-seize francs l'hectare de rente fut de suite porté au triple, et il se soutint à cette valeur. Le second terrain était placé au dessous de la ville, il en acheta les égouts, et y fit des prairies de première qualité; ce terrain, estimé treize mille francs avant son opération, rapporte aujourd'hui trois mille cinq cents francs de rente : les égouts lui coûtèrent douze mille francs. Enfin, ils s'associa à plusieurs de ses compatriotes, et par un canal creusé dans le roc à travers une montagne, et qui lui coûta quinze mille francs, il créa une propriété qui en vaut cent mille: ainsi ce propriétaire, en apparence si insouciant, si inoccupé, a triplé sa fortune par de simples opérations sur son capital; et c'est tellement comme propriétaire et par le choix de ses agens qu'il fit ces trois opérations, qu'il passe pour douteux dans la ville si, depuis son opération arrêtée, il y a mis trois fois les pieds: exemple, au reste, que je suis loin de conseiller. Les améliorations sont-elles donc impossibles aux propriétaires intelligens?

Dans notre voisinage, aussi, vous avez vu plusieurs propriétaires accroître beaucoup le revenu de leurs fermes par une meilleure disposition de leurs fermes : de ce nombre, je citerai MM. *de B****, qui ont divisé en un assez grand nombre de petites fermes leur belle propriété de B...

Si nous passons ensuite à d'autres genres d'entreprise, je vous rappellerai le beau projet d'amélioration de la Camargue par M. *de Rivière*: que manque-t-il à son exécution? Que le réveil agricole de la ville d'Arles. Le même agriculteur possédait une vaste étendue de roseaux près de Saint-Gilles : on ne concevrait peut-être pas ailleurs la valeur d'une telle propriété ; mais dans un pays qui manque de fourrages et de paille, elle en a une grande, quand les moyens de transport ne manquent pas : mais les roseaux de M. *de Rivière* ne pouvaient pas être facilement transportés.

Il a fait creuser, au milieu des marais, un canal peu coûteux, et par cette simple opération sa propriété a acquis une grande valeur.

Nous parlions tout à l'heure de son beau projet pour la prospérité de la Camargue. Il consiste à y conduire les eaux troubles du Rhône, pour y laisser du limon et laver la salure exorbitante du sol.

Je voudrais enfin pouvoir vous citer tous les détails de la belle opération de MM. *Baudin* de Lyon dans leurs fermes auprès d'Annonay. Ils eurent le mérite de s'associer, comme régisseur intéressé, un jeune homme d'un très grand mérite, M. *Sylvestre de Canson ;* et par ce seul changement dans leur administration et le bonheur de leur choix, les assolemens les plus soignés s'établirent sur leur terrain, les animaux de race perfectionnée se répandirent sur leurs herbages ; et leur propriété augmenta considé-

29

rablement de valeur. Combien je regrette que quelqu'un des amis et des compatriotes de ce jeune et savant agriculteur ne rende pas à sa mémoire et à l'agriculture le service d'écrire en détail l'histoire de cette brillante exploitation! Les propriétaires n'eurent pas besoin de quitter Lyon pour effectuer cette amélioration notable.

Possesseur d'un domaine affermé douze cents francs et formé d'une terre végétale d'à peine cinq pouces d'épaisseur, reposant sur un granit, et situé dans la région montagneuse du *Pila*, près de Lyon, M. *Taluyers* résolut de métamorphoser cette mauvaise terre à seigle en de belles prairies; cette œuvre, il l'a accomplie en creusant un réservoir artificiel, qui reçoit les eaux pluviales qui descendent des coteaux voisins. Cette belle entreprise, dirigée avec beaucoup d'intelligence par son auteur, a réussi complétement. Grâce à l'humidité naturelle du climat, un réservoir de quatre mille sept cent trente-deux toises cubes d'eau lui a suffi pour arroser complétement trente-trois hectares de prairies, qui lui produisent quatre mille quintaux de foin, à trois francs le quintal, prix moyen du pays : il s'est procuré ainsi un revenu net de dix mille francs surpassant de huit

mille huit cents francs l'ancien revenu, avec un
déboursé de vingt mille francs ; et, par son habileté à tirer parti des circonstances locales, il
a placé son argent à un intérêt de quarante-
quatre pour cent (1).

M. *de Poncins*, dans le département de la
Loire, nous offre un exemple analogue (2). Deux
levées pour se préserver des ravages de la Loire
et reconquérir le terrain qu'elle inondait ; une
digue pour arrêter le Lignon ; la conversion de
vingt hectares de terre en prés arrosés ; le perfectionnement du système de ses étangs ; des
percemens de route pour arriver à ses bois, que
le défaut de communication rendait improduc-
tifs ; des plantations faites avec intelligence : tel
est, en résumé, l'ensemble de ses opérations,
qui, avec une dépense de quarante-trois mille
cinq cents francs, lui ont procuré une augmentation de revenu de sept mille neuf cents francs,
c'est à dire un intérêt de dix-neuf pour cent de
son capital. Or, je vous le demande, quel résultat commercial peut valoir de pareilles opéra-

(1) *Notice des travaux de la Société d'Agriculture de
Lyon*, 1823 et 1824.
(2) *Mémoires de la Société centrale d'Agriculture*, 1818,
page 242.

tions, qui, faites sans risque sur notre propriété, s'incorporent, pour ainsi dire, avec elle
et prennent son caractère de durée et de stabilité?

Vous savez bien que je ne suis pas à bout de
ma tâche, et que je pourrais citer d'autres exemples que différens motifs me font passer sous
le silence ; que j'en citerais une foule, si je voulais recourir à des faits qui vous seraient moins
connus : mais c'en est assez pour prouver que
souvent une seule pensée suffit pour changer
totalement l'état d'un domaine, qu'elle n'est pas
toujours difficile à exécuter ; enfin, qu'en proposant aux propriétaires d'étudier leur sol et de
chercher cette pensée fécondante, je ne leur ai
rien prescrit d'impossible et d'extraordinaire : je
compte donc sur la vente de mes deux exemplaires ; mais je ne puis finir cet entretien sans
relever quelques assertions que vous avez émises
et qui me semblent ne pouvoir l'être trop fortement : c'est à mon tour maintenant de passer à
l'offensive ; je veux parler de cette habitude de
dénigrement envers les propriétaires, qui devient si fréquente de nos jours et que vous avez
adoptée sans réflexion, à ce que je veux croire.
Chez vous, elle ne s'étend pas sur leur qualité
de propriétaire prise en général, parce que vous

sentez bien que l'appropriation des terres est la
condition absolue de la culture; que sans elle il
ne peut y avoir ni sécurité ni suite dans les opérations du cultivateur. Vous ne partagez donc
pas l'exagération des opinions d'une secte d'é-
conomistes dont les doctrines tendraient à remettre notre pays sous le régime des steppes de
la Tartarie. Votre proscription se concentre sur
les propriétaires qui ne cultivent pas par eux-
mêmes, que vous regardez comme les frelons
de la ruche : mais d'abord de proche en proche
l'anathème pourrait bien vous atteindre vous-
même ; car, quelle différence mettre entre celui qui, par le moyen d'un agent intermédiaire,
fermier ou régisseur, dirige l'ouvrage de ses ouvriers et celui qui leur donne lui-même ses ordres?
Certes ce n'est qu'une transmission de voix, un
organe de plus interposé entre l'ordonnateur et
l'ouvrier, qui ne changent en aucune manière son
sort. Mais, direz-vous, celui qui commande lui-
même a au moins une portion de l'action, celle
de l'intelligence ; il coopère à l'œuvre, tandis
que l'autre est réellement un oisif : vous consi-
dérez alors la chose sous un de ces deux points
de vue, ou qu'un oisif n'a pas droit de prendre
part aux fruits du travail, ou que vous consi-
dérez le travail comme mieux fait quand cet

oisif n'existe pas. Décidez-vous pour l'une ou pour l'autre de ces hypothèses.

Mais, répondit mon voisin, je les adopte à la fois l'une et l'autre, et c'est bien le fond de ma pensée. Examinons-les donc l'une et l'autre, répondis-je.

Un oisif n'a pas droit au fruit du travail d'autrui : d'accord ; mais comment concevez-vous l'accumulation d'un capital mobilier? sans doute par des économies faites sur le produit d'un travail. Or, c'est ce capital mobilier qui achète la propriété territoriale. Le revenu de cette propriété représente donc les produits d'un travail accumulé ; c'est donc en travaillant que cet oisif a acquis le droit de l'être. Vous voudriez m'interrompre pour me parler des sources moins pures dont provient quelquefois le capital : c'est, je ne le sais que trop, dans plusieurs cas le fruit de la faveur, de l'intrigue, d'une habileté qui répugne à l'honneur ; mais ces exceptions, toujours plus rares, ne doivent pas nous faire perdre la règle de vue.

Passons à votre seconde supposition : le travail serait mieux fait si le propriétaire lui-même dirigeait son exploitation. Mais croyez-vous donc que l'administration rurale n'exige aucune aptitude, aucun talent naturel et acquis?

Vous dites qu'il serait mieux fait, et moi je dis
qu'il le serait plus mal, si, sans consulter ses
dispositions, on forçait chaque propriétaire de
se mêler de sa culture. Laissez au libre développement de l'esprit et des facultés à choisir
ce qui lui convient. Si un propriétaire se sent
le génie du cultivateur, je serai le premier à lui
conseiller de s'occuper spécialement de ses
terres; mais voulez-vous donc aussi que les
talens du mathématicien, du naturaliste, du
jurisconsulte, de l'orateur, de l'homme d'état,
du négociant soient perdus pour la société?
Elle a d'autres besoins que ceux de la nourriture et du vêtement, elle vit aussi d'une vie intellectuelle qui lui est tout aussi importante.
Cette masse précieuse d'hommes que vous
voudriez renvoyer à la charrue, occupés d'autres intérêts et d'autres nécessités, défendent
nos droits, protègent notre liberté et nos insti-
tutions, multiplient les moyens de connaître et
d'assujettir la nature, répandent les lumières,
l'instruction dans les nations, y propagent les
sentimens humains, les sympathies sociales,
et mettent à la portée de tous les hommes, sous
des formes variées, ces produits matériels que
fournit votre sol. Laissez à chacun faire ses
œuvres. Veuillez ne considérer le propriétaire,

occupé d'autres pensées, que comme un simple
capitaliste qui trouve son remplaçant naturel
sur ses terres dans son fermier, qui a les capa-
cités naturelles et acquises qui rendent celui-ci
bien plus utile à la culture que le premier ne
pourrait l'être. Il en viendra des grains de plus;
il en viendrait de moins, si, préoccupé d'autres
soins, le propriétaire était obligé de remplacer
son fermier.

Halte là, me dit alors notre avocat, nous voilà
bien loin de notre sujet. Vous êtes remonté à
l'origine des propriétés, métaphysique dont
nous n'avons ici que faire. Comme je vois que
vos contradicteurs n'ont pas beau jeu, je me
range dans votre parti, et je vous prie maintenant de me résumer clairement et brièvement
la doctrine de votre livre, de me tracer une
conduite à tenir, en ma qualité de proprié-
taire-avocat, de sorte que je puisse réparer
en partie les brèches que j'ai faites à mon capital en voulant cumuler une troisième qualité
et en réunissant sur moi la propriété, mon cabinet et la culture. Cher voisin, dit-il, en s'a-
dressant à notre troisième ami, nous sommes
battus; ce que je demande ne peut vous convenir à vous qui ne cumulez pas, comme moi,
une troisième qualité; mais vous l'écouterez

par pénitence. Celui à qui s'adressait l'apostrophe sourit comme pour acquiescer à la condamnation, et je commençai mon résumé en ces termes :

Je vous demande d'abord, Messieurs, la permission de commencer par des idées qui vous sont familières, mais qui, se liant à l'ensemble de ma théorie, ne pourraient être omises sans laisser quelque vague sur son exposition. Vous savez que trois genres différens de capitaux sont nécessaires à l'industrie agricole : le capital foncier, qui se compose non seulement du sol, mais encore des bâtimens, des chemins, des digues, des fossés d'écoulement, qui permettent de l'exploiter avantageusement ; le capital de cheptel, qui consiste en instrumens, mobilier, animaux dont la durée n'exige qu'un entretien, mais non un renouvellement annuel ; enfin le capital circulant, qui embrasse les dépenses annuelles nécessaires à l'exploitation, telles que salaires, nourriture, etc.

Or de ces trois genres de capitaux, l'un ne regarde que le propriétaire ; le capital foncier peut bien souffrir de son mauvais état, mais les dépenses qu'exigent son entretien et son amélioration devant servir pendant un nombre d'années qui excède ordinairement de beaucoup la durée du bail, on ne peut exiger que le fermier y consacre ses fonds et ses soins sans espoir d'en être jamais complétement remboursé. Le capital du cheptel appartient quelquefois au propriétaire, mais plus ordinairement au fermier; ce qui est pour lui sans inconvénient, puisqu'il peut le déplacer à volonté quand il change de ferme. Le capital circulant ne peut appartenir qu'au fermier.

Il est donc évident que, si le propriétaire ne prend pas, au moins, les soins nécessaires à l'entretien du capital qui lui est spécialement confié par la nature des choses, il doit y avoir dépérissement successif, et en conséquence diminution progressive de la rente dans la plupart des situations; et que si, outre ces soins, il se charge de compléter les travaux fonciers nécessaires à rendre l'exploitation des terres plus profitable, il doit y avoir augmentation de rente. Le propriétaire ne peut donc abdiquer sans désavantage la charge de veiller à son capital foncier, et c'est d'abord sur celui-ci que j'attire toute son attention.

Ainsi rendre ses bâtimens commodes, ses chemins viables, ses fossés d'écoulement complétement utiles, ses digues fortes et suffisantes, ses clôtures respectables, ses plantations aussi étendues que le permet le sol; ce sont des devoirs de sa qualité de propriétaire, qu'il ne peut négliger sans dommage. Voilà le poids de la propriété; mais on peut le rendre fort léger, car d'abord on peut le diviser en plusieurs années; ensuite tous les travaux nécessaires, n'occupant qu'une saison, peuvent se faire à forfait, et n'ont pas besoin, pour leur exécution, d'une surveillance continue. Ainsi, mon cher voisin, c'est à vous à profiter de l'avis: voyez si, en vous occupant beaucoup du capital de cheptel et du capital circulant de votre exploitation dans le temps où vous en étiez chargé, vous n'avez pas négligé quelque partie du capital foncier; je suis certain que le temps que le barreau vous permet de donner à vos terres est plus que suffisant pour qu'en quelques années elles puissent devenir les plus florissantes de la contrée.

Mais ce n'est pas seulement l'état du capital foncier qui fait le revenu, il n'est pas indifférent que les deux autres capitaux soient bien administrés. Mais, quant à ce point, vous ne pouvez plus ordonner, il faut vous adresser à la bonne volonté et à l'intérêt de votre fermier, pour lui faire adopter les améliorations désirables, bien sûr que son opulence finira par devenir la vôtre.

Ici viennent se ranger les soins que peut prendre le propriétaire pour l'introduction de nouvelles races d'animaux, de meilleures semences, et enfin d'assolemens plus parfaits.

Le propriétaire peut sortir ici du cercle tracé par ses devoirs rigoureux, mais il ne le fera sans doute qu'après avoir épuisé la série des améliorations dont est susceptible le capital du fonds ; genre de travail qui lui donnera ordinairement les plus grands bénéfices, puisqu'il ne les partage avec personne et qu'ils ne se font pas attendre.

Mais il peut arriver en outre que les améliorations désirables dans l'exploitation soient déjà introduites dans le pays et que le retard que met votre fermier à les adopter ne tienne qu'à sa pauvreté, à son incapacité, ou à sa paresse. Alors c'est le cas d'examiner s'il ne convient pas d'en changer, et toutes les règles morales, économiques et légales que j'ai indiquées pour cet objet trouvent ici leur application. Tout propriétaire devra s'en occuper, celui même qui n'a pas le nerf d'améliorer son capital foncier, sentira la nécessité de se procurer un bon fermier, et d'en obtenir un fermage équivalant à la valeur de sa terre.

Voilà, mes chers voisins, tout l'ensemble de

mon plan : obtenir d'une terre tout ce qu'elle peut valoir dans son état actuel, et améliorer cet état, ce sont les deux objets que j'ai essayé de traiter dans toute leur étendue et que j'ai cru devoir recommander aux propriétaires français. Des centaines de millions peuvent être dépensées sur notre territoire en amélioration du capital foncier et l'être avec un tel avantage, que nul emploi d'argent ne peut en offrir de pareil. Il s'agit quelquefois d'une véritable bagatelle pour amener un terrain d'un état négatif à une grande valeur; presque point de domaine qui ne pût devenir le théâtre d'une opération brillante. Cherchez ce trésor, ô mes compatriotes, vous le découvrirez chez vous; la mine y existe presque à coup sûr : plusieurs années de recherches, de méditations assidues, de délibérations, de consultations ne l'achèteront pas trop cher. D'autres centaines de millions pourront plus tard améliorer vos cheptels et vos travaux annuels. Avec des hommes capables de m'entendre, la France peut tripler ses productions et ses revenus. Voilà le plus digne emploi de votre temps, voilà une vocation toute trouvée, quand vous en cherchez tant d'autres moins honorables et moins lucratives. Eh quoi! j'entends de toutes parts les pères de

famille demander un état pour leurs fils, se
plaindre que toutes les carrières sont fermées,
que les prétendans excèdent de beaucoup le
nombre des places à donner, et ces plaintes,
je les entends faire par des hommes qui ont,
sans s'en douter, une foule d'emplois à distribuer, d'entreprises à créer, entreprises dont la
direction exigerait plus de talens, d'assiduité et
rapporterait plus d'argent que ces chétives
places que l'on voit mendier dans les anti-
chambres du pouvoir. Je leur dirai : Complétez
l'éducation de vos enfans ; qu'au sortir des
écoles ils se forment aux arts de construction ;
qu'ils apprennent les sciences naturelles, qui
sont la base de l'agriculture ; qu'ils se tiennent
au courant des progrès de cette science, et ensuite ne craignez pas qu'ils manquent d'occupation sur vos vastes domaines. Vous les
créerez ingénieurs, vous les ferez administra-
teurs ; les salaires et l'honneur ne manqueront
pas et ils conserveront par dessus l'indépen-
dance et la dignité.

C'est surtout à la jeunesse française, si ardente pour le bien, si avide d'instruction, si
pleine d'activité, que je sens le besoin de m'a-
dresser en finissant : puisse, mes amis, ma voix
parvenir jusqu'à elle ! C'est à elle que nous re-

commandons l'agriculture, *cette véritable fortune de la France.* Nous lui dirons : Vous cherchez des carrières lucratives, indépendantes,
honorables; le commerce vous en offre sans
doute, mais l'agriculture est là aussi avec les
mêmes avantages. Étudiez les sciences , ac-
quérez de l'expérience ; faites pour elle cet
apprentissage que l'on exige dans toute autre
branche d'industrie, et entrez dans ce champ
presque vierge encore parmi nous. Croyez que
vous y trouverez un emploi avantageux de
votre temps et de vos moyens , un dédommagement à cette carrière de places, d'intrigues et
d'ambition que vous quitterez pour elle, et que
de toutes les manufactures elle est celle qui
présente le plus d'aliment à l'intelligence, le
plus de jouissances domestiques, le plus d'in-
dépendance personnelle. Elevez votre prospérité
et celle de votre famille en concourant au bonheur de notre chère patrie.

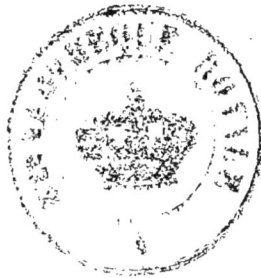

TABLE DES MATIÈRES.

DEUXIÈME PARTIE.

PLANS D'AMÉLIORATION.

TROISIÈME PARTIE.

CHOIX DU FERMIER.

CINQUIÈME PARTIE.

EXÉCUTION DU BAIL.

(471)

complet